计算流体力学大串讲

轻松解锁 CFD
从公式到代码的奇妙之旅

田东◎编著

人民邮电出版社

北京

图书在版编目（CIP）数据

计算流体力学大串讲：轻松解锁 CFD：从公式到代码的奇妙之旅 / 田东编著. -- 北京：人民邮电出版社，2025. -- ISBN 978-7-115-66704-5

Ⅰ. O35

中国国家版本馆 CIP 数据核字第 202552UP92 号

内 容 提 要

计算流体力学（Computational Fluid Dynamics，CFD）是一门交叉学科，融合了流体力学、数值分析与计算机技术，致力于通过数学建模和数值模拟解决复杂流体流动问题。它不仅推动了航空航天、机械工程、能源开发等领域的技术进步，也为现代科学研究提供了强有力的支持。本书以深入浅出的方式，系统阐述了计算流体力学的基本理论与核心方法，旨在为读者开启一扇通往流体模拟世界的大门。

全书共分 8 章，内容层层递进。第 1 章从动力学基础出发，引入流体力学的基本概念。第 2 章深入探讨连续性方程、动量方程与能量守恒方程等偏微分方程的推导与特性。第 3 章聚焦计算区域与控制方程的离散化方法。第 4、5 章分别介绍有限差分法、有限体积法及代数方程组的求解技术。第 6~8 章则围绕扩散问题、对流-扩散问题及压力-速度耦合问题展开详细讨论。

本书适合高校相关专业的本科生与研究生作为参考教材使用，也可供科研人员和工程技术人员参阅。无论是初学者还是有一定基础的读者，都能从本书中获得有用的理论知识和可借鉴的实践方法。

◆ 编　著　田　东

　　责任编辑　胡俊英

　　责任印制　王　郁　焦志炜

◆ 人民邮电出版社出版发行　　北京市丰台区成寿寺路 11 号

　　邮编　100164　　电子邮件　315@ptpress.com.cn

　　网址　https://www.ptpress.com.cn

　　固安县铭成印刷有限公司印刷

◆ 开本：787×1092　1/16

　　印张：14　　　　　　　　　　　　2025 年 7 月第 1 版

　　字数：332 千字　　　　　　　　　2025 年 10 月河北第 4 次印刷

定价：79.80 元

读者服务热线：(010)81055410　印装质量热线：(010)81055316

反盗版热线：(010)81055315

序

这是一本非传统的计算流体力学图书，笔者在编写本书的时候，力求详细再详细，力求让读者能够自学本书，并在学习过程中找到自信。这本书能够顺利面世，我要感谢很多人。

感谢北京航空航天大学何允钦老师的鼓励，何老师帮我总览了全稿，提出了很多宝贵的意见，令晚辈心生敬意。

感谢同济大学的操金鑫老师，操老师治学严谨，他对书稿提出了很多细节性的修改意见。

感谢上海交通大学的王景老师，王老师教我如何使用 MATLAB，告诉我有限体积法的总体思想，王老师对代码、CFD 原理都有独到的见解。每次我遇到科研问题，王老师都能够快速定位我的核心问题，并帮我答疑解惑。在本书的审校过程中，对于书中的错别字、错误的公式和字母表达，王老师都一一帮我标记了出来。

感谢美国锡拉丘兹大学（又称"雪城大学"）的林童师兄，他教会我 Fluent 的基本原理和使用方法，在我求解遇到问题的时候，他总是非常耐心地给我解答，并能够快速解决困扰我很久的问题。

感谢人民邮电出版社的工作人员，他们对书稿提出了很多修改意见，使得书稿更符合出版要求。

由于我本人能力所限，书中的内容难免存在考虑不够周全、处理有欠妥当的地方，诚恳地希望得到广大读者的批评与指正，欢迎大家在 B 站（昵称"田东 Joshua"）与我交流，以帮助本书不断迭代、优化。

希望这本书可以作为你入门 CFD 知识的第一本书，帮你打开 CFD 的斑斓世界。

田东

资源与支持

资源获取

本书提供如下资源：
- 案例素材；
- 配套彩图；
- 本书思维导图；
- 异步社区 7 天 VIP 会员。

要获得以上资源，您可以扫描下方二维码，根据指引领取。

提交错误信息

作者和编辑尽最大努力来确保书中内容的准确性，但难免会存在疏漏。欢迎您将发现的问题反馈给我们，帮助我们提升图书的质量。

当您发现错误时，请登录异步社区（https://www.epubit.com），按书名搜索，进入本书页面，单击"发表勘误"，输入错误信息，单击"提交勘误"按钮即可（见下图）。本书的作者和编辑会对您提交的错误信息进行审核，确认并接受后，您将获赠异步社区的 100 积分。积分可用于在异步社区兑换优惠券、样书或奖品。

与我们联系

我们的联系邮箱是 contact@epubit.com.cn。

如果您对本书有任何疑问或建议，请您发邮件给我们，并请在邮件标题中注明本书书名，以便我们更高效地做出反馈。

如果您有兴趣出版图书、录制教学视频，或者参与图书翻译、技术审校等工作，可以发邮件给我们。

如果您所在的学校、培训机构或企业，想批量购买本书或异步社区出版的其他图书，也可以发邮件给我们。

如果您在网上发现有针对异步社区出品图书的各种形式的盗版行为，包括对图书全部或部分内容的非授权传播，请您将怀疑有侵权行为的链接发邮件给我们。您的这一举动是对作者权益的保护，也是我们持续为您提供有价值的内容的动力之源。

关于异步社区和异步图书

"异步社区" 是由人民邮电出版社创办的 IT 专业图书社区，于 2015 年 8 月上线运营，致力于优质内容的出版和分享，为读者提供高品质的学习内容，为作译者提供专业的出版服务，实现作者与读者在线交流互动，以及传统出版与数字出版的融合发展。

"异步图书" 是异步社区策划出版的精品 IT 图书的品牌，依托于人民邮电出版社在计算机图书领域的发展与积淀。异步图书面向 IT 行业以及各行业使用 IT 的用户。

目　录

第1章 动力学基础

1.1 金风玉露一相逢，便胜却人间无数

大概三年前，我想找到一句描述计算流体力学（Computational Fluid Dynamics，CFD）让人痴迷、让人甘愿花费时间沉浸其中的句子。直到有一天，我走在路上，想起秦观《鹊桥仙·纤云弄巧》中的"金风玉露一相逢，便胜却人间无数"，这句词既含有空气又含有水，包含了 CFD 主要的研究对象。我大喜过望，身心都愉悦起来！当然，这首词还有更为大众所熟知的语句——两情若是久长时，又岂在朝朝暮暮。

我们每天的行为会受意识支配，比如上小学时，早上我们从家去学校，当面对走哪条路更近的问题时，意识会帮助我们判断并做出决定［见图 1-1（A）］。中学时代学习牛顿第二定律时，当质量为 m 的小滑块受到力 F 的作用时，我们就可以算出它的加速度 $a = \dfrac{F}{m}$［图 1-1（B）］。

意识控制着人的行为，力控制着固体的运动，那么什么控制着流体的运动呢？我们呼吸的空气，河里流动的水，这些都是流体，那是什么在支配着它们的运动呢［见图 1-1（C）］？

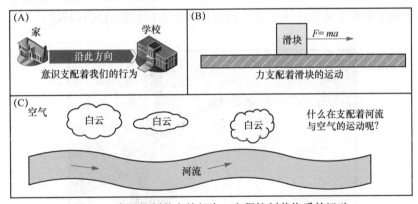

图 1-1 意识控制着人的行为，方程控制着物质的运动

答案是三大方程支配着流体的运动，它们分别是：
- 连续性方程（质量守恒方程）；
- 动量守恒方程（Navier-Stokes 方程，简称 N-S 方程）；
- 能量守恒方程。

原则上，我们只需要求解支配流体运动的三大方程，就可以洞见流体的一举一动，预测它们的运动，甚至控制它们，真正做到"御风而行"。而我们将要学习的 CFD 就是专门研究流体运动的学问。

CFD 主要是借助计算机来求解上面所说的三大方程。接下来我们将花费大量的工夫来推导这些方程。霍金曾认为，书里每多一个数学公式，这本书的销量就会减半。杨振宁先生也

曾提到类似的观点——有两类数学著作，一类是你看完第一页就不想看下去了，另一类是你看完第一句话就不想看下去了。我们学习 CFD，要接触大量的公式，这让很多数学基础不好的同学犯了难。不过你不要担心，不要害怕。笔者力求把书写得详细，争取让大家都能够看懂，相信你在阅读本书后面的内容时，会慢慢感受到这一点。在正式推导三大方程之前，我们需要掌握一些辅助知识。下面先来看看质量流量和体积流量的概念。

1.2 质量流量和体积流量

我们先回忆小学就接触过的质量概念：

$$质量 = 密度 \times 体积$$

用符号表示就是

$$m = \rho \times V \tag{1-1}$$

在式（1-1）中，m 为质量，单位为 kg；ρ 为密度，单位为 kg/m³；V 为体积，单位为 m³。

当我们研究流体时，更关注流体运动的过程，就要在质量概念的基础上再往前推进一步。我们用质量流量来描述流体单位时间流进/流出某截面的质量。如图 1-2 所示，早上我们打开水龙头洗漱，水龙头出水口的横截面积记为 A，单位为 m²；出水口流体的速度记为 U，单位为 m/s；水的密度记为 ρ，单位为 kg/m³。为了方便计算，我们取 $A=0.001\text{m}^2$，$U=3\text{m/s}$，$\rho=1000\text{kg/m}^3$。如果水龙头打开的时间段 Δt 等于 2s，那么在这 2s 内，我们一共接了多少水呢？也就是水池中积了多少千克的水呢？这个问题用初中物理知识就可以解决。

图 1-2 水龙头出水

根据前面的介绍，水的质量计算公式可以表示成

$$m = \rho V$$

从上式可以看出，在密度 ρ 已知的情况下，要想求质量 m，关键是求出在时间段 Δt=2s 内从水龙头流出的水的体积 V。水从水龙头出来形成一个水柱（假设水流不被打断，且假设水流截面积保持不变），我们知道对于柱体而言，体积等于底面积乘以高。底面积就是水龙头的出水的横截面积 A，高应该为多少呢？水的速度为 U，时间段为 Δt，那么在 Δt 内，水流过的距离就是高，应该等于 $U\Delta t$。于是可得水柱的体积为 $V = UA\Delta t$。进而可得水的质量为

$$m = \rho V = \rho(UA\Delta t) = 1000(\text{kg} / \text{m}^3) \times 3(\text{m/s}) \times 0.001(\text{m}^2) \times 2(\text{s}) = 6\text{kg}$$

如果水龙头打开的时间段 Δt 等于 5s，那么在这 5s 内，一共接了多少水呢？我相信聪明的你一定会计算，只需要把 Δt 换成 5s 代入就行，即

$$m = \rho V = \rho(UA\Delta t) = 1000(\text{kg} / \text{m}^3) \times 3(\text{m/s}) \times 0.001(\text{m}^2) \times 5(\text{s}) = 15\text{kg}$$

通过比较，我们发现，如果水龙头开启的时间段 Δt 不同，流到水池中的水的质量就不同，也就是水的质量会随着时间而改变。那么单位时间内从水龙头出来的流量该怎么求呢？这就引出了质量流量的概念。只需要把方程 $m = \rho(UA\Delta t)$ 等号右边的 Δt 除到等号左边就行了，即

$$\frac{m}{\Delta t} = \frac{\rho V}{\Delta t} = \frac{\rho UA\Delta t}{\Delta t} = \rho UA$$

我们引入一个新的符号 q_m 表示质量流量，有

$$q_m = \frac{m}{\Delta t} = \frac{\rho V}{\Delta t} = \rho UA$$

对于上式，只取首尾，可得

$$q_m = \rho UA \tag{1-2}$$

式（1-2）就是质量流量的表达式。

因为 $q_m = \dfrac{m}{\Delta t}$，其中分子 m 的单位为 kg，分母 Δt 的单位为 s，所以质量流量 q_m 的单位为 kg/s。我们可以进一步延伸推导出体积流量的表达式。由于质量和体积之间相差一个密度，类比可知质量流量和体积流量之间也相差一个密度，所以只需用质量流量除以流体密度，就可以得到体积流量 q_V 的表达式：

$$q_V = \frac{q_m}{\rho} = UA \tag{1-3}$$

$$q_V = UA \tag{1-4}$$

式（1-4）就是体积流量的表达式。因为 q_m 的单位为 kg/s，ρ 的单位为 kg/m^3，所以体积流量 q_V 的单位为 m^3/s。

为什么要引入质量流量和体积流量的概念呢？因为自然界中的流体更多时候是处于流动状态的，与时间动态相关。在流体力学中我们更关注单位时间的质量和单位时间的体积，即质量流量 q_m 和体积流量 q_V，而不像固体力学那样关注总质量 m 和总体积 V，这是流体力学和固体力学的区别。

对于 $m = \rho V = \rho(UA\Delta t)$，我们需要联想到如果把密度 ρ 去掉，就可以得到 $V = UA\Delta t$，这

就把面积 A 和体积 V 联系起来了，这也是在为我们后面要讲的高斯定理做铺垫——针对流体，面积和体积之间可以来回切换。

1.3　泰勒展开

在正式推导连续性方程之前，我们还要回忆大一学过的泰勒展开，如图 1-3 所示。

一句话描述泰勒展开——用函数在某点的值来近似表示其附近点的值。我们先来回忆初中的知识：如图 1-3（A）所示，当 $x_1 > x_0$ 时，在直线 $y = f(x)$ 上取两个点 (x_0, y_0) 和 (x_1, y_1)，现在已知 (x_0, y_0) 和 x_1 的值，想要求 y_1，用初中数学知识，有

$$y_1 = y_0 + f'(x_0)(x_1 - x_0) \tag{1-5}$$

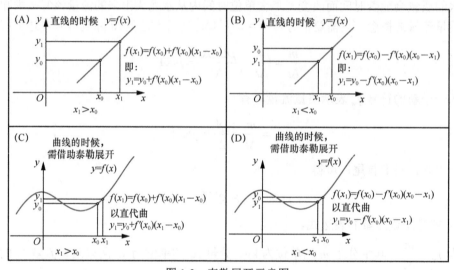

图 1-3　泰勒展开示意图

如图 1-3（B）所示，当 $x_1 < x_0$ 时，在直线 $y = f(x)$ 上取两个点 (x_0, y_0) 和 (x_1, y_1)，依旧已知 (x_0, y_0) 和 x_1 的值，想要求 y_1，用初中数学知识，有

$$y_1 = y_0 - f'(x_0)(x_0 - x_1) \tag{1-6}$$

图 1-3（A）～（B）都是直线问题，大家都会求。但如果是曲线，如图 1-3（C）～（D）所示，依旧已知 (x_0, y_0) 和 x_1 的值，想要求 y_1，你还会求吗？这就要用到泰勒展开了，任何一个连续函数都可以用多项式近似。

针对图 1-3（C），我们可以写出用点 $(x_0, f(x_0))$ 和 x_1 表示的 $f(x_1)$，即

$$f(x_1) = f(x_0) + f'(x_0)(x_1 - x_0) + \frac{f''(x_0)}{2!}(x_1 - x_0)^2 + \frac{f'''(x_0)}{3!}(x_1 - x_0)^3 + \cdots +$$
$$\frac{f^{(n)}(x_0)}{n!}(x_1 - x_0)^n + R_n(x) \tag{1-7}$$

针对上式，如果我们只取前 3 项，把后面的项省略，会得到

$$f(x_1) \approx f(x_0) + f'(x_0)(x_1 - x_0) \quad \text{（这里采用约等号）} \tag{1-8}$$

当 x_0 和 x_1 之间的距离非常短时，我们就认为 $(x_1 - x_0)$ 的值趋近于零，对于更高次幂 $\left(\text{例如}(x_1 - x_0)^2 \text{及以上次幂}\right)$，其值更加趋近于零，一般保留一次幂就满足工程需要了，所以可以把约等号化成直等号，即

$$f(x_1) = f(x_0) + f'(x_0)(x_1 - x_0) \quad \text{（这里采用直等号）} \tag{1-9}$$

可以发现式（1-9）和图 1-3（A）的式子相同。为什么会这样呢？因为 x_0 和 x_1 之间的距离非常短，故可以把 (x_0, x_1) 这段曲线当作直线来处理，即"以直代曲"。

再来看图 1-3（D），依旧是曲线，依旧套用泰勒展开，有

$$f(x_1) = f(x_0) + f'(x_0)(x_1 - x_0) + \frac{f''(x_0)}{2!}(x_1 - x_0)^2$$
$$+ \frac{f'''(x_0)}{3!}(x_1 - x_0)^3 + \cdots + \frac{f^{(n)}(x_0)}{n!}(x_1 - x_0)^n + R_n(x) \tag{1-10}$$

但因为此时 $x_1 < x_0$，为了保证括号里面的差值为正值（因为默认距离取正），把 $(x_1 - x_0)$ 改成 $(x_0 - x_1)$，现在的泰勒公式变成了

$$f(x_1) = f(x_0) - f'(x_0)(x_0 - x_1) + \frac{f''(x_0)}{2!}(x_0 - x_1)^2$$
$$- \frac{f'''(x_0)}{3!}(x_0 - x_1)^3 + \cdots + (-1)^n \frac{f^{(n)}(x_0)}{n!}(x_0 - x_1)^n + R_n(x) \tag{1-11}$$

同样地，如果只取前 3 项，把后面的项都省略，可得

$$f(x_1) = f(x_0) - f'(x_0)(x_0 - x_1) \tag{1-12}$$

1.4　子非鱼，安知鱼之乐——欧拉法和拉格朗日法

庄子与惠子游于濠梁之上。庄子曰："鲦（tiáo）鱼出游从容，是鱼之乐也。"惠子曰："子非鱼，安知鱼之乐？"庄子曰："子非我，安知我不知鱼之乐？"

——《庄子·秋水》

这段古文想必很多朋友都看过，庄子和惠子站在桥上观赏游鱼，庄子情不自禁感叹鱼儿的自由。今天我们要从庄子赏鱼引申出流体力学中两种观测记录流体运动变化的方法，一种是欧拉法，另一种是拉格朗日法。为了帮助大家理解，假设此刻我们化身庄子，站在桥上看鱼，把鱼儿当作流体微元。如图 1-4（A）所示，我们固定一个小框，通过观察这个小框内鱼儿（流体微元）的游动变化情况，判断流体的运动情况，这就是欧拉法，即我们站在桥上看框内鱼儿的游动情况，小框是固定不动的。

那什么是拉格朗日法呢？如图 1-4（B）所示，我们选中一条锦鲤，给它的眼睛处加了一个点。此刻我们不再站在桥上看鱼儿流动了，而是想象将自己化身成一条鱼，在鱼儿的角度来观察流体的运动情况。拉格朗日法是在鱼儿的角度来观察流体的运动情况，鱼儿是可以四处游动的，并不是固定不动的。

综上：欧拉法是固定微团来观察微团内流体微元的变化，参见图 1-4（C）；而拉格朗日法是站在流体微团的角度来观察流体的变化，参见图 1-4（D）。

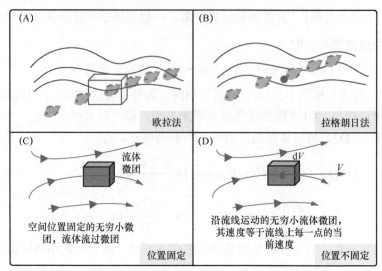

图 1-4　鱼之乐之欧拉法与拉格朗日法

虽然都是描述流体的变化，但站在不同的角度看问题，最后得到的方程形式会有所不同。在 CFD 中，把采用欧拉法得到的微分方程称为守恒型方程，把采用拉格朗日法得到的微分方程称为非守恒型方程。记住，欧拉法和拉格朗日法是对同一事物（流体）的不同描述方法，它们在本质上是相同的，是可以互换的。有了这些预备知识，在第 2 章中我们就可以推导流体满足的控制方程，以及对流体控制方程的性质进行探讨了。

第2章 大自然的秘密——偏微分方程

从本章开始我们会详细推导控制流体运动的三大方程——连续性方程、动量守恒方程和能量守恒方程。这些方程都是偏微分的形式，我们会对这些偏微分方程进行分类和总结。所谓的 CFD，其实就是在求解这些偏微分方程，只不过是用数值解法求解。

2.1 连续性方程

本节推导三大方程中的连续性方程，我们会采用两种不同的方法进行推导，讨论不同形式的连续性方程，并强调物质导数以及速度散度的物理意义。

2.1.1 连续性方程的推导

有了泰勒展开和（非）守恒型方程的基本概念之后，我们就可以使用以下两种方法来推导连续性方程。

2.1.1.1 方法一

为了简便，取位置固定的六面体小微元来证明（因为位置固定，所以是欧拉法）。

如图 2-1 所示，以流场中的任意点 $A(x,y,z)$ 为中心，$\mathrm{d}x$、$\mathrm{d}y$、$\mathrm{d}z$ 为棱，取一微元六面体。速度是矢量，A 点在 x 轴、y 轴、z 轴方向的分速度分别用 u、v、w 表示，用 ρ 表示 A 点的密度。则 ρu、ρv、ρw 分别表示 A 点处 3 个坐标轴方向的单位面积的质量流量。方便起见，我们只画出 ρu。

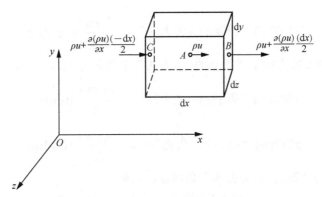

图 2-1 连续性方程推导示意图

现在我们想要用 A 点的质量流量来表示 B 点的质量流量，根据泰勒展开式（1-9），有

$$f\left(x_1\right) = f\left(x_0\right) + f'\left(x_0\right)\left(x_1 - x_0\right) \tag{2-1}$$

可得

$$f(B) = f(A) + f'(A)(x_B - x_A) \tag{2-2}$$

即B点单位面积质量流量 = A点单位面积质量流量 + A点斜率×两点距离，得

$$B\text{点单位面积质量流量} = \rho u + \frac{\partial(\rho u)}{\partial x}\frac{(\mathrm{d}x)}{2}$$

同样，用 A 点的质量流量来表示 C 点的质量流量，根据泰勒展开式（1-12），有

$$f(x_1) = f(x_0) - f'(x_0)(x_0 - x_1) \tag{2-3}$$

可得：

$$f(C) = f(A) - f'(A)(x_A - x_C) \tag{2-4}$$

即C点单位面积质量流量 = A点单位面积质量流量 − A点斜率×两点距离，得

$$C\text{点单位面积质量流量} = \rho u - \frac{\partial(\rho u)}{\partial x}\frac{(\mathrm{d}x)}{2}$$

接下来就要用到"万物守恒"，即"变化的 = 得到的 − 失去的"。这个口诀的本质是守恒，可以是质量守恒，也可以是能量守恒。如图 2-2 所示，图中方框表示我们要研究的控制体，左边的箭头代表进入控制体的质量，右边的箭头表示离开控制体的质量。

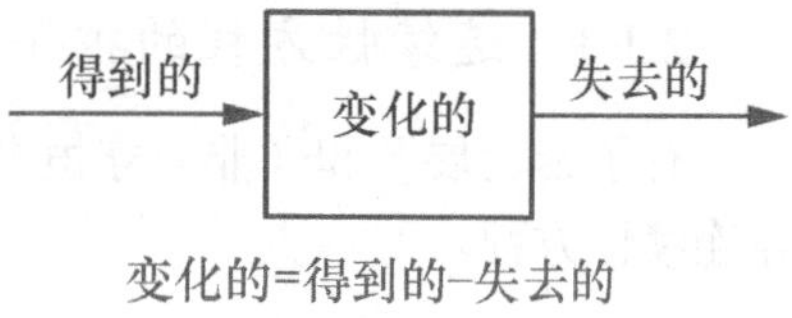

得到的 → 变化的 → 失去的

变化的=得到的−失去的

图 2-2　控制体质量守恒示意图

针对图 2-1，在 $\mathrm{d}t$ 内，x 轴方向上进入控制体的质量为 C 点所在平面的总质量，即

$$x\text{轴方向得到的} = \left(\rho u - \frac{\partial(\rho u)}{\partial x}\frac{(\mathrm{d}x)}{2}\right)\mathrm{d}y\mathrm{d}z\mathrm{d}t$$

同理，在 $\mathrm{d}t$ 内，离开控制体的质量为 B 点所在的平面的总质量，即

$$x\text{轴方向失去的} = \left(\rho u + \frac{\partial(\rho u)}{\partial x}\frac{(\mathrm{d}x)}{2}\right)\mathrm{d}y\mathrm{d}z\mathrm{d}t$$

$$x\text{轴方向"得到的−失去的"} = -\frac{\partial(\rho u)}{\partial x}\mathrm{d}x\mathrm{d}y\mathrm{d}z\mathrm{d}t$$

同理可得 y 轴和 z 轴方向上"得到的−失去的"总质量分别为

$$y\text{轴方向"得到的−失去的"} = -\frac{\partial(\rho v)}{\partial y}\mathrm{d}x\mathrm{d}y\mathrm{d}z\mathrm{d}t$$

$$z\text{轴方向"得到的−失去的"} = -\frac{\partial(\rho w)}{\partial z}\mathrm{d}x\mathrm{d}y\mathrm{d}z\mathrm{d}t$$

合并 3 个方向上"得到的−失去的"总质量，可知

$$\text{得到的−失去的} = -\left(\frac{\partial(\rho u)}{\partial x} + \frac{\partial(\rho v)}{\partial y} + \frac{\partial(\rho w)}{\partial z}\right)\mathrm{d}x\mathrm{d}y\mathrm{d}z\mathrm{d}t$$

表示完"得到的−失去的"，那么怎么表示"变化的"呢？我们正在推导质量守恒，变化的应该是在 $\mathrm{d}t$ 内控制体 $\mathrm{d}x\mathrm{d}y\mathrm{d}z$ 的质量变化，变化的质量该怎么求呢？

初始时刻 A 点的密度为 ρ，由于控制体 $\mathrm{d}x\mathrm{d}y\mathrm{d}z$ 是微元体，体积趋近于零，可近似地以 A 点的密度表示控制体 $\mathrm{d}x\mathrm{d}y\mathrm{d}z$ 的平均密度，则初始时刻（0 时刻）控制体 $\mathrm{d}x\mathrm{d}y\mathrm{d}z$ 的质量为 $\rho\mathrm{d}x\mathrm{d}y\mathrm{d}z$。

那么变化后，控制体 $\mathrm{d}x\mathrm{d}y\mathrm{d}z$ 的质量为多少呢？

注意，密度 ρ 不一定是常数，它也可以是空间和时间的函数，即 $\rho = f(x,y,z,t)$。

初始时刻 A 点的密度为 ρ，A 点的密度可能会随着时间变化（比如 $\mathrm{d}t$ 内流体温度发生了变化，从而引起密度变化），我们将经过 $\mathrm{d}t$ 后 A 点的密度变化记为 $\rho + \mathrm{d}\rho$。则变化后，控制体 $\mathrm{d}x\mathrm{d}y\mathrm{d}z$ 的质量应该为 $(\rho + \mathrm{d}\rho)\mathrm{d}x\mathrm{d}y\mathrm{d}z$。

于是可得 $\mathrm{d}t$ 内，控制体 $\mathrm{d}x\mathrm{d}y\mathrm{d}z$ 的质量变化量为

$$(\rho + \mathrm{d}\rho)\mathrm{d}x\mathrm{d}y\mathrm{d}z - \rho\mathrm{d}x\mathrm{d}y\mathrm{d}z = \mathrm{d}\rho\mathrm{d}x\mathrm{d}y\mathrm{d}z$$

根据"变化的=得到的–失去的"得

$$\mathrm{d}\rho\mathrm{d}x\mathrm{d}y\mathrm{d}z = -\left(\frac{\partial(\rho u)}{\partial x} + \frac{\partial(\rho v)}{\partial y} + \frac{\partial(\rho w)}{\partial z}\right)\mathrm{d}x\mathrm{d}y\mathrm{d}z\mathrm{d}t$$

等号两端同时除以公因子 $\mathrm{d}x\mathrm{d}y\mathrm{d}z$，有

$$\mathrm{d}\rho = -\left(\frac{\partial(\rho u)}{\partial x} + \frac{\partial(\rho v)}{\partial y} + \frac{\partial(\rho w)}{\partial z}\right)\mathrm{d}t$$

再将 $\mathrm{d}t$ 移到等号左边，有

$$\frac{\mathrm{d}\rho}{\mathrm{d}t} = -\left(\frac{\partial(\rho u)}{\partial x} + \frac{\partial(\rho v)}{\partial y} + \frac{\partial(\rho w)}{\partial z}\right)$$

导数符号 d 和偏导数符号 ∂，本质上其实是一致的，都表示一段微小的变化。只是当自变量的个数为 1 时，我们偏向于用导数 d；当自变量的个数大于 1 时，我们偏向于用偏导数 ∂。这里密度 $\rho = f(x,y,z,t)$ 的自变量个数大于 1，所以上式可转换为

$$\frac{\partial\rho}{\partial t} = -\left(\frac{\partial(\rho u)}{\partial x} + \frac{\partial(\rho v)}{\partial y} + \frac{\partial(\rho w)}{\partial z}\right)$$

稍作整理，得到

$$\frac{\partial\rho}{\partial t} + \frac{\partial(\rho u)}{\partial x} + \frac{\partial(\rho v)}{\partial y} + \frac{\partial(\rho w)}{\partial z} = 0 \tag{2-5}$$

式（2-5）即为可压缩流体、不定常（随时间变化）的连续性方程。

为了方便和后文的 N-S 方程和能量方程写成统一的形式，我们引入散度表达式：

$$\mathrm{div} = \frac{\partial}{\partial x}\boldsymbol{i} + \frac{\partial}{\partial y}\boldsymbol{j} + \frac{\partial}{\partial z}\boldsymbol{k}$$

再引入哈密顿算子（向量微分算子或 Nabla 算子）∇：

$$\nabla = \frac{\partial}{\partial x}\boldsymbol{i} + \frac{\partial}{\partial y}\boldsymbol{j} + \frac{\partial}{\partial z}\boldsymbol{k}$$

下面演示两个符号的使用方法，将速度 $\boldsymbol{V} = u\boldsymbol{i} + v\boldsymbol{j} + w\boldsymbol{k}$，代入散度和哈密顿算子，有

$$\mathrm{div}V = \nabla \cdot V = \frac{\partial u}{\partial x} + \frac{\partial v}{\partial y} + \frac{\partial w}{\partial z}$$

将 $\rho V = \rho u i + \rho v j + \rho w k$ 代入散度和哈密顿算子，有

$$\mathrm{div}(\rho V) = \nabla \cdot (\rho V) = \frac{\partial \rho u}{\partial x} + \frac{\partial \rho v}{\partial y} + \frac{\partial \rho w}{\partial z}$$

则式（2-5）可写成

$$\frac{\partial \rho}{\partial t} + \mathrm{div}(\rho V) = 0 \tag{2-6}$$

或

$$\frac{\partial \rho}{\partial t} + \nabla \cdot (\rho V) = 0 \tag{2-7}$$

式（2-6）和式（2-7）是连续性方程的偏微分形式，是基于图 2-1 所示的空间位置固定（欧拉法）的微元体推导而得的。

2.1.1.2　方法二

接下来，我们依旧采用泰勒公式来推导连续性方程。其中，推导"得到的–失去的"的部分和方法一中的相同，不同的是第二种方法直接对质量进行泰勒展开。利用泰勒展开得到 $f(x_1) = f(x_0) + f'(x_0)(x_1 - x_0)$，式中的 x 仅仅是一个符号，可以表示空间，也可以表示时间，用 t 代替 x，得到 $f(t_1) = f(t_0) + f'(t_0)(t_1 - t_0)$。接下来直接对质量进行泰勒展开，有

$$\underbrace{变化后控制体质量}_{f(t_1)} = \underbrace{\rho \mathrm{d}x\mathrm{d}y\mathrm{d}z}_{f(t_0)} + \underbrace{\frac{\partial(\rho \mathrm{d}x\mathrm{d}y\mathrm{d}z)}{\partial t}\mathrm{d}t}_{f'(t_0)(t_1-t_0)} = \rho \mathrm{d}x\mathrm{d}y\mathrm{d}z + \frac{\partial \rho}{\partial t}\mathrm{d}x\mathrm{d}y\mathrm{d}z\mathrm{d}t$$

从而可得"变化的"为

$$变化的 = \underbrace{\rho \mathrm{d}x\mathrm{d}y\mathrm{d}z + \frac{\partial \rho}{\partial t}\mathrm{d}x\mathrm{d}y\mathrm{d}z\mathrm{d}t}_{变化后对应的质量} - \underbrace{\rho \mathrm{d}x\mathrm{d}y\mathrm{d}z}_{初始时刻对应的质量}$$

即

$$变化的 = \frac{\partial \rho}{\partial t}\mathrm{d}x\mathrm{d}y\mathrm{d}z\mathrm{d}t$$

又因为

$$得到的 - 失去的 = -\left(\frac{\partial(\rho u)}{\partial x} + \frac{\partial(\rho v)}{\partial y} + \frac{\partial(\rho w)}{\partial z}\right)\mathrm{d}x\mathrm{d}y\mathrm{d}z\mathrm{d}t$$

由"变化的 = 得到的–失去的"得

$$\frac{\partial \rho}{\partial t}\mathrm{d}x\mathrm{d}y\mathrm{d}z\mathrm{d}t = -\left(\frac{\partial(\rho u)}{\partial x} + \frac{\partial(\rho v)}{\partial y} + \frac{\partial(\rho w)}{\partial z}\right)\mathrm{d}x\mathrm{d}y\mathrm{d}z\mathrm{d}t$$

整理如下

$$\frac{\partial \rho}{\partial t}\mathrm{d}x\mathrm{d}y\mathrm{d}z\mathrm{d}t + \left(\frac{\partial(\rho u)}{\partial x} + \frac{\partial(\rho v)}{\partial y} + \frac{\partial(\rho w)}{\partial z}\right)\mathrm{d}x\mathrm{d}y\mathrm{d}z\mathrm{d}t = 0$$

两边同时除以 $\mathrm{d}x\mathrm{d}y\mathrm{d}z\mathrm{d}t$，可得

$$\frac{\partial \rho}{\partial t} + \left(\frac{\partial (\rho u)}{\partial x} + \frac{\partial (\rho v)}{\partial y} + \frac{\partial (\rho w)}{\partial z} \right) = 0$$

去掉括号，可得

$$\frac{\partial \rho}{\partial t} + \frac{\partial (\rho u)}{\partial x} + \frac{\partial (\rho v)}{\partial y} + \frac{\partial (\rho w)}{\partial z} = 0 \tag{2-8}$$

可见两种方法得到的结果是一样的。下面，针对式（2-8）讨论一些特例。

2.1.2　可压缩、定常流动连续性方程

当流体定常流动时，密度不随时间变化，即 $\frac{\partial \rho}{\partial t} = 0$，有

$$\frac{\partial (\rho u)}{\partial x} + \frac{\partial (\rho v)}{\partial y} + \frac{\partial (\rho w)}{\partial z} = 0 \tag{2-9}$$

2.1.3　不可压缩流体连续性方程

我们先回忆多元函数微分学的知识，当 u 和 v 都是 x 的函数时，有 $\frac{\partial (uv)}{\partial x} = u \frac{\partial v}{\partial x} + v \frac{\partial u}{\partial x}$。

对于可压缩流体，ρ 和 u 都是 x 的函数，故

$$\frac{\partial (\rho u)}{\partial x} = \rho \frac{\partial u}{\partial x} + u \frac{\partial \rho}{\partial x}$$

同理，ρ 和 v 都是 y 的函数，故

$$\frac{\partial (\rho v)}{\partial y} = \rho \frac{\partial v}{\partial y} + v \frac{\partial \rho}{\partial y}$$

ρ 和 w 都是 z 的函数，故

$$\frac{\partial (\rho w)}{\partial z} = \rho \frac{\partial w}{\partial z} + w \frac{\partial \rho}{\partial z}$$

于是，可得

$$\frac{\partial \rho}{\partial t} + \frac{\partial (\rho u)}{\partial x} + \frac{\partial (\rho v)}{\partial y} + \frac{\partial (\rho w)}{\partial z} = \frac{\partial \rho}{\partial t} + \rho \frac{\partial u}{\partial x} + u \frac{\partial \rho}{\partial x} + \rho \frac{\partial v}{\partial y} + v \frac{\partial \rho}{\partial y} + \rho \frac{\partial w}{\partial z} + w \frac{\partial \rho}{\partial z} = 0$$

当流体不可压缩时，ρ 为常数。这种情况下密度 ρ 对时间 t 和空间 x、y、z 求导都得 0，即 $\frac{\partial \rho}{\partial t} = 0, \frac{\partial \rho}{\partial x} = 0, \frac{\partial \rho}{\partial y} = 0, \frac{\partial \rho}{\partial z} = 0$。

有

$$\rho \frac{\partial u}{\partial x} + \rho \frac{\partial v}{\partial y} + \rho \frac{\partial w}{\partial z} = 0$$

两边同时除以常数 ρ 得

$$\frac{\partial u}{\partial x} + \frac{\partial v}{\partial y} + \frac{\partial w}{\partial z} = 0 \tag{2-10}$$

或

$$\text{div} V = \nabla \cdot V = 0 \tag{2-11}$$

式（2-10）和式（2-11）即为不可压缩流体连续性方程，对定常和不定常流动都是适用的。式（2-10）需要大家重点记忆。

2.1.4　物质导数（运动流体微团的时间变化率）

物质导数（Material Derivative）也叫随体导数、全导数。我在 cctalk 网站上讲过"流体力学考研、期末看这个"，其中对物质导数的概念有相关介绍，为了图书内容的完整性，这里再讲一遍。如图 2-3 所示，流体微团从 A 点运动到 B 点，在运动过程中，流体微团的速度、密度、温度等是空间和时间的函数，即

$$\begin{cases} u = f(x, y, z, t) \\ v = f(x, y, z, t) \\ w = f(x, y, z, t) \\ \rho = f(x, y, z, t) \\ T = f(x, y, z, t) \end{cases}$$

注意

在上式中，u、v、w 虽然是速度 $V = ui + vj + wk$ 在 x 轴、y 轴、z 轴方向的分速度，但流场中，流体微团在不同点处有不同的 u、v、w，所以 u、v、w 仍然是 x、y、z 的函数。

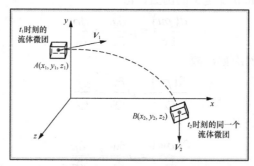

图 2-3　流体微团在流场中的运动——物质导数示意图

在 t_1 时刻，流体微团的密度为

$$\rho_1 = f(x_1, y_1, z_1, t_1)$$

在 t_2 时刻，流体微团的密度为

$$\rho_2 = f(x_2, y_2, z_2, t_2)$$

由于密度 $\rho = f(x, y, z, t)$ 是空间和时间的函数，可以借助多元函数的泰勒公式用 ρ_1 来表示 ρ_2，有

$$\rho_2 = \rho_1 + \left(\frac{\partial \rho}{\partial x}\right)_1 (x_2 - x_1) + \left(\frac{\partial \rho}{\partial y}\right)_1 (y_2 - y_1) + \left(\frac{\partial \rho}{\partial z}\right)_1 (z_2 - z_1) + \left(\frac{\partial \rho}{\partial t}\right)_1 (t_2 - t_1) + （\text{高阶项}）$$

提示

上式的求解过程利用了多元函数泰勒展开，相比于一元泰勒展开，多了对 y 和 z 的泰勒展开。

将等号右边的 ρ_1 挪到等号左边，然后等号两边同时除以（t_2-t_1），并忽略高阶项，可得

$$\frac{\rho_2 - \rho_1}{t_2 - t_1} = \left(\frac{\partial \rho}{\partial x}\right)_1 \frac{(x_2 - x_1)}{(t_2 - t_1)} + \left(\frac{\partial \rho}{\partial y}\right)_1 \frac{(y_2 - y_1)}{(t_2 - t_1)} + \left(\frac{\partial \rho}{\partial z}\right)_1 \frac{(z_2 - z_1)}{(t_2 - t_1)} + \left(\frac{\partial \rho}{\partial t}\right)_1 \tag{2-12}$$

（上式在忽略高阶项的同时，约等号写成了直等号）。

上式等号左边的 $\dfrac{\rho_2 - \rho_1}{t_2 - t_1}$，当 t_2 趋于 t_1 时，这一项变成

$$\lim_{t_2 \to t_1} \frac{\rho_2 - \rho_1}{t_2 - t_1} = \frac{\mathrm{d}\rho}{\mathrm{d}t} = \frac{\mathrm{D}\rho}{\mathrm{D}t}$$

$\dfrac{\mathrm{D}\rho}{\mathrm{D}t}$ 是密度的物质导数。在流体力学中，通常使用大写字母 D 表示物质导数；在数学中，通常使用小写字母 d 表示物质导数。两种写法都对，都表示物质导数。当强调数学关系时，用全导数 $\dfrac{\mathrm{d}\rho}{\mathrm{d}t}$；当强调物理关系时，用物质导数 $\dfrac{\mathrm{D}\rho}{\mathrm{D}t}$。

结合以下式子：

$$\lim_{t_2 \to t_1} \frac{x_2 - x_1}{t_2 - t_1} = u$$

$$\lim_{t_2 \to t_1} \frac{y_2 - y_1}{t_2 - t_1} = v$$

$$\lim_{t_2 \to t_1} \frac{z_2 - z_1}{t_2 - t_1} = w$$

式（2-12）可化为

$$\frac{\mathrm{D}\rho}{\mathrm{D}t} = \frac{\partial \rho}{\partial t} + u\frac{\partial \rho}{\partial x} + v\frac{\partial \rho}{\partial y} + w\frac{\partial \rho}{\partial z} \tag{2-13}$$

从式（2-13）提取出笛卡儿坐标系下物质导数的表达式：

$$\frac{\mathrm{D}}{\mathrm{D}t} = \frac{\partial}{\partial t} + u\frac{\partial}{\partial x} + v\frac{\partial}{\partial y} + w\frac{\partial}{\partial z} \tag{2-14}$$

同时利用哈密顿算子 ∇ 的表达式：

$$\nabla = \frac{\partial}{\partial x}\boldsymbol{i} + \frac{\partial}{\partial y}\boldsymbol{j} + \frac{\partial}{\partial z}\boldsymbol{k}$$

式（2-14）可写成

$$\frac{\mathrm{D}}{\mathrm{D}t} = \frac{\partial}{\partial t} + (\boldsymbol{V} \cdot \nabla) \tag{2-15}$$

此外，物质导数在本质上与微积分中的全导数相同，也可以通过微积分中的链式法则推导得出。以密度 $\rho = f(x,y,z,t)$ 为例进行说明，根据数学上的链式法则，有

$$\frac{\mathrm{d}\rho}{\mathrm{d}t} = \frac{\partial \rho}{\partial x}\frac{\partial x}{\partial t} + \frac{\partial \rho}{\partial y}\frac{\partial y}{\partial t} + \frac{\partial \rho}{\partial z}\frac{\partial z}{\partial t} + \frac{\partial \rho}{\partial t}$$

$$= \frac{\partial \rho}{\partial x}u + \frac{\partial \rho}{\partial y}v + \frac{\partial \rho}{\partial z}w + \frac{\partial \rho}{\partial t}$$

$$= \frac{\partial \rho}{\partial t} + u\frac{\partial \rho}{\partial x} + v\frac{\partial \rho}{\partial y} + w\frac{\partial \rho}{\partial z}$$

同理得出速度的物质导数：

$$\frac{\mathrm{D}u}{\mathrm{D}t} = \frac{\mathrm{d}u}{\mathrm{d}t} = \frac{\partial u}{\partial x}\frac{\partial x}{\partial t} + \frac{\partial u}{\partial y}\frac{\partial y}{\partial t} + \frac{\partial u}{\partial z}\frac{\partial z}{\partial t} + \frac{\partial u}{\partial t} = \frac{\partial u}{\partial x}u + \frac{\partial u}{\partial y}v + \frac{\partial u}{\partial z}w + \frac{\partial u}{\partial t}$$

$$= \frac{\partial u}{\partial t} + u\frac{\partial u}{\partial x} + v\frac{\partial u}{\partial y} + w\frac{\partial u}{\partial z}$$

（2-16）

$$\frac{\mathrm{D}v}{\mathrm{D}t} = \frac{\mathrm{d}v}{\mathrm{d}t} = \frac{\partial v}{\partial x}\frac{\partial x}{\partial t} + \frac{\partial v}{\partial y}\frac{\partial y}{\partial t} + \frac{\partial v}{\partial z}\frac{\partial z}{\partial t} + \frac{\partial v}{\partial t} = \frac{\partial v}{\partial x}u + \frac{\partial v}{\partial y}v + \frac{\partial v}{\partial z}w + \frac{\partial v}{\partial t}$$

$$= \frac{\partial v}{\partial t} + u\frac{\partial v}{\partial x} + v\frac{\partial v}{\partial y} + w\frac{\partial v}{\partial z}$$

$$\frac{\mathrm{D}w}{\mathrm{D}t} = \frac{\mathrm{d}w}{\mathrm{d}t} = \frac{\partial w}{\partial x}\frac{\partial x}{\partial t} + \frac{\partial w}{\partial y}\frac{\partial y}{\partial t} + \frac{\partial w}{\partial z}\frac{\partial z}{\partial t} + \frac{\partial w}{\partial t} = \frac{\partial w}{\partial x}u + \frac{\partial w}{\partial y}v + \frac{\partial w}{\partial z}w + \frac{\partial w}{\partial t}$$

$$= \frac{\partial w}{\partial t} + u\frac{\partial w}{\partial x} + v\frac{\partial w}{\partial y} + w\frac{\partial w}{\partial z}$$

进一步分析物质导数各部分，可知

$$\underbrace{\frac{\mathrm{D}}{\mathrm{D}t}}_{\text{物质导数}} = \underbrace{\frac{\partial}{\partial t}}_{\text{当地导数}} + \underbrace{\left(\boldsymbol{V}\cdot\nabla\right)}_{\text{迁移导数}}$$

在上式中，$\dfrac{\mathrm{D}}{\mathrm{D}t}$ 是物质导数的通用表达式，物理意义是运动着的流体微团的物理量随时间的变化率；$\dfrac{\partial}{\partial t}$ 叫作当地导数，它在物理上是固定点处的时间变化率；$\boldsymbol{V}\cdot\nabla$ 叫作迁移导数，它在物理上表示由于流体微团从流场中的一点运动到另一点，流场的空间不均匀性而引起的时间变化率[1]。

关于物质导数，中国科学院力学研究所的李新亮老师给出过一个形象的例子（见图 2-4）来阐释物质导数："高铁列车的电子显示屏上会实时显示车外的温度，如果我们将高铁列车看作一个流体微元，它早上从北京出发，中午到达上海，显示屏上记录的室外温度的变化就是物质导数。它包含两个部分，一是从北京到上海的地理位置的变化所带来的温度变化，即迁移导数（也叫对流导数）；二是某地从早上到中午由于时间不同而引起的温度变化，即当地导数[2]"。

图 2-4　高铁列车与物质导数（车厢外不同地点的温度会变化，相同地点不同时刻的温度也会变化）

2.1.5 连续性方程非守恒形式（选学）

有了物质导数的概念之后，接下来我们站在鱼儿的角度来推导连续性方程的非守恒形式。如图 2-5（A）和图 2-5（B）所示，随流体运动的无穷小流体微团，在不同的地方，流体微团的温度可能发生变化，进而引起流体微团的密度发生变化。在拉格朗日法中，流体微团的位置和体积会变化，但流体微团的质量却不发生变化（质量一定守恒，体积不一定守恒）。

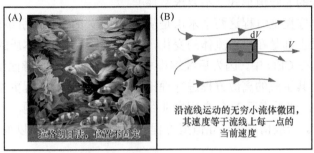

图 2-5 鱼之乐（拉格朗日法）

将流体微团的质量和体积分别记为 δm 和 $\delta \dot{V}$（为了和速度 V 进行区别，此处用 $\dot{V}$ 表示体积）。有

$$\delta m = \rho \delta \dot{V}$$

质量是守恒的，不会随时间变化，利用物质导数的概念，有 $\dfrac{\mathrm{D}(\delta m)}{\mathrm{D}t} = 0$。

把 $\delta m = \rho \delta \dot{V}$ 代入上式，有

$$\frac{\mathrm{D}(\delta m)}{\mathrm{D}t} = \frac{\mathrm{D}(\rho \delta \dot{V})}{\mathrm{D}t} = 0$$

应用多元函数微分学，当 u 和 v 都是 x 的函数时，有 $\dfrac{\partial(uv)}{\partial x} = u\dfrac{\partial v}{\partial x} + v\dfrac{\partial u}{\partial x}$。同理，当 ρ 和 $\delta \dot{V}$ 都是 t 的函数时，有 $\dfrac{\mathrm{D}(\rho \delta \dot{V})}{\mathrm{D}t} = \delta \dot{V} \dfrac{\mathrm{D}\rho}{\mathrm{D}t} + \rho \dfrac{\mathrm{D}(\delta \dot{V})}{\mathrm{D}t}$（把 $\delta \dot{V}$ 当作一个整体），于是

$$\frac{\mathrm{D}(\delta m)}{\mathrm{D}t} = \frac{\mathrm{D}(\rho \delta \dot{V})}{\mathrm{D}t} = \delta \dot{V} \frac{\mathrm{D}\rho}{\mathrm{D}t} + \rho \frac{\mathrm{D}(\delta \dot{V})}{\mathrm{D}t} = 0$$

即

$$\delta \dot{V} \frac{\mathrm{D}\rho}{\mathrm{D}t} + \rho \frac{\mathrm{D}(\delta \dot{V})}{\mathrm{D}t} = 0$$

两边同除以 $\delta \dot{V}$，整理得

$$\frac{\mathrm{D}\rho}{\mathrm{D}t} + \rho \frac{1}{\delta \dot{V}} \frac{\mathrm{D}(\delta \dot{V})}{\mathrm{D}t} = 0$$

又有 $\dfrac{1}{\delta \dot{V}} \dfrac{\mathrm{D}(\delta \dot{V})}{\mathrm{D}t} = \left[\dfrac{\mathrm{D}(\delta \dot{V})}{\delta \dot{V}} \right] / \mathrm{D}t$ 表示体积相对于时间的变化，其可写为

$$\frac{1}{\delta \dot{V}} \frac{\mathrm{D}(\delta \dot{V})}{\mathrm{D}t} = \nabla \cdot V \quad （推导过程见 2.1.6 节）$$

代入上式得

$$\frac{\mathrm{D}\rho}{\mathrm{D}t} + \rho \nabla \cdot V = 0$$

此式即为连续性方程的非守恒形式（不要求掌握）。

　　守恒型方程和非守恒型方程这两个术语是从 CFD 相关的文献中引申出来的。守恒型方程和非守恒型方程本质上都是在描述流体的变化，从物理上讲并没有本质的区别，彼此之间可以相互转换。只不过在 CFD 中，因为后续编程求解收敛的问题，特意区别了这两种方程。非守恒型方程便于对由其生成的离散方程进行理论分析，而守恒型方程更能保持物理量守恒的性质（参见第 8 章），便于克服 N-S 方程中非线性对流项引起的问题，且便于采用非结构化网格对其进行离散[3]。一般情况下，守恒型方程的解更符合实际，所以很多 CFD 课本只介绍守恒型方程。

　　从守恒型的控制方程出发，采用控制容积法导出的离散方程（第 6 章内容），可以保证具有守恒特性，而从非守恒型控制方程出发导出的离散方程未必具有守恒特性。守恒型方程在 CFD 中具有独特的优势，引用陶文铨老师的观点——在计算可压缩流体时，守恒型方程可以使激波的计算结果光滑而且稳定，而应用非守恒方程时激波的计算结果会在激波前及后引起解的振荡，并导致错误的激波位置。所以在空气动力学的数值计算中守恒型方程特别重要。

2.1.6　速度散度及其物理意义（选学）

　　上一节留下一个疑问，即如何得出

$$\frac{1}{\delta \dot{V}} \frac{\mathrm{D}(\delta \dot{V})}{\mathrm{D}t} = \nabla \cdot V$$

　　下面我们就来详细推导一下，主要参考安德森[1]的《计算流体力学基础及其应用》2.4 节内容和数学中的高斯定理。在拉格朗日法中，流体微团随着流体运动，虽然流体微团的密度、表面积和体积可能发生变化，但流体微团的质量却是守恒的，始终不随时间变化。假设流体微团在某一瞬间的状态如图 2-6 所示。

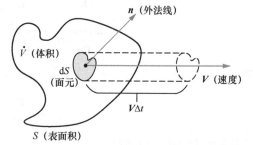

图 2-6　流体微团某一瞬间的状态

　　取流体微团上的一个无穷小面元 dS，速度为 V。在时间段 Δt 内，由 dS 的运动导致的流体微团体积的改变量为 $\Delta \dot{V}$，等于一个以 dS 为底，以 $(V\Delta t)\cdot n$ 为高的细长柱体的体积，这里 n 是垂直于面元 dS 的外法线，即

$$\Delta \dot{V} = \left[(V\Delta t) \cdot n \right] \cdot \mathrm{d}S = (V\Delta t) \cdot \mathrm{d}S$$

　　上式向量 dS = ndS。经过时间段 Δt，整个流体微团总的体积变化等于在流体微团的整个

表面上对上式积分，即

$$\iint\limits_{S}(V\Delta t)\cdot\mathrm{d}\boldsymbol{S}$$

将这个积分除以 Δt，结果就是流体微团体积变化的时间变化率，记为 $\dfrac{\mathrm{D}\dot{V}}{\mathrm{D}t}$，即

$$\frac{\mathrm{D}\dot{V}}{\mathrm{D}t}=\frac{1}{\Delta t}\iint\limits_{S}(V\Delta t)\cdot\mathrm{d}\boldsymbol{S}=\iint\limits_{S}V\cdot\mathrm{d}\boldsymbol{S}$$

上式左边是体积 $\dot{V}$ 的物质导数，对等号右边应用高斯定理（即体积和面积的转换），有

$$\iint\limits_{S}V\cdot\mathrm{d}\boldsymbol{S}=\iiint\limits_{V}(\nabla\cdot V)\mathrm{d}\dot{V}\text{（高斯定理）}$$

可得

$$\frac{\mathrm{D}\dot{V}}{\mathrm{D}t}=\iiint\limits_{\dot{V}}(\nabla\cdot V)\mathrm{d}\dot{V}$$

现在假设图 2-6 中的流体微团收缩到一个非常小的体积 $\delta\dot{V}$（相当于 $\mathrm{d}\dot{V}$），把上式的体积 $\dot{V}$ 换成 $\delta\dot{V}$，有

$$\frac{\mathrm{D}\left(\delta\dot{V}\right)}{\mathrm{D}t}=\iiint\limits_{\delta\dot{V}}(\nabla\cdot V)\mathrm{d}\dot{V}$$

当 $\delta\dot{V}$ 足够小，可认为 $(\nabla\cdot V)$ 在整个 $\delta\dot{V}$ 上都相等，$(\nabla\cdot V)$ 可当作常数从积分号中提出来，有

$$\iiint\limits_{\delta\dot{V}}(\nabla\cdot V)\mathrm{d}\dot{V}=(\nabla\cdot V)\iiint\limits_{\delta\dot{V}}1\mathrm{d}\dot{V}=(\nabla\cdot V)\delta\dot{V}$$

联立上式，可得

$$\frac{\mathrm{D}\left(\delta\dot{V}\right)}{\mathrm{D}t}=(\nabla\cdot V)\delta\dot{V}$$

整理之后，可得

$$\frac{1}{\delta\dot{V}}\frac{\mathrm{D}\left(\delta\dot{V}\right)}{\mathrm{D}t}=\nabla\cdot V$$

从上式可以看出，速度散度 $(\nabla\cdot V)$ 的物理意义是每单位体积运动着的流体微团，其体积相对变化的时间变化率。

2.2 动量方程推导

2.2.1 应力形式的 N-S 方程

有了泰勒展开的基础，以及推导连续性方程的经验，我们就可以推导 N-S 方程了。几百年来，N-S 方程如一份奇珍异宝，以其令人叹为观止的品相，使世界各地的顶尖人才为其倾

倒，一批又一批天才前赴后继，有人为其耗费了青春，有人徒增了白发，有人情愿拿出一百万美元[4]，只求探其究竟。但它始终如水中月、镜中花一般，一直躲着我们。也许我们永远看不到它的神秘面容，但我们还是要感受一下它为人间带来的万丈光芒。

如图 2-7 所示，以流场中的任意点 $A(x,y,z)$ 为中心，以 dx、dy、dz 为棱，取一微元六面体。在这个小流体微团的周围，还有别的流体包围着它，要给它的每个面都施加力。对这个流体微团进行力的分解，<u>因为是三维笛卡儿坐标系，所以每个面上的力都可以分解成沿着 3 个坐标轴方向的分力</u>，这 3 个分力中，正好有 2 个平贴在表面上，因和表面相切，取名为切向应力，简称切应力；有 1 个垂直于作用面，其方向和表面法线平行，取名为法向应力，简称法应力。出于简洁，图 2-7 只画出了垂直于 y 轴 2 个面上的分力。下面，我们援引孙祥海老师的思路[5]给这 3 个应力规定一些法则。

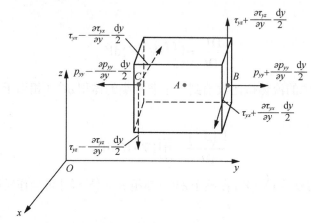

图 2-7　运动的流体微团，N-S 方程推导示意图（左面、右面）

（1）应力一律用 2 个下标表示，以示区别。第一个下标字母表示与所在平面垂直的坐标轴，第二个下标字母表示与该应力方向平行的坐标轴，例如 τ_{yx} 表示在垂直于 y 轴的平面上的 x 轴方向的切应力。

（2）各应力的方向根据所在平面的外法线方向决定。如果外法线方向与坐标轴的正方向一致，则该平面各应力都取相应坐标轴的正方向，否则取负方向。

假设 $A(x,y,z)$ 处垂直于 y 轴的平面的法应力和切应力为 τ_{yx}、p_{yy}、τ_{yz}，则根据泰勒展开，可以得到 $B(x, y+\dfrac{dy}{2},z)$ 处的法应力和切应力如下：

$$\begin{cases} \tau_{yx} + \dfrac{\partial \tau_{yx}}{\partial y}\dfrac{dy}{2} \\[2mm] p_{yy} + \dfrac{\partial p_{yy}}{\partial y}\dfrac{dy}{2} \\[2mm] \tau_{yz} + \dfrac{\partial \tau_{yz}}{\partial y}\dfrac{dy}{2} \end{cases}$$

同理，可写出 $C(x, y-\dfrac{dy}{2},z)$ 处的法应力和切应力如下：

$$\begin{cases} \tau_{yx} - \dfrac{\partial \tau_{yx}}{\partial y}\dfrac{\mathrm{d}y}{2} \\[3mm] p_{yy} - \dfrac{\partial p_{yy}}{\partial y}\dfrac{\mathrm{d}y}{2} \\[3mm] \tau_{yz} - \dfrac{\partial \tau_{yz}}{\partial y}\dfrac{\mathrm{d}y}{2} \end{cases}$$

同理可得微元体的前面、后面、上面、下面的应力，如图 2-8 所示。

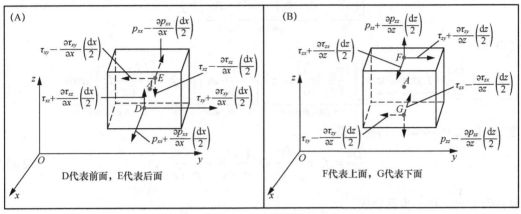

图 2-8　运动的流体微团，N-S 方程推导示意图（其他 4 个面）

D 处的法应力和切应力 $\begin{cases} p_{xx} + \dfrac{\partial p_{xx}}{\partial x}\dfrac{\mathrm{d}x}{2} \\[3mm] \tau_{xy} + \dfrac{\partial \tau_{xy}}{\partial x}\dfrac{\mathrm{d}x}{2} \\[3mm] \tau_{xz} + \dfrac{\partial \tau_{xz}}{\partial x}\dfrac{\mathrm{d}x}{2} \end{cases}$　E 处的法应力和切应力 $\begin{cases} p_{xx} - \dfrac{\partial p_{xx}}{\partial x}\dfrac{\mathrm{d}x}{2} \\[3mm] \tau_{xy} - \dfrac{\partial \tau_{xy}}{\partial x}\dfrac{\mathrm{d}x}{2} \\[3mm] \tau_{xz} - \dfrac{\partial \tau_{xz}}{\partial x}\dfrac{\mathrm{d}x}{2} \end{cases}$

F 处的法应力和切应力 $\begin{cases} \tau_{zx} + \dfrac{\partial \tau_{zx}}{\partial z}\dfrac{\mathrm{d}z}{2} \\[3mm] \tau_{zy} + \dfrac{\partial \tau_{zy}}{\partial z}\dfrac{\mathrm{d}z}{2} \\[3mm] p_{zz} + \dfrac{\partial p_{zz}}{\partial z}\dfrac{\mathrm{d}z}{2} \end{cases}$　G 处的法应力和切应力 $\begin{cases} \tau_{zx} - \dfrac{\partial \tau_{zx}}{\partial z}\dfrac{\mathrm{d}z}{2} \\[3mm] \tau_{zy} - \dfrac{\partial \tau_{zy}}{\partial z}\dfrac{\mathrm{d}z}{2} \\[3mm] p_{zz} - \dfrac{\partial p_{zz}}{\partial z}\dfrac{\mathrm{d}z}{2} \end{cases}$

　　接下来，我们以 y 轴方向为例，列出牛顿第二定律 $F_y = ma_y$。其中 F_y 既包括质量力，也包括表面力，即 $F_y = y$ 轴方向质量力 $+ y$ 轴方向表面力。用 f_y 表示 y 轴方向的单位质量力，且默认质力的方向和坐标轴的正方向相同。需要注意的是，y 轴方向的表面力，除了图 2-7 所示的力外，还包括图 2-8 所示的第二个下标为 y 的力。同时表面力也是有方向的，规定当表面力的方向和坐标轴的正方向相同时，为正；当表面力的方向和坐标轴的正方向相反时，为负。我们用 v 表示 y 轴方向的分速度；用 $a_y = \dfrac{\mathrm{D}v}{\mathrm{D}t}$ 表示 y 轴方向的加速度。于是 y 轴方向的运动方程 $ma_y = F_y$ 可写成

$$\underbrace{\rho \mathrm{d}x\mathrm{d}y\mathrm{d}z \frac{\mathrm{D}v}{\mathrm{D}t}}_{ma_y} = \underbrace{f_y \rho \mathrm{d}x\mathrm{d}y\mathrm{d}z}_{y\text{轴方向质量力}} + \underbrace{\left[\left(p_{yy} + \frac{\partial p_{yy}}{\partial y}\frac{\mathrm{d}y}{2}\right) - \left(p_{yy} - \frac{\partial p_{yy}}{\partial y}\frac{\mathrm{d}y}{2}\right)\right]\mathrm{d}x\mathrm{d}z}_{\text{左右面}y\text{轴方向表面力}}$$

$$+ \underbrace{\left[\left(\tau_{xy} + \frac{\partial \tau_{xy}}{\partial x}\frac{\mathrm{d}x}{2}\right) - \left(\tau_{xy} - \frac{\partial \tau_{xy}}{\partial x}\frac{\mathrm{d}x}{2}\right)\right]\mathrm{d}y\mathrm{d}z}_{\text{前后面}y\text{轴方向表面力}} \qquad (2\text{-}17)$$

$$+ \underbrace{\left[\left(\tau_{zy} + \frac{\partial \tau_{zy}}{\partial z}\frac{\mathrm{d}z}{2}\right) - \left(\tau_{zy} - \frac{\partial \tau_{zy}}{\partial z}\frac{\mathrm{d}z}{2}\right)\right]\mathrm{d}x\mathrm{d}y}_{\text{上下面}y\text{轴方向表面力}}$$

整理得

$$\underbrace{\rho \mathrm{d}x\mathrm{d}y\mathrm{d}z \frac{\mathrm{D}v}{\mathrm{D}t}}_{ma_y} = \underbrace{f_y \rho \mathrm{d}x\mathrm{d}y\mathrm{d}z}_{y\text{轴方向质量力}} + \underbrace{\left[\left(\frac{\partial p_{yy}}{\partial y}\mathrm{d}y\right)\right]\mathrm{d}x\mathrm{d}z}_{\text{左右面}y\text{轴方向表面力}} + \underbrace{\left[\left(\frac{\partial \tau_{xy}}{\partial x}\mathrm{d}x\right)\right]\mathrm{d}y\mathrm{d}z}_{\text{前后面}y\text{轴方向表面力}} + \underbrace{\left[\left(\frac{\partial \tau_{zy}}{\partial z}\mathrm{d}z\right)\right]\mathrm{d}x\mathrm{d}y}_{\text{上下面}y\text{轴方向表面力}} \qquad (2\text{-}18)$$

两边同时除以 $\rho \mathrm{d}x\mathrm{d}y\mathrm{d}z$，再整理得

$$\frac{\mathrm{D}v}{\mathrm{D}t} = f_y + \frac{1}{\rho}\frac{\partial p_{yy}}{\partial y} + \frac{1}{\rho}\frac{\partial \tau_{xy}}{\partial x} + \frac{1}{\rho}\frac{\partial \tau_{zy}}{\partial z} \qquad (2\text{-}19)$$

提取公因子 $\dfrac{1}{\rho}$，进一步整理成

$$\frac{\mathrm{D}v}{\mathrm{D}t} = f_y + \frac{1}{\rho}\left(\frac{\partial \tau_{xy}}{\partial x} + \frac{\partial p_{yy}}{\partial y} + \frac{\partial \tau_{zy}}{\partial z}\right) \qquad (2\text{-}20)$$

同理，用 f_x 表示 x 轴方向的单位质量力，f_z 表示 z 轴方向的单位质量力，u 表示 x 轴方向的分速度，w 表示 z 轴方向的分速度，可得 x 轴和 z 轴方向的运动方程。3 个方向的运动方程分别写成

$$\begin{cases} \dfrac{\mathrm{D}u}{\mathrm{D}t} = f_x + \dfrac{1}{\rho}\left(\dfrac{\partial p_{xx}}{\partial x} + \dfrac{\partial \tau_{yx}}{\partial y} + \dfrac{\partial \tau_{zx}}{\partial z}\right) \\[2mm] \dfrac{\mathrm{D}v}{\mathrm{D}t} = f_y + \dfrac{1}{\rho}\left(\dfrac{\partial \tau_{xy}}{\partial x} + \dfrac{\partial p_{yy}}{\partial y} + \dfrac{\partial \tau_{zy}}{\partial z}\right) \\[2mm] \dfrac{\mathrm{D}w}{\mathrm{D}t} = f_z + \dfrac{1}{\rho}\left(\dfrac{\partial \tau_{xz}}{\partial x} + \dfrac{\partial \tau_{yz}}{\partial y} + \dfrac{\partial p_{zz}}{\partial z}\right) \end{cases}$$

上式即为以应力形式表达的黏性流体的运动方程。上述 3 个方程共有 16 个未知量，分别为 3 个速度分量 u、v、w，3 个质量力分量 f_x、f_y、f_z，1 个密度 ρ 和 9 个应力。对不可压缩流体，且在质量力已知的情况下，上述方程可以去掉 ρ 和 f_x、f_y、f_z 这 4 个未知量，但依旧有 12 个未知量。现有的 3 个方程再加上一个前文推导的连续性方程，一共有 4 个方程。未知量的个数（12 个）和方程的个数（4 个）不一样，方程组不封闭。要想在理论上有解，必须保证未知量的个数和方程的个数相等。要想求解，要么增加方程的个数，要么想办法减少未知量的个数。显然很难找到额外的方程，所以必须想办法减少未知量的个数。那么消去谁呢？3 个速度分量 u、v、w 无法消去，于是早期的流体力学研究者们把目光重点放在 9 个应力上。

2.2.2 正常形式的 N-S 方程

下面就研究这 9 个应力之间有什么关系，以及它们和速度的关系，以便减少未知量的个数。为了方便观看，把 9 个应力写成矩阵的形式，如下所示：

$$\begin{bmatrix} p_{xx} & \tau_{yx} & \tau_{zx} \\ \tau_{xy} & p_{yy} & \tau_{zy} \\ \tau_{xz} & \tau_{yz} & p_{zz} \end{bmatrix}$$

2.2.2.1 切应力相互之间的关系（切应力互等定律）

以 yOz 平面为例，在过中心点 A 的流体微元体上切割，如图 2-9（A）所示，这个粗线框在 y 轴方向的几何长度为 $\mathrm{d}y$，在 z 轴方向的为 $\mathrm{d}z$，在 x 轴方向的默认是单位 1，接下来我们分析这个粗线框上的应力关系。

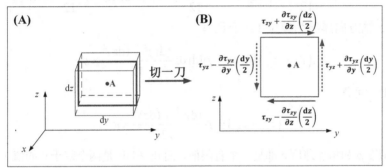

图 2-9　切应力互等定律证明

当厚度为单位 1 时，四条边的切应力如图 2-9（B）所示［结合三维图形（见图 2-8），更容易分析出来］，同时规定逆时针方向旋转的切应力为正（虚线箭头），顺时针方向旋转的切应力为负（实线箭头）。

用 ε 表示粗线框的角加速度，J 表示绕 A 点的转动惯量，M 表示力矩。根据《大学物理》（或理论力学、材料力学[6]）里面的知识，我们知道力矩 M，转动惯量 J，角加速度 ε 有如下的关系：

$$力矩=转动惯量×角加速度$$

即

$$M = J \times \varepsilon$$

同时力矩 M 等于力 F 与作用距离 L 的乘积，而力 F 又等于应力 τ 与作用面积 A（和点 A 不同，这里的 A 是作用面积）的乘积。即 $M = F \times L = \tau A \times L$，又 $M = J \times \varepsilon$，得 $M = \tau A \times L = J \times \varepsilon$

参照图 2-9（B）所示，可得

$$\underbrace{\left[\left(\tau_{yz} + \frac{\partial \tau_{yz}}{\partial y}\frac{\mathrm{d}y}{2}\right) + \left(\tau_{yz} - \frac{\partial \tau_{yz}}{\partial y}\frac{\mathrm{d}y}{2}\right)\right]}_{\text{逆时针切应力，规定为正}} \cdot \underbrace{1 \cdot \mathrm{d}z}_{\substack{\text{作用面积，}\\x\text{轴方向为单位1}}} \cdot \underbrace{\frac{\mathrm{d}y}{2}}_{\text{距离}}$$

$$-\underbrace{\left[\left(\tau_{zy} + \frac{\partial \tau_{zy}}{\partial z}\frac{\mathrm{d}z}{2}\right) + \left(\tau_{zy} - \frac{\partial \tau_{zy}}{\partial z}\frac{\mathrm{d}z}{2}\right)\right]}_{\text{顺时针切应力，规定为负}} \cdot \underbrace{1 \cdot \mathrm{d}y}_{\substack{\text{作用面积，}\\x\text{轴方向为单位1}}} \cdot \underbrace{\frac{\mathrm{d}z}{2}}_{\text{距离}} \qquad (2\text{-}21)$$

$$= \underbrace{J}_{\text{转动惯量}} \times \underbrace{\varepsilon}_{\text{角加速度}}$$

整理得

$$\tau_{yz}1 \cdot dy \cdot dz - \tau_{zy}1 \cdot dy \cdot dz = J \times \varepsilon$$

提取公因子 1dydz 后，可得

$$\left(\tau_{yz} - \tau_{zy}\right)1dydz = J \times \varepsilon$$

根据材料力学[6]的知识，厚度为单位 1 的矩形，其转动惯量 J 的表达式为

$$J = m\frac{a^2 + b^2}{12}$$

式中 m 为质量，a 为矩形长度，b 为矩形宽度。针对图 2-9（B）所示的图形，其转动惯量 J 的表达式为

$$J = m\frac{a^2 + b^2}{12} = \rho 1dydz\frac{(dy)^2 + (dz)^2}{12} = \rho 1dydz\frac{(dy)^2 + (dz)^2}{12} \qquad (2\text{-}22)$$

式中的 1 表示 x 轴方向厚度为单位 1。于是有

$$\left(\tau_{yz} - \tau_{zy}\right)1dydz = \rho 1dydz\frac{(dy)^2 + (dz)^2}{12} \times \varepsilon$$

两边消去 1dydz，可得

$$\left(\tau_{yz} - \tau_{zy}\right) = \rho\frac{(dy)^2 + (dz)^2}{12} \times \varepsilon$$

因为等号右边密度 ρ 和角加速度 ε 都是一个有限值，而 dy 和 dz 是两个趋于 0 的值（我们取的是微元），根据高等数学的知识可知，有限值乘以无穷小，依旧等于无穷小，即等号右边趋于 0，即

$$\lim_{\substack{dy \to 0 \\ dz \to 0}} \rho\frac{(dy)^2 + (dz)^2}{12} \times \varepsilon \to 0$$

于是，可得

$$\left(\tau_{yz} - \tau_{zy}\right) = 0$$

得

$$\tau_{yz} = \tau_{zy}$$

同理，在 xOy 和 xOz 平面上也可以得到剩余等式，连同上式一并写成

$$\begin{cases} \tau_{xy} = \tau_{yx} \\ \tau_{yz} = \tau_{zy} \\ \tau_{zx} = \tau_{xz} \end{cases}$$

上式表明对顶的两个切应力相等，只要知道等号左边的值，就知道了等号右边的值，相当于减少了 3 个未知量，现在未知量的个数从 12 变成了 9，但未知量的个数（9）和方程的个数（4）依旧不相等。所以我们要进一步化简这些切应力，努力用容易测量的未知量来代替它们。于是，早期的流体力学研究者们把目光转移到了这些切应力和速度 u、v、w 的关系上。

2.2.2.2 切应力与变形速度之间的关系

1845 年，斯托克斯（Stokes）[4]将牛顿内摩擦定律推广到三维空间，提出下列 3 个假设[7]：

（1）应力与变形率呈线性关系；

（2）流体是各向同性的，应力与变形率的关系与坐标系的选择无关；

（3）当角变形率为零时，即流体静止时，法应力等于静压强。

根据假设（1），把二维流动切应力表达式 $\tau = \mu \dfrac{\mathrm{d}u}{\mathrm{d}y}$ 推广到三维，有

$$\begin{cases} \tau_{xy} = \tau_{yx} = \mu\left(\dfrac{\partial v}{\partial x} + \dfrac{\partial u}{\partial y}\right) \\[2mm] \tau_{yz} = \tau_{zy} = \mu\left(\dfrac{\partial w}{\partial y} + \dfrac{\partial v}{\partial z}\right) \\[2mm] \tau_{zx} = \tau_{xz} = \mu\left(\dfrac{\partial w}{\partial x} + \dfrac{\partial u}{\partial z}\right) \end{cases} \tag{2-23}$$

上式为牛顿内摩擦定律的广义推广，也被称为广义的牛顿内摩擦定律。

通过广义的牛顿内摩擦定律公式可以发现，切应力转换成了速度的表达式。如果我们知道 u、v、w 的表达式，就可以求出这些切应力，相当于未知量的个数又减少了 3 个。现在还剩下 u、v、w、p_{xx}、p_{yy}、p_{zz} 这 6 个未知量，为了进一步减少未知量个数，接下来对 p_{xx}、p_{yy}、p_{zz} 进行处理。

流体力学研究者们定义流体中某点的压强 P 和 3 个法应力 p_{xx}、p_{yy}、p_{zz} 有如下关系式：

$$P = -\frac{1}{3}\left(p_{xx} + p_{yy} + p_{zz}\right)$$

且对于理想流体（ideal fluid）$p_{xx} = p_{yy} = p_{zz}$；对于真实流体，即黏性流体，$p_{xx} \neq p_{yy} \neq p_{zz}$。对于理想流体，因为 $p_{xx} = p_{yy} = p_{zz}$，代入上式可得

$$-P_{\text{ideal}} = p_{xx} = p_{yy} = p_{zz}$$

对于黏性流体，$p_{xx} \neq p_{yy} \neq p_{zz}$，那么该怎么表示它们的大小呢？斯托克斯想到在理想流体的基础上对它们进行修正，得到下列关系式：

$$\begin{cases} p_{xx} = -P_{\text{ideal}} + \tau_{xx} \\ p_{yy} = -P_{\text{ideal}} + \tau_{yy} \\ p_{zz} = -P_{\text{ideal}} + \tau_{zz} \end{cases} \tag{2-24}$$

其中 τ_{xx}、τ_{yy}、τ_{zz} 为黏性流体相对于理想流体的修正值，被称为附加法应力，分别表示某点 3 个方向上法应力分量偏离平均压强的部分。

接下来表示 τ_{xx}、τ_{yy}、τ_{zz}。斯托克斯经过一番操作[8]，写出如下式子：

$$\begin{cases} \tau_{xx} = \mu\left(\dfrac{\partial u}{\partial x} + \dfrac{\partial u}{\partial x}\right) = 2\mu\dfrac{\partial u}{\partial x} \\[2mm] \tau_{yy} = \mu\left(\dfrac{\partial v}{\partial y} + \dfrac{\partial v}{\partial y}\right) = 2\mu\dfrac{\partial v}{\partial y} \\[2mm] \tau_{zz} = \mu\left(\dfrac{\partial w}{\partial z} + \dfrac{\partial w}{\partial z}\right) = 2\mu\dfrac{\partial w}{\partial z} \end{cases} \tag{2-25}$$

必须强调的是，式（2-25）至今没有被所有科学家认可的严格证明。龙天渝、蔡增基老师的《流体力学》[8]7.1 节 "流体微团运动的分析" 给出过一种证明，感兴趣的同学可以去翻阅。

于是，对于黏性流体有

$$
\begin{cases}
p_{xx} = -P_{\text{ideal}} + 2\mu \dfrac{\partial u}{\partial x} \\[2mm]
p_{yy} = -P_{\text{ideal}} + 2\mu \dfrac{\partial v}{\partial y} \\[2mm]
p_{zz} = -P_{\text{ideal}} + 2\mu \dfrac{\partial w}{\partial z}
\end{cases}
\tag{2-26}
$$

对于黏性流体，某点压强的公式依旧为

$$
P = -\frac{1}{3}\left(p_{xx} + p_{yy} + p_{zz}\right)
$$

将式（2-26）中的 p_{xx}、p_{yy}、p_{zz} 表达式代入上式，得

$$
P = -\frac{1}{3}\left[\left(-P_{\text{ideal}} + 2\mu \frac{\partial u}{\partial x}\right) + \left(-P_{\text{ideal}} + 2\mu \frac{\partial v}{\partial y}\right) + \left(-P_{\text{ideal}} + 2\mu \frac{\partial w}{\partial z}\right)\right]
$$

整理一次得

$$
P = -\frac{1}{3}\left[-3P_{\text{ideal}} + 2\mu\left(\frac{\partial u}{\partial x} + \frac{\partial v}{\partial y} + \frac{\partial w}{\partial z}\right)\right]
$$

整理两次得

$$
P = P_{\text{ideal}} - \frac{2}{3}\mu\left(\frac{\partial u}{\partial x} + \frac{\partial v}{\partial y} + \frac{\partial w}{\partial z}\right)
$$

整理三次得

$$
P_{\text{ideal}} = P + \frac{2}{3}\mu\left(\frac{\partial u}{\partial x} + \frac{\partial v}{\partial y} + \frac{\partial w}{\partial z}\right)
$$

整理四次得

$$
-P_{\text{ideal}} = -P - \frac{2}{3}\mu\left(\frac{\partial u}{\partial x} + \frac{\partial v}{\partial y} + \frac{\partial w}{\partial z}\right)
$$

对于黏性流体，有

$$
\begin{cases}
p_{xx} = -P_{\text{ideal}} + 2\mu \dfrac{\partial u}{\partial x} \\[2mm]
p_{yy} = -P_{\text{ideal}} + 2\mu \dfrac{\partial v}{\partial y} \\[2mm]
p_{zz} = -P_{\text{ideal}} + 2\mu \dfrac{\partial w}{\partial z}
\end{cases}
\tag{2-27}
$$

把 $-P_{\text{ideal}} = -P - \dfrac{2}{3}\mu\left(\dfrac{\partial u}{\partial x} + \dfrac{\partial v}{\partial y} + \dfrac{\partial w}{\partial z}\right)$ 代入上式，有

$$p_{xx} = -P - \frac{2}{3}\mu\left(\frac{\partial u}{\partial x} + \frac{\partial v}{\partial y} + \frac{\partial w}{\partial z}\right) + 2\mu\frac{\partial u}{\partial x}$$

$$p_{yy} = -P - \frac{2}{3}\mu\left(\frac{\partial u}{\partial x} + \frac{\partial v}{\partial y} + \frac{\partial w}{\partial z}\right) + 2\mu\frac{\partial v}{\partial y} \qquad (2\text{-}28)$$

$$p_{zz} = -P - \frac{2}{3}\mu\left(\frac{\partial u}{\partial x} + \frac{\partial v}{\partial y} + \frac{\partial w}{\partial z}\right) + 2\mu\frac{\partial w}{\partial z}$$

从上式可以看出，p_{xx}、p_{yy}、p_{zz} 已经表示成了速度 u、v、w 和压强 P 的函数，虽然引入了 1 个新的未知量压强 P，但未知量的个数减少了 2 个。现在有 4 个未知量 u、v、w 和 P，4 个方程（3 个方向的 N-S 方程，1 个连续性方程），方程的个数和未知量的个数相等，原则上方程可解。

接下来把法应力和切应力的表达式代入应力形式的 N-S 方程，即

$$\begin{cases}
\dfrac{\mathrm{D}u}{\mathrm{D}t} = f_x + \dfrac{1}{\rho}\left(\dfrac{\partial p_{xx}}{\partial x} + \dfrac{\partial \tau_{yx}}{\partial y} + \dfrac{\partial \tau_{zx}}{\partial z}\right) \\[2mm]
\dfrac{\mathrm{D}v}{\mathrm{D}t} = f_y + \dfrac{1}{\rho}\left(\dfrac{\partial \tau_{xy}}{\partial x} + \dfrac{\partial p_{yy}}{\partial y} + \dfrac{\partial \tau_{zy}}{\partial z}\right) \\[2mm]
\dfrac{\mathrm{D}w}{\mathrm{D}t} = f_z + \dfrac{1}{\rho}\left(\dfrac{\partial \tau_{xz}}{\partial x} + \dfrac{\partial \tau_{yz}}{\partial y} + \dfrac{\partial p_{zz}}{\partial z}\right)
\end{cases} \qquad (2\text{-}29)$$

将式（2-23）、式（2-28）代入式（2-29）得

$$\begin{cases}
\dfrac{\mathrm{D}u}{\mathrm{D}t} = f_x + \dfrac{1}{\rho}\left\{\dfrac{\partial}{\partial x}\left[-P - \dfrac{2}{3}\mu\left(\dfrac{\partial u}{\partial x} + \dfrac{\partial v}{\partial y} + \dfrac{\partial w}{\partial z}\right) + 2\mu\dfrac{\partial u}{\partial x}\right] + \dfrac{\partial}{\partial y}\left[\mu\left(\dfrac{\partial v}{\partial x} + \dfrac{\partial u}{\partial y}\right)\right] + \dfrac{\partial}{\partial z}\left[\mu\left(\dfrac{\partial w}{\partial x} + \dfrac{\partial u}{\partial z}\right)\right]\right\} \\[3mm]
\dfrac{\mathrm{D}v}{\mathrm{D}t} = f_y + \dfrac{1}{\rho}\left\{\dfrac{\partial}{\partial x}\left[\mu\left(\dfrac{\partial v}{\partial x} + \dfrac{\partial u}{\partial y}\right)\right] + \dfrac{\partial}{\partial y}\left[-P - \dfrac{2}{3}\mu\left(\dfrac{\partial u}{\partial x} + \dfrac{\partial v}{\partial y} + \dfrac{\partial w}{\partial z}\right) + 2\mu\dfrac{\partial v}{\partial y}\right] + \dfrac{\partial}{\partial z}\left[\mu\left(\dfrac{\partial w}{\partial y} + \dfrac{\partial v}{\partial z}\right)\right]\right\} \\[3mm]
\dfrac{\mathrm{D}w}{\mathrm{D}t} = f_z + \dfrac{1}{\rho}\left\{\dfrac{\partial}{\partial x}\left[\mu\left(\dfrac{\partial w}{\partial x} + \dfrac{\partial u}{\partial z}\right)\right] + \dfrac{\partial}{\partial y}\left[\mu\left(\dfrac{\partial w}{\partial y} + \dfrac{\partial v}{\partial z}\right)\right] + \dfrac{\partial}{\partial z}\left[-P - \dfrac{2}{3}\mu\left(\dfrac{\partial u}{\partial x} + \dfrac{\partial v}{\partial y} + \dfrac{\partial w}{\partial z}\right) + 2\mu\dfrac{\partial w}{\partial z}\right]\right\}
\end{cases}$$

以 x 轴方向为例，整理得

$$\begin{aligned}
\frac{\mathrm{D}u}{\mathrm{D}t} = {}& f_x - \frac{1}{\rho}\frac{\partial P}{\partial x} + \frac{2\mu}{\rho}\frac{\partial^2 u}{\partial x^2} - \frac{2}{3}\frac{\mu}{\rho}\left(\frac{\partial^2 u}{\partial x^2} + \frac{\partial^2 v}{\partial x \partial y} + \frac{\partial^2 w}{\partial x \partial z}\right) \\
& + \frac{\mu}{\rho}\left(\frac{\partial^2 v}{\partial x \partial y} + \frac{\partial^2 u}{\partial y^2}\right) + \frac{\mu}{\rho}\left(\frac{\partial^2 w}{\partial x \partial z} + \frac{\partial^2 u}{\partial z^2}\right)
\end{aligned} \qquad (2\text{-}30)$$

再次整理得

$$\begin{aligned}
\frac{\mathrm{D}u}{\mathrm{D}t} = {}& f_x - \frac{1}{\rho}\frac{\partial P}{\partial x} + \frac{\mu}{\rho}\frac{\partial^2 u}{\partial x^2} + \frac{\mu}{\rho}\frac{\partial^2 u}{\partial x^2} - \frac{2}{3}\frac{\mu}{\rho}\left(\frac{\partial^2 u}{\partial x^2} + \frac{\partial^2 v}{\partial x \partial y} + \frac{\partial^2 w}{\partial x \partial z}\right) \\
& + \frac{\mu}{\rho}\left(\frac{\partial^2 v}{\partial x \partial y} + \frac{\partial^2 u}{\partial y^2}\right) + \frac{\mu}{\rho}\left(\frac{\partial^2 w}{\partial x \partial z} + \frac{\partial^2 u}{\partial z^2}\right)
\end{aligned} \qquad (2\text{-}31)$$

接着整理得

$$\frac{\mathrm{D}u}{\mathrm{D}t} = f_x - \frac{1}{\rho}\frac{\partial P}{\partial x} + \frac{\mu}{\rho}\left(\frac{\partial^2 u}{\partial x^2} + \frac{\partial^2 u}{\partial y^2} + \frac{\partial^2 u}{\partial z^2}\right) - \frac{2}{3}\frac{\mu}{\rho}\left(\frac{\partial^2 u}{\partial x^2} + \frac{\partial^2 v}{\partial x \partial y} + \frac{\partial^2 w}{\partial x \partial z}\right)$$
$$+ \frac{\mu}{\rho}\frac{\partial^2 u}{\partial x^2} + \frac{\mu}{\rho}\left(\frac{\partial^2 v}{\partial x \partial y}\right) + \frac{\mu}{\rho}\left(\frac{\partial^2 w}{\partial x \partial z}\right) \tag{2-32}$$

继续整理得

$$\frac{\mathrm{D}u}{\mathrm{D}t} = f_x - \frac{1}{\rho}\frac{\partial P}{\partial x} + \frac{\mu}{\rho}\left(\frac{\partial^2 u}{\partial x^2} + \frac{\partial^2 u}{\partial y^2} + \frac{\partial^2 u}{\partial z^2}\right) + \frac{1}{3}\frac{\mu}{\rho}\left(\frac{\partial^2 u}{\partial x^2} + \frac{\partial^2 v}{\partial x \partial y} + \frac{\partial^2 w}{\partial x \partial z}\right) \tag{2-33}$$

式中 μ 为动力粘度系数，单位为 Pa·s；定义运动粘度系数 $\nu = \mu/\rho$[①]，单位为 m²/s。

上式化为

$$\frac{\mathrm{D}u}{\mathrm{D}t} = f_x - \frac{1}{\rho}\frac{\partial P}{\partial x} + \nu\left(\frac{\partial^2 u}{\partial x^2} + \frac{\partial^2 u}{\partial y^2} + \frac{\partial^2 u}{\partial z^2}\right) + \frac{\nu}{3}\left(\frac{\partial^2 u}{\partial x^2} + \frac{\partial^2 v}{\partial x \partial y} + \frac{\partial^2 w}{\partial x \partial z}\right) \tag{2-34}$$

还可化为

$$\frac{\mathrm{D}u}{\mathrm{D}t} = f_x - \frac{1}{\rho}\frac{\partial P}{\partial x} + \nu\left(\frac{\partial^2 u}{\partial x^2} + \frac{\partial^2 u}{\partial y^2} + \frac{\partial^2 u}{\partial z^2}\right) + \frac{\nu}{3}\frac{\partial}{\partial x}\left(\frac{\partial u}{\partial x} + \frac{\partial v}{\partial y} + \frac{\partial w}{\partial z}\right) \tag{2-35}$$

同理可得 y 轴方向和 z 轴方向的 N-S 方程，合并 x 轴方向方程有

$$\begin{cases} \dfrac{\mathrm{D}u}{\mathrm{D}t} = f_x - \dfrac{1}{\rho}\dfrac{\partial P}{\partial x} + \nu\left(\dfrac{\partial^2 u}{\partial x^2} + \dfrac{\partial^2 u}{\partial y^2} + \dfrac{\partial^2 u}{\partial z^2}\right) + \dfrac{\nu}{3}\dfrac{\partial}{\partial x}\left(\dfrac{\partial u}{\partial x} + \dfrac{\partial v}{\partial y} + \dfrac{\partial w}{\partial z}\right) \\[3mm] \dfrac{\mathrm{D}v}{\mathrm{D}t} = f_y - \dfrac{1}{\rho}\dfrac{\partial P}{\partial y} + \nu\left(\dfrac{\partial^2 v}{\partial x^2} + \dfrac{\partial^2 v}{\partial y^2} + \dfrac{\partial^2 v}{\partial z^2}\right) + \dfrac{\nu}{3}\dfrac{\partial}{\partial y}\left(\dfrac{\partial u}{\partial x} + \dfrac{\partial v}{\partial y} + \dfrac{\partial w}{\partial z}\right) \\[3mm] \dfrac{\mathrm{D}w}{\mathrm{D}t} = f_z - \dfrac{1}{\rho}\dfrac{\partial P}{\partial z} + \nu\left(\dfrac{\partial^2 w}{\partial x^2} + \dfrac{\partial^2 w}{\partial y^2} + \dfrac{\partial^2 w}{\partial z^2}\right) + \dfrac{\nu}{3}\dfrac{\partial}{\partial z}\left(\dfrac{\partial u}{\partial x} + \dfrac{\partial v}{\partial y} + \dfrac{\partial w}{\partial z}\right) \end{cases} \tag{2-36}$$

上式即为可压缩流体的 N-S 方程。

对于不可压缩流体，有 $\dfrac{\partial u}{\partial x} + \dfrac{\partial v}{\partial y} + \dfrac{\partial w}{\partial z} = 0$，代入上式得

$$\begin{cases} \dfrac{\mathrm{D}u}{\mathrm{D}t} = f_x - \dfrac{1}{\rho}\dfrac{\partial P}{\partial x} + \nu\left(\dfrac{\partial^2 u}{\partial x^2} + \dfrac{\partial^2 u}{\partial y^2} + \dfrac{\partial^2 u}{\partial z^2}\right) \\[3mm] \dfrac{\mathrm{D}v}{\mathrm{D}t} = f_y - \dfrac{1}{\rho}\dfrac{\partial P}{\partial y} + \nu\left(\dfrac{\partial^2 v}{\partial x^2} + \dfrac{\partial^2 v}{\partial y^2} + \dfrac{\partial^2 v}{\partial z^2}\right) \\[3mm] \dfrac{\mathrm{D}w}{\mathrm{D}t} = f_z - \dfrac{1}{\rho}\dfrac{\partial P}{\partial z} + \nu\left(\dfrac{\partial^2 w}{\partial x^2} + \dfrac{\partial^2 w}{\partial y^2} + \dfrac{\partial^2 w}{\partial z^2}\right) \end{cases} \tag{2-37}$$

同时我们知道 3 个速度分量都是空间 x、y、z 和时间 t 的函数，即

$$\begin{cases} u = f(x,y,z,t) \\ v = f(x,y,z,t) \\ w = f(x,y,z,t) \end{cases}$$

---

① 请读者注意区分运动粘度系数 ν（希腊文，读作"纽"）与速度 v（英文小写）。

按照多元函数求导法则可知

$$\frac{\mathrm{D}u}{\mathrm{D}t} = \frac{\mathrm{d}u}{\mathrm{d}t} = \frac{\partial u}{\partial x}\frac{\partial x}{\partial t} + \frac{\partial u}{\partial y}\frac{\partial y}{\partial t} + \frac{\partial u}{\partial z}\frac{\partial z}{\partial t} + \frac{\partial u}{\partial t} = \frac{\partial u}{\partial x}u + \frac{\partial u}{\partial y}v + \frac{\partial u}{\partial z}w + \frac{\partial u}{\partial t}$$
$$= \frac{\partial u}{\partial t} + u\frac{\partial u}{\partial x} + v\frac{\partial u}{\partial y} + w\frac{\partial u}{\partial z}$$

$$\frac{\mathrm{D}v}{\mathrm{D}t} = \frac{\mathrm{d}v}{\mathrm{d}t} = \frac{\partial v}{\partial x}\frac{\partial x}{\partial t} + \frac{\partial v}{\partial y}\frac{\partial y}{\partial t} + \frac{\partial v}{\partial z}\frac{\partial z}{\partial t} + \frac{\partial v}{\partial t} = \frac{\partial v}{\partial x}u + \frac{\partial v}{\partial y}v + \frac{\partial v}{\partial z}w + \frac{\partial v}{\partial t}$$
$$= \frac{\partial v}{\partial t} + u\frac{\partial v}{\partial x} + v\frac{\partial v}{\partial y} + w\frac{\partial v}{\partial z} \qquad (2\text{-}38)$$

$$\frac{\mathrm{D}w}{\mathrm{D}t} = \frac{\mathrm{d}w}{\mathrm{d}t} = \frac{\partial w}{\partial x}\frac{\partial x}{\partial t} + \frac{\partial w}{\partial y}\frac{\partial y}{\partial t} + \frac{\partial w}{\partial z}\frac{\partial z}{\partial t} + \frac{\partial w}{\partial t} = \frac{\partial w}{\partial x}u + \frac{\partial w}{\partial y}v + \frac{\partial w}{\partial z}w + \frac{\partial w}{\partial t}$$
$$= \frac{\partial w}{\partial t} + u\frac{\partial w}{\partial x} + v\frac{\partial w}{\partial y} + w\frac{\partial w}{\partial z}$$

将式（2-38）代入式（2-37），有

$$\begin{cases} \dfrac{\partial u}{\partial t} + u\dfrac{\partial u}{\partial x} + v\dfrac{\partial u}{\partial y} + w\dfrac{\partial u}{\partial z} = f_x - \dfrac{1}{\rho}\dfrac{\partial P}{\partial x} + \nu\left(\dfrac{\partial^2 u}{\partial x^2} + \dfrac{\partial^2 u}{\partial y^2} + \dfrac{\partial^2 u}{\partial z^2}\right) \\[3mm] \dfrac{\partial v}{\partial t} + u\dfrac{\partial v}{\partial x} + v\dfrac{\partial v}{\partial y} + w\dfrac{\partial v}{\partial z} = f_y - \dfrac{1}{\rho}\dfrac{\partial P}{\partial y} + \nu\left(\dfrac{\partial^2 v}{\partial x^2} + \dfrac{\partial^2 v}{\partial y^2} + \dfrac{\partial^2 v}{\partial z^2}\right) \\[3mm] \dfrac{\partial w}{\partial t} + u\dfrac{\partial w}{\partial x} + v\dfrac{\partial w}{\partial y} + w\dfrac{\partial w}{\partial z} = f_z - \dfrac{1}{\rho}\dfrac{\partial P}{\partial z} + \nu\left(\dfrac{\partial^2 w}{\partial x^2} + \dfrac{\partial^2 w}{\partial y^2} + \dfrac{\partial^2 w}{\partial z^2}\right) \end{cases} \qquad (2\text{-}39)$$

上式即为不可压缩流体 N-S 方程的完整表达形式。

上面的式子都是偏微分方程，是通过将基本的物理学原理应用于流体微团推导而得的，由于流体微团是运动的，也就是站在鱼儿的角度来观察流体，所以式（2-36）和式（2-39）皆是非守恒形式的。

2.2.3 向量形式的 N-S 方程

接下来，我们把式（2-37）写成向量的形式。

利用物质导数 $\dfrac{\mathrm{D}}{\mathrm{D}t} = \dfrac{\partial}{\partial t} + u\dfrac{\partial}{\partial x} + v\dfrac{\partial}{\partial y} + w\dfrac{\partial}{\partial z}$ ，拉普拉斯算子 $\Delta = \nabla^2 = \dfrac{\partial^2}{\partial x^2} + \dfrac{\partial^2}{\partial y^2} + \dfrac{\partial^2}{\partial z^2}$ ，速度 $\boldsymbol{V} = u\boldsymbol{i} + v\boldsymbol{j} + w\boldsymbol{k}$ ，以及质量力 $\boldsymbol{f} = f_x\boldsymbol{i} + f_y\boldsymbol{j} + f_z\boldsymbol{k}$ ，可得：

$$\begin{cases} \dfrac{\mathrm{D}u}{\mathrm{D}t} = f_x - \dfrac{1}{\rho}\dfrac{\partial P}{\partial x} + \nu\nabla^2 u \\[3mm] \dfrac{\mathrm{D}v}{\mathrm{D}t} = f_y - \dfrac{1}{\rho}\dfrac{\partial P}{\partial y} + \nu\nabla^2 v \\[3mm] \dfrac{\mathrm{D}w}{\mathrm{D}t} = f_z - \dfrac{1}{\rho}\dfrac{\partial P}{\partial z} + \nu\nabla^2 w \end{cases}$$

上式的向量形式可写为

$$\frac{D\boldsymbol{V}}{Dt} = \boldsymbol{f} - \frac{\nabla P}{\rho} + \nu\nabla^2\boldsymbol{V} \tag{2-40}$$

2.2.4　守恒形式的 N-S 方程

我们前面说过，守恒型方程和非守恒型方程本质上都是在描述流体的变化，所以在物理上并没有本质的区别，彼此之间一定可以相互转换。下面我们就从前文推导的非守恒形式的 N-S 方程出发，将其转换为守恒形式的 N-S 方程。

由（2-36）知

$$\frac{Du}{Dt} = f_x - \frac{1}{\rho}\frac{\partial P}{\partial x} + \nu\left(\frac{\partial^2 u}{\partial x^2} + \frac{\partial^2 u}{\partial y^2} + \frac{\partial^2 u}{\partial z^2}\right) + \frac{\nu}{3}\frac{\partial}{\partial x}\left(\frac{\partial u}{\partial x} + \frac{\partial v}{\partial y} + \frac{\partial w}{\partial z}\right) \tag{2-41}$$

两边同乘以密度 ρ，有：

$$\rho\frac{Du}{Dt} = \rho f_x - \frac{\partial P}{\partial x} + \rho\nu\left(\frac{\partial^2 u}{\partial x^2} + \frac{\partial^2 u}{\partial y^2} + \frac{\partial^2 u}{\partial z^2}\right) + \rho\frac{\nu}{3}\frac{\partial}{\partial x}\left(\frac{\partial u}{\partial x} + \frac{\partial v}{\partial y} + \frac{\partial w}{\partial z}\right) \tag{2-42}$$

对于物质导数 $\frac{D}{Dt} = \frac{\partial}{\partial t} + u\frac{\partial}{\partial x} + v\frac{\partial}{\partial y} + w\frac{\partial}{\partial z}$，利用哈密顿算子 $\nabla = \frac{\partial}{\partial x}\boldsymbol{i} + \frac{\partial}{\partial y}\boldsymbol{j} + \frac{\partial}{\partial z}\boldsymbol{k}$，物质导数可写成 $\frac{D}{Dt} = \frac{\partial}{\partial t} + \boldsymbol{V}\cdot\nabla$，将式（2-42）等号左边的物质导数 $\rho\frac{Du}{Dt}$ 写成完整形式，有

$$\begin{aligned}\rho\frac{Du}{Dt} &= \rho\left(\frac{\partial u}{\partial t} + u\frac{\partial u}{\partial x} + v\frac{\partial u}{\partial y} + w\frac{\partial u}{\partial z}\right) \\ &= \rho\frac{\partial u}{\partial t} + \rho\left(u\frac{\partial u}{\partial x} + v\frac{\partial u}{\partial y} + w\frac{\partial u}{\partial z}\right) \\ &= \rho\frac{\partial u}{\partial t} + \rho\boldsymbol{V}\cdot\nabla u\end{aligned} \tag{2-43}$$

得

$$\rho\frac{Du}{Dt} = \rho\frac{\partial u}{\partial t} + \rho\boldsymbol{V}\cdot\nabla u \tag{2-44}$$

又根据多元函数微分学，有

$$\frac{\partial(\rho u)}{\partial t} = \rho\frac{\partial u}{\partial t} + u\frac{\partial\rho}{\partial t} \tag{2-45}$$

整理得

$$\rho\frac{\partial u}{\partial t} = \frac{\partial(\rho u)}{\partial t} - u\frac{\partial\rho}{\partial t} \tag{2-46}$$

另外，对于标量与向量乘积的散度，有向量恒等式，即一个标量与一个向量乘积的散度等于标量与向量散度的乘积再加上向量与标量梯度的内积[1]，有

$$\nabla \cdot (\rho u V) = u \nabla \cdot (\rho V) + (\rho V) \cdot \nabla u \tag{2-47}$$

（把 ρV 当作一个整体，速度 V 是向量，速度分量 u 是标量。）

上式可改写成

$$(\rho V) \cdot \nabla u = \nabla \cdot (\rho u V) - u \nabla \cdot (\rho V) \tag{2-48}$$

把（2-46）和（2-48）代入（2-44），化成

$$\rho \frac{\mathrm{D}u}{\mathrm{D}t} = \rho \frac{\partial u}{\partial t} + \rho V \cdot \nabla u = \left[\frac{\partial(\rho u)}{\partial t} - u \frac{\partial \rho}{\partial t} \right] + \left[\nabla \cdot (\rho u V) - u \nabla \cdot (\rho V) \right]$$

$$= \frac{\partial(\rho u)}{\partial t} - u \left[\frac{\partial \rho}{\partial t} + \nabla \cdot (\rho V) \right] + \nabla \cdot (\rho u V) \tag{2-49}$$

上式方括号内的表达式 $\frac{\partial \rho}{\partial t} + \nabla \cdot (\rho V) = 0$（连续性方程），于是上式化为

$$\rho \frac{\mathrm{D}u}{\mathrm{D}t} = \frac{\partial(\rho u)}{\partial t} + \nabla \cdot (\rho u V) \tag{2-50}$$

于是 x 轴方向的 N-S 方程 $\rho \frac{\mathrm{D}u}{\mathrm{D}t} = \rho f_x - \frac{\partial P}{\partial x} + \rho v \left(\frac{\partial^2 u}{\partial x^2} + \frac{\partial^2 u}{\partial y^2} + \frac{\partial^2 u}{\partial z^2} \right) + \rho \frac{v}{3} \frac{\partial}{\partial x} \left(\frac{\partial u}{\partial x} + \frac{\partial v}{\partial y} + \frac{\partial w}{\partial z} \right)$ 化为

$$\frac{\partial(\rho u)}{\partial t} + \nabla \cdot (\rho u V) = \rho f_x - \frac{\partial P}{\partial x} + \rho v \left(\frac{\partial^2 u}{\partial x^2} + \frac{\partial^2 u}{\partial y^2} + \frac{\partial^2 u}{\partial z^2} \right) + \rho \frac{v}{3} \frac{\partial}{\partial x} \left(\frac{\partial u}{\partial x} + \frac{\partial v}{\partial y} + \frac{\partial w}{\partial z} \right) \tag{2-51}$$

将上式 N-S 方程改成矢量形式，利用散度和哈密顿算子的关系 $\nabla \cdot (\rho u V) = \mathrm{div}(\rho u V)$，有

$$\frac{\partial(\rho u)}{\partial t} + \mathrm{div}(\rho u V) = \rho f_x - \frac{\partial P}{\partial x} + \rho v \left(\frac{\partial^2 u}{\partial x^2} + \frac{\partial^2 u}{\partial y^2} + \frac{\partial^2 u}{\partial z^2} \right) + \rho \frac{v}{3} \frac{\partial}{\partial x} \left(\frac{\partial u}{\partial x} + \frac{\partial v}{\partial y} + \frac{\partial w}{\partial z} \right) \tag{2-52}$$

整理得

$$\frac{\partial(\rho u)}{\partial t} + \mathrm{div}(\rho u V) = \rho v \left(\frac{\partial^2 u}{\partial x^2} + \frac{\partial^2 u}{\partial y^2} + \frac{\partial^2 u}{\partial z^2} \right) - \frac{\partial P}{\partial x} + \rho f_x + \rho \frac{v}{3} \frac{\partial}{\partial x} \left(\frac{\partial u}{\partial x} + \frac{\partial v}{\partial y} + \frac{\partial w}{\partial z} \right) \tag{2-53}$$

进一步化简为

$$\frac{\partial(\rho u)}{\partial t} + \mathrm{div}(\rho u V) = \mathrm{div}(\mu \mathbf{grad}\, u) - \frac{\partial P}{\partial x} + S_u \tag{2-54}$$

上式中，$\mu = \rho v$，$\mathbf{grad}(\ ) = \nabla(\ ) = \frac{\partial}{\partial x} \boldsymbol{i} + \frac{\partial}{\partial y} \boldsymbol{j} + \frac{\partial}{\partial z} \boldsymbol{k}$，$S_u = \rho f_x + \rho \frac{v}{3} \frac{\partial}{\partial x} \left(\frac{\partial u}{\partial x} + \frac{\partial v}{\partial y} + \frac{\partial w}{\partial z} \right)$。

同理可以写出 y 轴和 z 轴方向的 N-S 方程，连同 x 轴方向方程一并写成

$$\begin{cases} \dfrac{\partial(\rho u)}{\partial t} + \text{div}(\rho u \boldsymbol{V}) = \text{div}(\mu \mathbf{grad}\, u) - \dfrac{\partial P}{\partial x} + S_u \\[3mm] \dfrac{\partial(\rho v)}{\partial t} + \text{div}(\rho v \boldsymbol{V}) = \text{div}(\mu \mathbf{grad}\, v) - \dfrac{\partial P}{\partial y} + S_v \\[3mm] \dfrac{\partial(\rho w)}{\partial t} + \text{div}(\rho w \boldsymbol{V}) = \text{div}(\mu \mathbf{grad}\, w) - \dfrac{\partial P}{\partial z} + S_w \end{cases} \tag{2-55}$$

上式中，$S_v = \rho f_y + \rho \dfrac{v}{3}\dfrac{\partial}{\partial y}\left(\dfrac{\partial u}{\partial x} + \dfrac{\partial v}{\partial y} + \dfrac{\partial w}{\partial z}\right)$，$S_w = \rho f_z + \rho \dfrac{v}{3}\dfrac{\partial}{\partial z}\left(\dfrac{\partial u}{\partial x} + \dfrac{\partial v}{\partial y} + \dfrac{\partial w}{\partial z}\right)$。

式（2-55）即为守恒形式的 N-S 方程，该方程很复杂，但不要求记忆，看懂推导过程即可。

2.3　能量守恒方程

在学习本节之前，我希望你已经看过我在 B 站讲的"传热学"视频合集了，因为传热学中针对固体的导热微分方程和我们马上要推导的适用于流体的能量守恒方程，二者在有些地方是重合的。了解固体的导热，更有利于你学习下面的内容。而且俗话说"热流不分家"，意思是说流动过程常常伴随着换热，所以要想学好 CFD，必须要有一定的传热学基础。同时需要指出，现在不同 CFD 教材中有两种形式的能量方程，一种是适用于不可压缩牛顿型流体低速运动的简单形式的能量方程，这类流体具有常物性、无内热源、黏性耗散产生的耗散热可忽略不计的特点；另一种是流体力学中形式严格的能量方程。为了照顾不同专业的同学，两种形式的能量方程我们都会进行详细的推导。下面先推导简单形式的能量方程。

2.3.1　简单形式的能量方程

流体会导热吗？答案是会。因为导热是物质的基本属性，流体是物质，所以流体会导热。

在推导固体的导热微分方程时，我们取了一个固定的微元体 $\text{d}x\text{d}y\text{d}z$，我们只需要考虑它的导热过程的能量交换就行了；但当微元体是流体时，除了导热之外，流体还会流动，流体本身含有能量，流体流动，微元体中的能量就会有变化。所以我们接下来推导流体的能量方程时，既要考虑导热引起微元体的能量变化，也要考虑对流引起微元体的能量变化。方便起见，以二维为例进行讲解。

在正式推导之前，我们先补充回忆焓（h）的定义：单位质量流体（工质）进出系统时带进带出的能量，单位为 J/kg。焓（h）的数学表达式为

$$h = c_p t$$

式中 c_p 为定压比热容，单位：$\text{J}/(\text{kg} \cdot \text{K})$ 或 $\text{J}/(\text{kg} \cdot ℃)$；$t$ 为温度，既可以是摄氏度（℃），也可以是开尔文温度（K），具体取决于 h 设定的零点[工程热力学中一般采用开尔文温度（K），传热学中一般采用摄氏度（℃）]。

推导过程如图 2-10 所示。其中，k 表示导热系数，单位为 $\text{W}/(\text{m} \cdot \text{K})$；$\varPhi'$ 表示导热量

（热流量），单位为 W；Φ'' 表示对流传递热量，单位为 W。

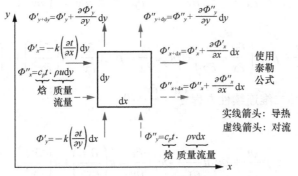

图 2-10　二维能量方程推导示意图

注意，因为 Φ'' 强调的是单位时间，所以其表达式在焓（$h = c_p t$）的基础上乘以质量流量。依旧套用"变化的=得到的-失去的"来推导能量方程。那么，"变化的"是单位时间微元体 $dxdy$ 中流体的焓增：

$$\Delta h = c_p \rho dxdy \frac{\partial t}{\partial \tau}$$

"得到的-失去的"是

x 轴方向导入的净热量 $\quad \Phi'_x - \left(\Phi'_x + \frac{\partial \Phi'_x}{\partial x} dx\right) = -\frac{\partial \Phi'_x}{\partial x} dx = k\left(\frac{\partial^2 t}{\partial x^2}\right) dxdy$

y 轴方向导入的净热量 $\quad \Phi'_y - \left(\Phi'_y + \frac{\partial \Phi'_y}{\partial y} dy\right) = -\frac{\partial \Phi'_y}{\partial y} dy = k\left(\frac{\partial^2 t}{\partial y^2}\right) dxdy$

x 轴方向对流传递的净热量 $\quad \Phi''_x - \left(\Phi''_x + \frac{\partial \Phi''_x}{\partial x} dx\right) = -\frac{\partial \Phi''_x}{\partial x} dx = -\rho c_p \frac{\partial(tu)}{\partial x} dxdy$

y 轴方向对流传递的净热量 $\quad \Phi''_y - \left(\Phi''_y + \frac{\partial \Phi''_y}{\partial y} dy\right) = -\frac{\partial \Phi''_y}{\partial y} dy = -\rho c_p \frac{\partial(tv)}{\partial y} dxdy$

套用"变化的=得到的-失去的"口诀，于是有

$$c_p \rho dxdy \frac{\partial t}{\partial \tau} = k\left(\frac{\partial^2 t}{\partial x^2}\right) dxdy + k\left(\frac{\partial^2 t}{\partial y^2}\right) dxdy - \rho c_p \frac{\partial(tu)}{\partial x} dxdy - \rho c_p \frac{\partial(tv)}{\partial y} dxdy$$

等式两边同时除以 $dxdy$，得

$$c_p \rho \frac{\partial t}{\partial \tau} = k\left(\frac{\partial^2 t}{\partial x^2}\right) + k\left(\frac{\partial^2 t}{\partial y^2}\right) - \rho c_p \frac{\partial(tu)}{\partial x} - \rho c_p \frac{\partial(tv)}{\partial y}$$

整理得

$$c_p \rho \frac{\partial t}{\partial \tau} + \rho c_p \frac{\partial(tu)}{\partial x} + \rho c_p \frac{\partial(tv)}{\partial y} = k\left(\frac{\partial^2 t}{\partial x^2}\right) + k\left(\frac{\partial^2 t}{\partial y^2}\right)$$

把上式展开，有

$$c_p\rho\frac{\partial t}{\partial \tau} + \rho c_p t\frac{\partial u}{\partial x} + \rho c_p u\frac{\partial t}{\partial x} + \rho c_p t\frac{\partial v}{\partial y} + \rho c_p v\frac{\partial t}{\partial y} = k\left(\frac{\partial^2 t}{\partial x^2}\right) + k\left(\frac{\partial^2 t}{\partial y^2}\right)$$

整理得

$$c_p\rho\frac{\partial t}{\partial \tau} + \rho c_p t\left(\frac{\partial u}{\partial x} + \frac{\partial v}{\partial y}\right) + \rho c_p u\frac{\partial t}{\partial x} + \rho c_p v\frac{\partial t}{\partial y} = k\left(\frac{\partial^2 t}{\partial x^2}\right) + k\left(\frac{\partial^2 t}{\partial y^2}\right)$$

又联系到不可压缩流体二维连续性方程 $\frac{\partial u}{\partial x} + \frac{\partial v}{\partial y} = 0$

所以上式化为

$$c_p\rho\frac{\partial t}{\partial \tau} + \rho c_p u\frac{\partial t}{\partial x} + \rho c_p v\frac{\partial t}{\partial y} = k\left(\frac{\partial^2 t}{\partial x^2}\right) + k\left(\frac{\partial^2 t}{\partial y^2}\right)$$

再次整理得

$$c_p\rho\left(\frac{\partial t}{\partial \tau} + u\frac{\partial t}{\partial x} + v\frac{\partial t}{\partial y}\right) = k\left(\frac{\partial^2 t}{\partial x^2} + \frac{\partial^2 t}{\partial y^2}\right)$$

还可整理成

$$\frac{\partial t}{\partial \tau} + u\frac{\partial t}{\partial x} + v\frac{\partial t}{\partial y} = \frac{k}{c_p\rho}\left(\frac{\partial^2 t}{\partial x^2} + \frac{\partial^2 t}{\partial y^2}\right)$$

认真剖析上式得

$$\underbrace{\frac{\partial t}{\partial \tau}}_{\substack{\text{时间项/}\\\text{非稳态项}}} + \underbrace{u\frac{\partial t}{\partial x} + v\frac{\partial t}{\partial y}}_{\text{对流项}} = \underbrace{\frac{k}{c_p\rho}\left(\frac{\partial^2 t}{\partial x^2} + \frac{\partial^2 t}{\partial y^2}\right)}_{\text{扩散项}}$$

2.3.2　严格形式的能量方程

取图 2-11 所示的流体微团，其长、宽、高分别为 dx、dy、dz。在正式开始推导之前，我们需要知道这个流体微团都涉及哪些能量。换言之，需要知道是哪些能量交换过程使得这个微元体的能量发生了变化。

由传热学知识可知，肯定有导热，因为导热是物质的固有属性，只要是物质，只要有温差，就一定会导热。图 2-11 给出了各个方向上的热流量 Φ，单位为 W。

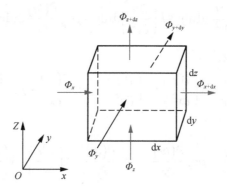

图 2-11　流体微团导热热平衡分析示意图

同时，为不失一般性，我们认为这个微元体具有内热源，单位质量的内热源用 $\dot{\phi}$ 表示，单位为 W/kg（注意：传热学中定义的内热源是单位体积，而 CFD 中定义的是单位质量）。

我们在前面推导 N-S 方程的时候，知道这个流体微团受到质量力（见图 2-7）和表面力（见图 2-8），力是可以做功的，所以表面力和质量力做的功也要考虑进去。这里我们为了保持单位一致，考虑的是单位时间内的功，即功率，单位为 W。

流体微团的能量交换过程受到导热、内热源、质量力和表面力的作用，即

流体微团能量变化 = 导热引起的变化 + 内热源引起的变化 + 质量力引起的变化　　　（2-56）
　　　　　　 + 表面力引起的变化

接下来逐步进行分析。

2.3.2.1　导热及内热源引起的变化

下面根据"变化的=得到的−失去的"来推导适用于流体的能量守恒方程。这里需要注意，"得到的"和"失去的"都采用绝对值

如图 2-11 所示，把进入微元体的热流量(Φ_x, Φ_y, Φ_z)认为是"得到的"，离开微元体的热流量($\Phi_{x+\mathrm{d}x}, \Phi_{y+\mathrm{d}y}, \Phi_{z+\mathrm{d}z}$)认为是"失去的"，同时把内热源 $\dot{\phi}$ 当作"得到的"来处理。即

$$得到的 = \Phi_x + \Phi_y + \Phi_z + \dot{\phi}\rho\mathrm{d}x\mathrm{d}y\mathrm{d}z$$
$$失去的 = \Phi_{x+\mathrm{d}x} + \Phi_{y+\mathrm{d}y} + \Phi_{z+\mathrm{d}z}$$

根据傅里叶导热定律，进入流体微团的热流量为

$$\begin{cases} \Phi_x = -k\left(\dfrac{\partial T}{\partial x}\right)\mathrm{d}y\mathrm{d}z \\[2mm] \Phi_y = -k\left(\dfrac{\partial T}{\partial y}\right)\mathrm{d}x\mathrm{d}z \\[2mm] \Phi_z = -k\left(\dfrac{\partial T}{\partial z}\right)\mathrm{d}x\mathrm{d}y \end{cases} \tag{2-57}$$

上式中 k 为导热系数。由前文可知，离开流体微团的热流量如下所示：

$$\begin{cases} \Phi_{x+\mathrm{d}x} = \Phi_x + \dfrac{\partial \Phi_x}{\partial x}\mathrm{d}x = \Phi_x + \dfrac{\partial}{\partial x}\left[-k\left(\dfrac{\partial T}{\partial x}\right)\mathrm{d}y\mathrm{d}z\right]\mathrm{d}x \\[3mm] \Phi_{y+\mathrm{d}y} = \Phi_y + \dfrac{\partial \Phi_y}{\partial y}\mathrm{d}y = \Phi_y + \dfrac{\partial}{\partial y}\left[-k\left(\dfrac{\partial T}{\partial y}\right)\mathrm{d}x\mathrm{d}z\right]\mathrm{d}y \\[3mm] \Phi_{z+\mathrm{d}z} = \Phi_z + \dfrac{\partial \Phi_z}{\partial z}\mathrm{d}z = \Phi_y + \dfrac{\partial}{\partial z}\left[-k\left(\dfrac{\partial T}{\partial z}\right)\mathrm{d}x\mathrm{d}y\right]\mathrm{d}z \end{cases} \tag{2-58}$$

于是，可以整理成

得到的 − 失去的

$$= \Phi_x + \Phi_y + \Phi_z + \dot{\Phi}\rho dxdydz - \left(\Phi_{x+dx} + \Phi_{y+dy} + \Phi_{z+dz}\right)$$

$$= \frac{\partial}{\partial x}\left[k\left(\frac{\partial T}{\partial x}\right)dydz\right]dx + \frac{\partial}{\partial y}\left[k\left(\frac{\partial T}{\partial y}\right)dxdz\right]dy + \frac{\partial}{\partial z}\left[k\left(\frac{\partial T}{\partial z}\right)dxdy\right]dz + \dot{\Phi}\rho dxdydz \quad (2\text{-}59)$$

$$= \left[\frac{\partial}{\partial x}\left[k\left(\frac{\partial T}{\partial x}\right)\right] + \frac{\partial}{\partial y}\left[k\left(\frac{\partial T}{\partial y}\right)\right] + \frac{\partial}{\partial z}\left[k\left(\frac{\partial T}{\partial z}\right)\right] + \dot{\Phi}\rho\right]dxdydz$$

以上是针对导热和内热源的式子，还停留在传热学的层面上。而我们现在是在研究流体，流体微团还可能受到质量力和表面力的影响，它们是力，力会做功，做功就可能会引起能量的变迁，所以我们还要接着分析质量力和表面力引起的能量交换。

2.3.2.2　质量力引起的变化

质量力是单位质量流体所受到的作用力。我们分析质量力 $\boldsymbol{f} = f_x\boldsymbol{i} + f_y\boldsymbol{j} + f_z\boldsymbol{k}$ 引起的能量交换，规定质量力在 3 个方向的分量 f_x、f_y、f_z 都为正，即都指向 3 个坐标轴的正方向（见图 2-12）。

这里我们规定指向坐标轴正方向的质量力做正功，指向坐标轴负方向的质量力做负功。

用功率表示单位时间的功，功率=力×速度。这里的功率用符号 P 表示，单位为 W（瓦）。单位质量力用 $\boldsymbol{f} = f_x\boldsymbol{i} + f_y\boldsymbol{j} + f_z\boldsymbol{k}$ 表示，微元体总质量为 $\rho dxdydz$，力 $\boldsymbol{F} = \boldsymbol{f}\rho dxdydz = \left(f_x\boldsymbol{i} + f_y\boldsymbol{j} + f_z\boldsymbol{k}\right)\rho dxdydz$，速度用 $\boldsymbol{V} = u\boldsymbol{i} + v\boldsymbol{j} + w\boldsymbol{k}$ 表示。

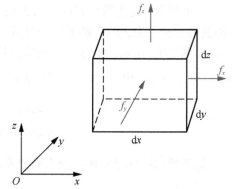

图 2-12　流体微团体质量力做功分析示意图

于是，质量力的功率（功率 = 力×速度）为

$$\underbrace{P}_{\text{功率}} = \underbrace{\boldsymbol{f} \times \rho dxdydz}_{\text{力}} \times \underbrace{\left(u\boldsymbol{i} + v\boldsymbol{j} + w\boldsymbol{k}\right)}_{\text{速度}}$$

$$= \left(f_x\boldsymbol{i} + f_y\boldsymbol{j} + f_z\boldsymbol{k}\right) \bullet \left(u\boldsymbol{i} + v\boldsymbol{j} + w\boldsymbol{k}\right)\rho dxdydz \quad (2\text{-}60)$$

$$= \rho\left(f_x u + f_y v + f_z w\right)dxdydz$$

在上式中，我们是把质量力当作"得到的"来处理的。

2.3.2.3　表面力引起的变化

分析完导热、内热源和质量力之后，我们要分析表面力的做功了，表面力表示流体单位面积所受到的力。

以 y 轴方向为例，借助图 2-13 来分析 6 个面在 y 轴方向的表面力功率。

（1）对于图 2-13（A）所示的左右面，可以得到：

指向 y 轴负方向的表面力为 p_{yy}，指向 y 轴正方向的表面力为 $p_{yy} + \frac{\partial p_{yy}}{\partial y}dy$。

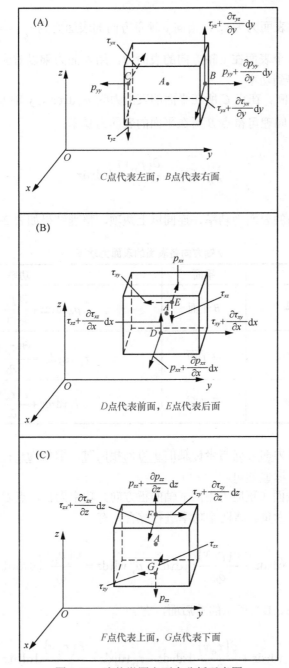

图 2-13 流体微团表面力分析示意图

（2）对于图 2-13（B）所示的前后面，可以得到：

指向 y 轴负方向的表面力为 τ_{xy}，指向 y 轴正方向的表面力为 $\tau_{xy}+\dfrac{\partial \tau_{xy}}{\partial x}\mathrm{d}x$。

（3）对于图 2-13（C）所示的上下面，可以得到：

指向 y 轴负方向的表面力为 τ_{zy}，指向 y 轴正方向的表面力为 $\tau_{zy}+\dfrac{\partial\tau_{zy}}{\partial z}\mathrm{d}z$。

以上，我们得到 6 个表面在 y 轴方向的表面力，用表面力乘以对应的作用面积得到力，再用力乘以速度，就得到功率。

以图 2-13（A）举例。在点 C 所在平面的表面力为 $p_{yy}\mathrm{d}x\mathrm{d}z$，$y$ 轴方向分速度用 v 表示，得到功率为 $p_{yy}v\mathrm{d}x\mathrm{d}z$。同理可得点 B 所在平面的表面力功率：

$$p_{yy}v\mathrm{d}x\mathrm{d}z+\frac{\partial\left(p_{yy}v\right)}{\partial y}\mathrm{d}y\mathrm{d}x\mathrm{d}z \tag{2-61}$$

同理可得其余 4 个平面的表面力功率，连同以上两项，整理结果如表 2-1 所示。

表 2-1　　　　　　　　　　　　y 轴方向各表面的表面力功率

平面	功率	平面	功率
C 平面	$p_{yy}v\mathrm{d}x\mathrm{d}z$	B 平面	$p_{yy}v\mathrm{d}x\mathrm{d}z+\dfrac{\partial\left(p_{yy}v\right)}{\partial y}\mathrm{d}y\mathrm{d}x\mathrm{d}z$
E 平面	$\tau_{xy}v\mathrm{d}y\mathrm{d}z$	D 平面	$\tau_{xy}v\mathrm{d}y\mathrm{d}z+\dfrac{\partial\left(\tau_{xy}v\right)}{\partial x}\mathrm{d}x\mathrm{d}y\mathrm{d}z$
G 平面	$\tau_{zy}v\mathrm{d}x\mathrm{d}y$	F 平面	$\tau_{zy}v\mathrm{d}x\mathrm{d}y+\dfrac{\partial\left(\tau_{zy}v\right)}{\partial z}\mathrm{d}z\mathrm{d}x\mathrm{d}y$

我们规定，当表面力的方向与坐标轴的正方向相同时，取值为正；当表面力的方向与坐标轴的负方向相同时，取值为负。

于是，点 B 所在表面（正应力指向 y 轴的正方向）功率为正，点 C 所在表面（正应力指向 y 轴的负方向）功率为负。将两个功率进行综合，有

$$p_{yy}v\mathrm{d}x\mathrm{d}z+\frac{\partial\left(p_{yy}v\right)}{\partial y}\mathrm{d}y\mathrm{d}x\mathrm{d}z-p_{yy}v\mathrm{d}x\mathrm{d}z=\frac{\partial\left(p_{yy}v\right)}{\partial y}\mathrm{d}x\mathrm{d}y\mathrm{d}z \tag{2-62}$$

同理，对于图 2-13（B）所示的前后面，有

$$\tau_{xy}v\mathrm{d}y\mathrm{d}z+\frac{\partial\left(\tau_{xy}v\right)}{\partial x}\mathrm{d}x\mathrm{d}y\mathrm{d}z-\tau_{xy}v\mathrm{d}y\mathrm{d}z=\frac{\partial\left(\tau_{xy}v\right)}{\partial x}\mathrm{d}x\mathrm{d}y\mathrm{d}z \tag{2-63}$$

同理，对于图 2-13（C）所示的上下面，有

$$\tau_{zy}v\mathrm{d}x\mathrm{d}y+\frac{\partial\left(\tau_{zy}v\right)}{\partial z}\mathrm{d}z\mathrm{d}x\mathrm{d}y-\tau_{zy}v\mathrm{d}x\mathrm{d}y=\frac{\partial\left(\tau_{zy}v\right)}{\partial z}\mathrm{d}x\mathrm{d}y\mathrm{d}z \tag{2-64}$$

上式仅考虑了 y 轴方向上的表面力。还需要考虑 x 轴方向和 z 轴方向的表面力。仿照前文的推导过程，我们可以得到 x 轴和 z 轴方向总的表面力功率，并整理如表 2-2 所示。

表 2-2 x 轴、y 轴和 z 轴方向的表面力功率

方向	表面力功率
x 轴方向	$\dfrac{\partial\left(p_{xx}u\right)}{\partial x}\mathrm{d}x\mathrm{d}y\mathrm{d}z$
	$\dfrac{\partial\left(\tau_{yx}u\right)}{\partial y}\mathrm{d}x\mathrm{d}y\mathrm{d}z$
	$\dfrac{\partial\left(\tau_{zx}u\right)}{\partial z}\mathrm{d}x\mathrm{d}y\mathrm{d}z$
y 轴方向	$\dfrac{\partial\left(\tau_{xy}v\right)}{\partial x}\mathrm{d}x\mathrm{d}y\mathrm{d}z$
	$\dfrac{\partial\left(p_{yy}v\right)}{\partial y}\mathrm{d}x\mathrm{d}y\mathrm{d}z$
	$\dfrac{\partial\left(\tau_{zy}v\right)}{\partial z}\mathrm{d}x\mathrm{d}y\mathrm{d}z$
z 轴方向	$\dfrac{\partial\left(\tau_{xz}w\right)}{\partial x}\mathrm{d}x\mathrm{d}y\mathrm{d}z$
	$\dfrac{\partial\left(\tau_{yz}w\right)}{\partial y}\mathrm{d}x\mathrm{d}y\mathrm{d}z$
	$\dfrac{\partial\left(p_{zz}w\right)}{\partial z}\mathrm{d}x\mathrm{d}y\mathrm{d}z$

于是，总的表面力的功率为

$$\left[\begin{array}{l}\left(\dfrac{\partial\left(p_{xx}u\right)}{\partial x}+\dfrac{\partial\left(\tau_{yx}u\right)}{\partial y}+\dfrac{\partial\left(\tau_{zx}u\right)}{\partial z}\right)\\[2mm]+\left(\dfrac{\partial\left(\tau_{xy}v\right)}{\partial x}+\dfrac{\partial\left(p_{yy}v\right)}{\partial y}+\dfrac{\partial\left(\tau_{zy}v\right)}{\partial z}\right)\\[2mm]+\left(\dfrac{\partial\left(\tau_{xz}w\right)}{\partial x}+\dfrac{\partial\left(\tau_{yz}w\right)}{\partial y}+\dfrac{\partial\left(p_{zz}w\right)}{\partial z}\right)\end{array}\right]\mathrm{d}x\mathrm{d}y\mathrm{d}z \tag{2-65}$$

在式（2-65）中：

$$\begin{cases} p_{xx}=-P-\dfrac{2}{3}\mu\left(\dfrac{\partial u}{\partial x}+\dfrac{\partial v}{\partial y}+\dfrac{\partial w}{\partial z}\right)+2\mu\dfrac{\partial u}{\partial x}\\[3mm] p_{yy}=-P-\dfrac{2}{3}\mu\left(\dfrac{\partial u}{\partial x}+\dfrac{\partial v}{\partial y}+\dfrac{\partial w}{\partial z}\right)+2\mu\dfrac{\partial v}{\partial y}\\[3mm] p_{zz}=-P-\dfrac{2}{3}\mu\left(\dfrac{\partial u}{\partial x}+\dfrac{\partial v}{\partial y}+\dfrac{\partial w}{\partial z}\right)+2\mu\dfrac{\partial w}{\partial z}\\[3mm] \tau_{xy}=\tau_{yx}=\mu\left(\dfrac{\partial v}{\partial x}+\dfrac{\partial u}{\partial y}\right) \end{cases} \tag{2-66}$$

$$\begin{cases} \tau_{yz} = \tau_{zy} = \mu\left(\dfrac{\partial w}{\partial y} + \dfrac{\partial v}{\partial z}\right) \\[3mm] \tau_{zx} = \tau_{xz} = \mu\left(\dfrac{\partial w}{\partial x} + \dfrac{\partial u}{\partial z}\right) \end{cases} \tag{2-66（续）}$$

将（2-66）代入式（2-65）得

$$\left[\begin{array}{l} \left(\dfrac{\partial\left[\left(-P - \dfrac{2}{3}\mu\left(\dfrac{\partial u}{\partial x} + \dfrac{\partial v}{\partial y} + \dfrac{\partial w}{\partial z}\right) + 2\mu\dfrac{\partial u}{\partial x}\right)u\right]}{\partial x} + \dfrac{\partial\left[\mu\left(\dfrac{\partial v}{\partial x} + \dfrac{\partial u}{\partial y}\right)u\right]}{\partial y} + \dfrac{\partial\left[\mu\left(\dfrac{\partial w}{\partial x} + \dfrac{\partial u}{\partial z}\right)u\right]}{\partial z}\right) \\[6mm] + \left(\dfrac{\partial\left[\mu\left(\dfrac{\partial v}{\partial x} + \dfrac{\partial u}{\partial y}\right)v\right]}{\partial x} + \dfrac{\partial\left[\left(-P - \dfrac{2}{3}\mu\left(\dfrac{\partial u}{\partial x} + \dfrac{\partial v}{\partial y} + \dfrac{\partial w}{\partial z}\right) + 2\mu\dfrac{\partial v}{\partial y}\right)v\right]}{\partial y} + \dfrac{\partial\left[\mu\left(\dfrac{\partial w}{\partial y} + \dfrac{\partial v}{\partial z}\right)v\right]}{\partial z}\right) \\[6mm] + \left(\dfrac{\partial\left[\mu\left(\dfrac{\partial w}{\partial x} + \dfrac{\partial u}{\partial z}\right)w\right]}{\partial x} + \dfrac{\partial\left[\mu\left(\dfrac{\partial w}{\partial y} + \dfrac{\partial v}{\partial z}\right)w\right]}{\partial y} + \dfrac{\partial\left[\left(-P - \dfrac{2}{3}\mu\left(\dfrac{\partial u}{\partial x} + \dfrac{\partial v}{\partial y} + \dfrac{\partial w}{\partial z}\right) + 2\mu\dfrac{\partial w}{\partial z}\right)w\right]}{\partial z}\right) \end{array}\right]\mathrm{d}x\mathrm{d}y\mathrm{d}z$$

上式即为表面力引起的能量变化。式子看着很长，但不需要记忆，理解推导过程即可。

2.3.2.4　流体微团能量变化

由《工程热力学》可知，对于流体微团，其单位质量能量由内能 e 和动能 $\dfrac{u^2 + v^2 + w^2}{2}$

组成，即流体微团在初始时刻的总能量为 $e + \dfrac{u^2 + v^2 + w^2}{2}$。在 $\mathrm{d}t$ 内，其变化率为

$\dfrac{\mathrm{D}}{\mathrm{D}t}\left(e + \dfrac{u^2 + v^2 + w^2}{2}\right)\rho\mathrm{d}x\mathrm{d}y\mathrm{d}z$。

再回到开头的能量平衡关系式：

流体微团能量变化 = 导热引起的变化 + 内热源引起的变化 + 质量力引起的变化　（2-67）
　　　　　　　　 + 表面力引起的变化

把上述各项数学表达式代入，得

$$\underbrace{\frac{\mathrm{D}}{\mathrm{D}t}\left(e + \frac{u^2 + v^2 + w^2}{2}\right)\rho\mathrm{d}x\mathrm{d}y\mathrm{d}z}_{\text{流体微团能量变化}}$$

$$= \underbrace{\left[\frac{\partial}{\partial x}\left[k\left(\frac{\partial T}{\partial x}\right)\right] + \frac{\partial}{\partial y}\left[k\left(\frac{\partial T}{\partial y}\right)\right] + \frac{\partial}{\partial z}\left[k\left(\frac{\partial T}{\partial z}\right)\right] + \dot{\Phi}\rho\right]\mathrm{d}x\mathrm{d}y\mathrm{d}z}_{\text{导热引起的变化+内热源引起的变化}} + \underbrace{\rho\left(f_x u + f_y v + f_z w\right)\mathrm{d}x\mathrm{d}y\mathrm{d}z}_{\text{质量力引起的变化}}$$

$$+\left[\begin{array}{c}\left(\dfrac{\partial(p_{xx}u)}{\partial x}+\dfrac{\partial(\tau_{yx}u)}{\partial y}+\dfrac{\partial(\tau_{zx}u)}{\partial z}\right)+\left(\dfrac{\partial(\tau_{xy}v)}{\partial x}+\dfrac{\partial(p_{yy}v)}{\partial y}+\dfrac{\partial(\tau_{zy}v)}{\partial z}\right)\\[4mm]+\left(\dfrac{\partial(\tau_{xz}w)}{\partial x}+\dfrac{\partial(\tau_{yz}w)}{\partial y}+\dfrac{\partial(p_{zz}w)}{\partial z}\right)\end{array}\right]\mathrm{d}x\mathrm{d}y\mathrm{d}z$$

表面力引起的变化

上式两边同时除以 $\mathrm{d}x\mathrm{d}y\mathrm{d}z$，整理得

$$\frac{\mathrm{D}}{\mathrm{D}t}\left(e+\frac{u^2+v^2+w^2}{2}\right)\rho$$

$$=\left[\frac{\partial}{\partial x}\left[k\left(\frac{\partial T}{\partial x}\right)\right]+\frac{\partial}{\partial y}\left[k\left(\frac{\partial T}{\partial y}\right)\right]+\frac{\partial}{\partial z}\left[k\left(\frac{\partial T}{\partial z}\right)\right]+\dot{\Phi}\rho\right]+\rho\left(f_x u+f_y v+f_z w\right)$$

$$+\left[\begin{array}{c}\left(\dfrac{\partial(p_{xx}u)}{\partial x}+\dfrac{\partial(\tau_{yx}u)}{\partial y}+\dfrac{\partial(\tau_{zx}u)}{\partial z}\right)\\[4mm]+\left(\dfrac{\partial(\tau_{xy}v)}{\partial x}+\dfrac{\partial(p_{yy}v)}{\partial y}+\dfrac{\partial(\tau_{zy}v)}{\partial z}\right)+\left(\dfrac{\partial(\tau_{xz}w)}{\partial x}+\dfrac{\partial(\tau_{yz}w)}{\partial y}+\dfrac{\partial(p_{zz}w)}{\partial z}\right)\end{array}\right] \tag{2-68}$$

再次整理得

$$\rho\frac{\mathrm{D}}{\mathrm{D}t}\left(e+\frac{u^2+v^2+w^2}{2}\right)$$

$$=\rho\dot{\Phi}+\frac{\partial}{\partial x}\left(k\frac{\partial T}{\partial x}\right)+\frac{\partial}{\partial y}\left(k\frac{\partial T}{\partial y}\right)+\frac{\partial}{\partial z}\left(k\frac{\partial T}{\partial z}\right)$$

$$+\left[\begin{array}{c}\left(\dfrac{\partial(p_{xx}u)}{\partial x}+\dfrac{\partial(\tau_{yx}u)}{\partial y}+\dfrac{\partial(\tau_{zx}u)}{\partial z}\right)\\[4mm]+\left(\dfrac{\partial(\tau_{xy}v)}{\partial x}+\dfrac{\partial(p_{yy}v)}{\partial y}+\dfrac{\partial(\tau_{zy}v)}{\partial z}\right)\\[4mm]+\left(\dfrac{\partial(\tau_{xz}w)}{\partial x}+\dfrac{\partial(\tau_{yz}w)}{\partial y}+\dfrac{\partial(p_{zz}w)}{\partial z}\right)\end{array}\right]+\rho\left(f_x u+f_y v+f_z w\right) \tag{2-69}$$

将等号左边写成 $\rho\dfrac{\mathrm{D}}{\mathrm{D}t}(e)$ 的形式，将 $\rho\dfrac{\mathrm{D}}{\mathrm{D}t}\left(\dfrac{u^2+v^2+w^2}{2}\right)$ 移到等号右边，得到以下式子：

$$\rho\frac{\mathrm{D}}{\mathrm{D}t}(e)=\rho\dot{\Phi}+\frac{\partial}{\partial x}\left(k\frac{\partial T}{\partial x}\right)+\frac{\partial}{\partial y}\left(k\frac{\partial T}{\partial y}\right)+\frac{\partial}{\partial z}\left(k\frac{\partial T}{\partial z}\right)$$

$$+\left[\begin{array}{c}\left(\dfrac{\partial(p_{xx}u)}{\partial x}+\dfrac{\partial(\tau_{yx}u)}{\partial y}+\dfrac{\partial(\tau_{zx}u)}{\partial z}\right)+\left(\dfrac{\partial(\tau_{xy}v)}{\partial x}+\dfrac{\partial(p_{yy}v)}{\partial y}+\dfrac{\partial(\tau_{zy}v)}{\partial z}\right)\\[4mm]+\left(\dfrac{\partial(\tau_{xz}w)}{\partial x}+\dfrac{\partial(\tau_{yz}w)}{\partial y}+\dfrac{\partial(p_{zz}w)}{\partial z}\right)\end{array}\right] \tag{2-70}$$

$$+ \rho \left(f_x u + f_y v + f_z w \right) - \rho \frac{\mathrm{D}}{\mathrm{D}t} \left(\frac{u^2 + v^2 + w^2}{2} \right)$$

同时，将 $\rho \frac{\mathrm{D}}{\mathrm{D}t} \left(\frac{u^2 + v^2 + w^2}{2} \right)$ 写成应力的形式。由前文推导的 N-S 方程得

$$\begin{cases} \dfrac{\mathrm{D}u}{\mathrm{D}t} = f_x + \dfrac{1}{\rho} \left(\dfrac{\partial p_{xx}}{\partial x} + \dfrac{\partial \tau_{yx}}{\partial y} + \dfrac{\partial \tau_{zx}}{\partial z} \right) \\[2mm] \dfrac{\mathrm{D}v}{\mathrm{D}t} = f_y + \dfrac{1}{\rho} \left(\dfrac{\partial \tau_{xy}}{\partial x} + \dfrac{\partial p_{yy}}{\partial y} + \dfrac{\partial \tau_{zy}}{\partial z} \right) \\[2mm] \dfrac{\mathrm{D}w}{\mathrm{D}t} = f_z + \dfrac{1}{\rho} \left(\dfrac{\partial \tau_{xz}}{\partial x} + \dfrac{\partial \tau_{yz}}{\partial y} + \dfrac{\partial p_{zz}}{\partial z} \right) \end{cases} \tag{2-71}$$

将以上 3 个式子，分别乘以 $u\rho$、$v\rho$、$w\rho$ 得

$$\begin{cases} u\rho \dfrac{\mathrm{D}u}{\mathrm{D}t} = u\rho f_x + u \left(\dfrac{\partial p_{xx}}{\partial x} + \dfrac{\partial \tau_{yx}}{\partial y} + \dfrac{\partial \tau_{zx}}{\partial z} \right) \\[2mm] v\rho \dfrac{\mathrm{D}v}{\mathrm{D}t} = v\rho f_y + v \left(\dfrac{\partial \tau_{xy}}{\partial x} + \dfrac{\partial p_{yy}}{\partial y} + \dfrac{\partial \tau_{zy}}{\partial z} \right) \\[2mm] w\rho \dfrac{\mathrm{D}w}{\mathrm{D}t} = w\rho f_z + w \left(\dfrac{\partial \tau_{xz}}{\partial x} + \dfrac{\partial \tau_{yz}}{\partial y} + \dfrac{\partial p_{zz}}{\partial z} \right) \end{cases} \tag{2-72}$$

再将 $u\rho \dfrac{\mathrm{D}u}{\mathrm{D}t} = \rho \dfrac{\mathrm{D}}{\mathrm{D}t}\left(\dfrac{u^2}{2}\right)$、$v\rho \dfrac{\mathrm{D}v}{\mathrm{D}t} = \rho \dfrac{\mathrm{D}}{\mathrm{D}t}\left(\dfrac{v^2}{2}\right)$、$w\rho \dfrac{\mathrm{D}w}{\mathrm{D}t} = \rho \dfrac{\mathrm{D}}{\mathrm{D}t}\left(\dfrac{w^2}{2}\right)$ 代入式（2-72）得

$$\begin{cases} \rho \dfrac{\mathrm{D}}{\mathrm{D}t}\left(\dfrac{u^2}{2}\right) = u\rho f_x + u \left(\dfrac{\partial p_{xx}}{\partial x} + \dfrac{\partial \tau_{yx}}{\partial y} + \dfrac{\partial \tau_{zx}}{\partial z} \right) \\[2mm] \rho \dfrac{\mathrm{D}}{\mathrm{D}t}\left(\dfrac{v^2}{2}\right) = v\rho f_y + v \left(\dfrac{\partial \tau_{xy}}{\partial x} + \dfrac{\partial p_{yy}}{\partial y} + \dfrac{\partial \tau_{zy}}{\partial z} \right) \\[2mm] \rho \dfrac{\mathrm{D}}{\mathrm{D}t}\left(\dfrac{w^2}{2}\right) = w\rho f_z + w \left(\dfrac{\partial \tau_{xz}}{\partial x} + \dfrac{\partial \tau_{yz}}{\partial y} + \dfrac{\partial p_{zz}}{\partial z} \right) \end{cases} \tag{2-73}$$

将式（2-73）3 个方程等号左边的部分相加，等号右边的部分相加，得

$$\rho \dfrac{\mathrm{D}}{\mathrm{D}t}\left(\dfrac{u^2}{2}\right) + \rho \dfrac{\mathrm{D}}{\mathrm{D}t}\left(\dfrac{v^2}{2}\right) + \rho \dfrac{\mathrm{D}}{\mathrm{D}t}\left(\dfrac{w^2}{2}\right)$$

$$= u \left(\dfrac{\partial p_{xx}}{\partial x} + \dfrac{\partial \tau_{yx}}{\partial y} + \dfrac{\partial \tau_{zx}}{\partial z} \right) + v \left(\dfrac{\partial \tau_{xy}}{\partial x} + \dfrac{\partial p_{yy}}{\partial y} + \dfrac{\partial \tau_{zy}}{\partial z} \right)$$

$$+ w \left(\dfrac{\partial \tau_{xz}}{\partial x} + \dfrac{\partial \tau_{yz}}{\partial y} + \dfrac{\partial p_{zz}}{\partial z} \right) + u\rho f_x + v\rho f_y + w\rho f_z \tag{2-74}$$

整理得

$$\rho \dfrac{\mathrm{D}}{\mathrm{D}t}\left(\dfrac{u^2 + v^2 + w^2}{2} \right)$$

$$= u\left(\frac{\partial p_{xx}}{\partial x} + \frac{\partial \tau_{yx}}{\partial y} + \frac{\partial \tau_{zx}}{\partial z}\right) + v\left(\frac{\partial \tau_{xy}}{\partial x} + \frac{\partial p_{yy}}{\partial y} + \frac{\partial \tau_{zy}}{\partial z}\right) \tag{2-75}$$

$$+ w\left(\frac{\partial \tau_{xz}}{\partial x} + \frac{\partial \tau_{yz}}{\partial y} + \frac{\partial p_{zz}}{\partial z}\right) + \rho\left(uf_x + vf_y + wf_z\right)$$

将式（2-75）代入能量方程（2-70），把 $\rho\dfrac{\mathrm{D}}{\mathrm{D}t}\left(\dfrac{u^2+v^2+w^2}{2}\right)$ 替换掉，有

$$\rho\frac{\mathrm{D}}{\mathrm{D}t}(e) = \rho\dot{\Phi} + \frac{\partial}{\partial x}\left(k\frac{\partial T}{\partial x}\right) + \frac{\partial}{\partial y}\left(k\frac{\partial T}{\partial y}\right) + \frac{\partial}{\partial z}\left(k\frac{\partial T}{\partial z}\right)$$

$$+ \left[\underbrace{\left(\frac{\partial(p_{xx}u)}{\partial x} + \frac{\partial(\tau_{yx}u)}{\partial y} + \frac{\partial(\tau_{zx}u)}{\partial z}\right)}_{\textcircled{1}} \right.$$

$$+ \underbrace{\left(\frac{\partial(\tau_{xy}v)}{\partial x} + \frac{\partial(p_{yy}v)}{\partial y} + \frac{\partial(\tau_{zy}v)}{\partial z}\right)}_{\textcircled{2}} \tag{2-76}$$

$$\left. + \underbrace{\left(\frac{\partial(\tau_{xz}w)}{\partial x} + \frac{\partial(\tau_{yz}w)}{\partial y} + \frac{\partial(p_{zz}w)}{\partial z}\right)}_{\textcircled{3}} \right] + \rho\left(f_xu + f_yv + f_zw\right)$$

$$- \left[u\left(\frac{\partial p_{xx}}{\partial x} + \frac{\partial \tau_{yx}}{\partial y} + \frac{\partial \tau_{zx}}{\partial z}\right) + v\left(\frac{\partial \tau_{xy}}{\partial x} + \frac{\partial p_{yy}}{\partial y} + \frac{\partial \tau_{zy}}{\partial z}\right) \right.$$

$$\left. + w\left(\frac{\partial \tau_{xz}}{\partial x} + \frac{\partial \tau_{yz}}{\partial y} + \frac{\partial p_{zz}}{\partial z}\right) + \rho\left(uf_x + vf_y + wf_z\right) \right]$$

在式（2-76）中：

$$\textcircled{1} = \left(\frac{\partial(p_{xx}u)}{\partial x} + \frac{\partial(\tau_{yx}u)}{\partial y} + \frac{\partial(\tau_{zx}u)}{\partial z}\right)$$

$$= \left(u\frac{\partial p_{xx}}{\partial x} + p_{xx}\frac{\partial u}{\partial x} + u\frac{\partial \tau_{yx}}{\partial y} + \tau_{yx}\frac{\partial u}{\partial y} + u\frac{\partial \tau_{zx}}{\partial z} + \tau_{zx}\frac{\partial u}{\partial z}\right) \tag{2-77}$$

$$= \left[u\left(\frac{\partial p_{xx}}{\partial x} + \frac{\partial \tau_{yx}}{\partial y} + \frac{\partial \tau_{zx}}{\partial z}\right) + p_{xx}\frac{\partial u}{\partial x} + \tau_{yx}\frac{\partial u}{\partial y} + \tau_{zx}\frac{\partial u}{\partial z}\right]$$

$$\textcircled{2} = \left(\frac{\partial(\tau_{xy}v)}{\partial x} + \frac{\partial(p_{yy}v)}{\partial y} + \frac{\partial(\tau_{zy}v)}{\partial z}\right)$$

$$= \left(v\frac{\partial \tau_{xy}}{\partial x} + \tau_{xy}\frac{\partial v}{\partial x} + v\frac{\partial p_{yy}}{\partial y} + p_{yy}\frac{\partial v}{\partial y} + v\frac{\partial \tau_{zy}}{\partial z} + \tau_{zy}\frac{\partial v}{\partial z}\right) \tag{2-78}$$

$$= \left[v\left(\frac{\partial \tau_{xy}}{\partial x} + \frac{\partial p_{yy}}{\partial y} + \frac{\partial \tau_{zy}}{\partial z}\right) + \tau_{xy}\frac{\partial v}{\partial x} + p_{yy}\frac{\partial v}{\partial y} + \tau_{zy}\frac{\partial v}{\partial z}\right]$$

$$③ = \left(\frac{\partial \left(\tau_{xz} w \right)}{\partial x} + \frac{\partial \left(\tau_{yz} w \right)}{\partial y} + \frac{\partial \left(p_{zz} w \right)}{\partial z} \right)$$

$$= \left(w \frac{\partial \tau_{xz}}{\partial x} + \tau_{xz} \frac{\partial w}{\partial x} + w \frac{\partial \tau_{yz}}{\partial y} + \tau_{yz} \frac{\partial w}{\partial y} + w \frac{\partial p_{zz}}{\partial z} + p_{zz} \frac{\partial w}{\partial z} \right) \qquad (2\text{-}79)$$

$$= \left[w \left(\frac{\partial \tau_{xz}}{\partial x} + \frac{\partial \tau_{yz}}{\partial y} + \frac{\partial p_{zz}}{\partial z} \right) + \tau_{xz} \frac{\partial w}{\partial x} + \tau_{yz} \frac{\partial w}{\partial y} + p_{zz} \frac{\partial w}{\partial z} \right]$$

将上述①②③代入能量方程（2-76），得

$$\rho \frac{\mathrm{D}}{\mathrm{D}t}(e) = \rho \dot{\Phi} + \frac{\partial}{\partial x} \left(k \frac{\partial T}{\partial x} \right) + \frac{\partial}{\partial y} \left(k \frac{\partial T}{\partial y} \right) + \frac{\partial}{\partial z} \left(k \frac{\partial T}{\partial z} \right)$$

$$+ \left[\underbrace{\left(u \left(\frac{\partial p_{xx}}{\partial x} + \frac{\partial \tau_{yx}}{\partial y} + \frac{\partial \tau_{zx}}{\partial z} \right) + p_{xx} \frac{\partial u}{\partial x} + \tau_{yx} \frac{\partial u}{\partial y} + \tau_{zx} \frac{\partial u}{\partial z} \right)}_{①} \right.$$

$$\left. + \underbrace{\left(v \left(\frac{\partial \tau_{xy}}{\partial x} + \frac{\partial p_{yy}}{\partial y} + \frac{\partial \tau_{zy}}{\partial z} \right) + \tau_{xy} \frac{\partial v}{\partial x} + p_{yy} \frac{\partial v}{\partial y} + \tau_{zy} \frac{\partial v}{\partial z} \right)}_{②} \right. \qquad (2\text{-}80)$$

$$\left. + \underbrace{\left(w \left(\frac{\partial \tau_{xz}}{\partial x} + \frac{\partial \tau_{yz}}{\partial y} + \frac{\partial p_{zz}}{\partial z} \right) + \tau_{xz} \frac{\partial w}{\partial x} + \tau_{yz} \frac{\partial w}{\partial y} + p_{zz} \frac{\partial w}{\partial z} \right)}_{③} \right]$$

$$+ \rho \left(f_x u + f_y v + f_z w \right)$$

$$- \left[u \left(\frac{\partial p_{xx}}{\partial x} + \frac{\partial \tau_{yx}}{\partial y} + \frac{\partial \tau_{zx}}{\partial z} \right) + v \left(\frac{\partial \tau_{xy}}{\partial x} + \frac{\partial p_{yy}}{\partial y} + \frac{\partial \tau_{zy}}{\partial z} \right) \right.$$

$$\left. + w \left(\frac{\partial \tau_{xz}}{\partial x} + \frac{\partial \tau_{yz}}{\partial y} + \frac{\partial p_{zz}}{\partial z} \right) + \rho \left(u f_x + v f_y + w f_z \right) \right]$$

消去相同项，得

$$\rho \frac{\mathrm{D}}{\mathrm{D}t}(e) = \rho \dot{\Phi} + \frac{\partial}{\partial x} \left(k \frac{\partial T}{\partial x} \right) + \frac{\partial}{\partial y} \left(k \frac{\partial T}{\partial y} \right) + \frac{\partial}{\partial z} \left(k \frac{\partial T}{\partial z} \right)$$

$$+ \left[\left(p_{xx} \frac{\partial u}{\partial x} + \tau_{yx} \frac{\partial u}{\partial y} + \tau_{zx} \frac{\partial u}{\partial z} \right) \right.$$

$$+ \left(\tau_{xy} \frac{\partial v}{\partial x} + p_{yy} \frac{\partial v}{\partial y} + \tau_{zy} \frac{\partial v}{\partial z} \right) \qquad (2\text{-}81)$$

$$\left. + \left(\tau_{xz} \frac{\partial w}{\partial x} + \tau_{yz} \frac{\partial w}{\partial y} + p_{zz} \frac{\partial w}{\partial z} \right) \right]$$

又因为

$$\begin{cases} \tau_{xy} = \tau_{yx} \\ \tau_{yz} = \tau_{zy} \\ \tau_{zx} = \tau_{xz} \end{cases}$$

式（2-81）化为

$$\begin{aligned} \rho\frac{\mathrm{D}}{\mathrm{D}t}(e) = \rho\dot{\Phi} &+ \frac{\partial}{\partial x}\left(k\frac{\partial T}{\partial x}\right) + \frac{\partial}{\partial y}\left(k\frac{\partial T}{\partial y}\right) + \frac{\partial}{\partial z}\left(k\frac{\partial T}{\partial z}\right) \\ &+ \left[\left(p_{xx}\frac{\partial u}{\partial x} + p_{yy}\frac{\partial v}{\partial y} + p_{zz}\frac{\partial w}{\partial z}\right) + \tau_{yx}\left(\frac{\partial u}{\partial y} + \frac{\partial v}{\partial x}\right)\right. \\ &+ \left.\tau_{zx}\left(\frac{\partial u}{\partial z} + \frac{\partial w}{\partial x}\right) + \tau_{zy}\left(\frac{\partial v}{\partial z} + \frac{\partial w}{\partial y}\right)\right] \end{aligned} \tag{2-82}$$

再次利用应力和速度的关系式：

$$\begin{cases} p_{xx} = -P - \frac{2}{3}\mu\left(\frac{\partial u}{\partial x} + \frac{\partial v}{\partial y} + \frac{\partial w}{\partial z}\right) + 2\mu\frac{\partial u}{\partial x} \\[2mm] p_{yy} = -P - \frac{2}{3}\mu\left(\frac{\partial u}{\partial x} + \frac{\partial v}{\partial y} + \frac{\partial w}{\partial z}\right) + 2\mu\frac{\partial v}{\partial y} \\[2mm] p_{zz} = -P - \frac{2}{3}\mu\left(\frac{\partial u}{\partial x} + \frac{\partial v}{\partial y} + \frac{\partial w}{\partial z}\right) + 2\mu\frac{\partial w}{\partial z} \\[2mm] \tau_{xy} = \tau_{yx} = \mu\left(\frac{\partial v}{\partial x} + \frac{\partial u}{\partial y}\right) \\[2mm] \tau_{yz} = \tau_{zy} = \mu\left(\frac{\partial w}{\partial y} + \frac{\partial v}{\partial z}\right) \\[2mm] \tau_{zx} = \tau_{xz} = \mu\left(\frac{\partial w}{\partial x} + \frac{\partial u}{\partial z}\right) \end{cases} \tag{2-83}$$

将上式代入能量方程（2-82），整理得

$$\begin{aligned} \rho\frac{\mathrm{D}}{\mathrm{D}t}(e) = \rho\dot{\Phi} &+ \frac{\partial}{\partial x}\left(k\frac{\partial T}{\partial x}\right) + \frac{\partial}{\partial y}\left(k\frac{\partial T}{\partial y}\right) + \frac{\partial}{\partial z}\left(k\frac{\partial T}{\partial z}\right) \\ &+ \left[\left(\left(-P - \frac{2}{3}\mu\left(\frac{\partial u}{\partial x} + \frac{\partial v}{\partial y} + \frac{\partial w}{\partial z}\right) + 2\mu\frac{\partial u}{\partial x}\right)\frac{\partial u}{\partial x}\right)\right. \\ &+ \left(-P - \frac{2}{3}\mu\left(\frac{\partial u}{\partial x} + \frac{\partial v}{\partial y} + \frac{\partial w}{\partial z}\right) + 2\mu\frac{\partial v}{\partial y}\right)\frac{\partial v}{\partial y} \\ &+ \left(-P - \frac{2}{3}\mu\left(\frac{\partial u}{\partial x} + \frac{\partial v}{\partial y} + \frac{\partial w}{\partial z}\right) + 2\mu\frac{\partial w}{\partial z}\right)\frac{\partial w}{\partial z} \end{aligned} \tag{2-84}$$

$$+\mu\left(\frac{\partial v}{\partial x}+\frac{\partial u}{\partial y}\right)\left(\frac{\partial u}{\partial y}+\frac{\partial v}{\partial x}\right)$$

$$+\mu\left(\frac{\partial w}{\partial x}+\frac{\partial u}{\partial z}\right)\left(\frac{\partial u}{\partial z}+\frac{\partial w}{\partial x}\right)$$

$$+\mu\left(\frac{\partial w}{\partial y}+\frac{\partial v}{\partial z}\right)\left(\frac{\partial v}{\partial z}+\frac{\partial w}{\partial y}\right)\Bigg]$$

再次整理得

$$\rho\frac{\mathrm{D}}{\mathrm{D}t}(e)=\rho\dot{\Phi}+\frac{\partial}{\partial x}\left(k\frac{\partial T}{\partial x}\right)+\frac{\partial}{\partial y}\left(k\frac{\partial T}{\partial y}\right)+\frac{\partial}{\partial z}\left(k\frac{\partial T}{\partial z}\right)$$

$$-P\left(\frac{\partial u}{\partial x}+\frac{\partial v}{\partial y}+\frac{\partial w}{\partial z}\right)$$

$$+\left[\left(-\frac{2}{3}\mu\left(\frac{\partial u}{\partial x}+\frac{\partial v}{\partial y}+\frac{\partial w}{\partial z}\right)+2\mu\frac{\partial u}{\partial x}\right)\frac{\partial u}{\partial x}\right.$$

$$+\left(-\frac{2}{3}\mu\left(\frac{\partial u}{\partial x}+\frac{\partial v}{\partial y}+\frac{\partial w}{\partial z}\right)+2\mu\frac{\partial v}{\partial y}\right)\frac{\partial v}{\partial y}$$

$$+\left(-\frac{2}{3}\mu\left(\frac{\partial u}{\partial x}+\frac{\partial v}{\partial y}+\frac{\partial w}{\partial z}\right)+2\mu\frac{\partial w}{\partial z}\right)\frac{\partial w}{\partial z}\Bigg]$$

$$+\mu\left(\frac{\partial v}{\partial x}+\frac{\partial u}{\partial y}\right)\left(\frac{\partial u}{\partial y}+\frac{\partial v}{\partial x}\right)$$

$$+\mu\left(\frac{\partial w}{\partial x}+\frac{\partial u}{\partial z}\right)\left(\frac{\partial u}{\partial z}+\frac{\partial w}{\partial x}\right)$$

$$+\mu\left(\frac{\partial w}{\partial y}+\frac{\partial v}{\partial z}\right)\left(\frac{\partial v}{\partial z}+\frac{\partial w}{\partial y}\right) \tag{2-85}$$

继续整理得

$$\rho\frac{\mathrm{D}}{\mathrm{D}t}(e)=\rho\dot{\Phi}+\frac{\partial}{\partial x}\left(k\frac{\partial T}{\partial x}\right)+\frac{\partial}{\partial y}\left(k\frac{\partial T}{\partial y}\right)+\frac{\partial}{\partial z}\left(k\frac{\partial T}{\partial z}\right)$$

$$-P\left(\frac{\partial u}{\partial x}+\frac{\partial v}{\partial y}+\frac{\partial w}{\partial z}\right)$$

$$+\left[\left(-\frac{2}{3}\mu\left(\frac{\partial u}{\partial x}+\frac{\partial v}{\partial y}+\frac{\partial w}{\partial z}\right)\right)\frac{\partial u}{\partial x}\right.$$

$$+\left(-\frac{2}{3}\mu\left(\frac{\partial u}{\partial x}+\frac{\partial v}{\partial y}+\frac{\partial w}{\partial z}\right)\right)\frac{\partial v}{\partial y} \tag{2-86}$$

$$+\left(-\frac{2}{3}\mu\left(\frac{\partial u}{\partial x}+\frac{\partial v}{\partial y}+\frac{\partial w}{\partial z}\right)\right)\frac{\partial w}{\partial z}\Bigg]$$

$$+\mu\left[2\left(\frac{\partial u}{\partial x}\right)^2+2\left(\frac{\partial v}{\partial y}\right)^2+2\left(\frac{\partial w}{\partial z}\right)^2+\left(\frac{\partial v}{\partial x}+\frac{\partial u}{\partial y}\right)^2+\left(\frac{\partial w}{\partial x}+\frac{\partial u}{\partial z}\right)^2+\left(\frac{\partial w}{\partial y}+\frac{\partial v}{\partial z}\right)^2\right]$$

接着整理得

$$\rho \frac{\mathrm{D}}{\mathrm{D}t}(e) = \rho \dot{\Phi} + \frac{\partial}{\partial x}\left(k\frac{\partial T}{\partial x}\right) + \frac{\partial}{\partial y}\left(k\frac{\partial T}{\partial y}\right) + \frac{\partial}{\partial z}\left(k\frac{\partial T}{\partial z}\right)$$

$$- P\left(\frac{\partial u}{\partial x} + \frac{\partial v}{\partial y} + \frac{\partial w}{\partial z}\right) - \frac{2}{3}\mu\left(\frac{\partial u}{\partial x} + \frac{\partial v}{\partial y} + \frac{\partial w}{\partial z}\right)^2$$

$$+ \mu\left[2\left(\frac{\partial u}{\partial x}\right)^2 + 2\left(\frac{\partial v}{\partial y}\right)^2 + 2\left(\frac{\partial w}{\partial z}\right)^2 + \left(\frac{\partial v}{\partial x} + \frac{\partial u}{\partial y}\right)^2 \right. \tag{2-87}$$

$$\left. + \left(\frac{\partial w}{\partial x} + \frac{\partial u}{\partial z}\right)^2 + \left(\frac{\partial w}{\partial y} + \frac{\partial v}{\partial z}\right)^2\right]$$

式（2-87）就是用内能 e 表示的能量方程。

在式（2-87）中，$\mu\left[2\left(\frac{\partial u}{\partial x}\right)^2 + 2\left(\frac{\partial v}{\partial y}\right)^2 + 2\left(\frac{\partial w}{\partial z}\right)^2 + \left(\frac{\partial v}{\partial x} + \frac{\partial u}{\partial y}\right)^2 + \left(\frac{\partial w}{\partial x} + \frac{\partial u}{\partial z}\right)^2 + \left(\frac{\partial w}{\partial y} + \frac{\partial v}{\partial z}\right)^2\right]$

中的各项皆为平方项，可知恒为正值。联系到能量方程的左边表示内能的变化，可知该项只会引起内能的增加。由工程热力学知识可知，当系统与外界绝能时，流体的机械能将不可逆地转

化为内能，因此该项 $\mu\left[2\left(\frac{\partial u}{\partial x}\right)^2 + 2\left(\frac{\partial v}{\partial y}\right)^2 + 2\left(\frac{\partial w}{\partial z}\right)^2 + \left(\frac{\partial v}{\partial x} + \frac{\partial u}{\partial y}\right)^2 + \left(\frac{\partial w}{\partial x} + \frac{\partial u}{\partial z}\right)^2 + \left(\frac{\partial w}{\partial y} + \frac{\partial v}{\partial z}\right)^2\right]$

又被称为黏性耗散项[10]，表示黏性力引起的机械能损失，在工程热力学中被称为炽。

2.3.2.5 守恒形式能量方程

将式（2-87）等号左边的物质导数写成向量形式，如下所示：

$$\rho \frac{\mathrm{D}}{\mathrm{D}t}(e) = \rho \frac{\partial e}{\partial t} + \rho \boldsymbol{V} \cdot \nabla e \tag{2-88}$$

又根据多元函数微分学，有

$$\frac{\partial(\rho e)}{\partial t} = \rho \frac{\partial e}{\partial t} + e\frac{\partial \rho}{\partial t} \tag{2-89}$$

上式还可写成

$$\rho \frac{\partial e}{\partial t} = \frac{\partial(\rho e)}{\partial t} - e\frac{\partial \rho}{\partial t} \tag{2-90}$$

另外，对于标量与向量乘积的散度，有向量恒等式，即一个标量与一个向量乘积的散度等于标量与向量散度的乘积再加上向量与标量梯度的内积。有

$$\nabla \cdot (\rho e \boldsymbol{V}) = e\nabla \cdot (\rho \boldsymbol{V}) + \rho \boldsymbol{V} \cdot \nabla e \tag{2-91}$$

上式可写成

$$\rho \boldsymbol{V} \cdot \nabla e = \nabla \cdot (\rho e \boldsymbol{V}) - e\nabla \cdot (\rho \boldsymbol{V})$$

于是（2-88）化为

$$\rho \frac{\mathrm{D}}{\mathrm{D}t}(e) = \rho \frac{\partial e}{\partial t} + \rho \boldsymbol{V} \cdot \nabla e$$

$$= \frac{\partial(\rho e)}{\partial t} - e\frac{\partial \rho}{\partial t} + \nabla \cdot (\rho e \boldsymbol{V}) - e\nabla \cdot (\rho \boldsymbol{V}) \qquad (2\text{-}92)$$

$$= \frac{\partial(\rho e)}{\partial t} - e\left[\frac{\partial \rho}{\partial t} + \nabla \cdot (\rho \boldsymbol{V})\right] + \nabla \cdot (\rho e \boldsymbol{V})$$

又由连续性方程 $\dfrac{\partial \rho}{\partial t} + \nabla \cdot (\rho \boldsymbol{V}) = 0$ 可知，式（2-92）可化为

$$\rho \frac{\mathrm{D}}{\mathrm{D}t}(e) = \frac{\partial(\rho e)}{\partial t} + \nabla \cdot (\rho e \boldsymbol{V}) \qquad (2\text{-}93)$$

代入能量方程（2-87）可得

$$\frac{\partial(\rho e)}{\partial t} + \nabla \cdot (\rho e \boldsymbol{V})$$

$$= \rho \dot{\Phi} + \frac{\partial}{\partial x}\left(k\frac{\partial T}{\partial x}\right) + \frac{\partial}{\partial y}\left(k\frac{\partial T}{\partial y}\right) + \frac{\partial}{\partial z}\left(k\frac{\partial T}{\partial z}\right)$$

$$- P\left(\frac{\partial u}{\partial x} + \frac{\partial v}{\partial y} + \frac{\partial w}{\partial z}\right) - \frac{2}{3}\mu\left(\frac{\partial u}{\partial x} + \frac{\partial v}{\partial y} + \frac{\partial w}{\partial z}\right)^2 \qquad (2\text{-}94)$$

$$+ \mu\left[2\left(\frac{\partial u}{\partial x}\right)^2 + 2\left(\frac{\partial v}{\partial y}\right)^2 + 2\left(\frac{\partial w}{\partial z}\right)^2 + \left(\frac{\partial v}{\partial x} + \frac{\partial u}{\partial y}\right)^2 + \left(\frac{\partial w}{\partial x} + \frac{\partial u}{\partial z}\right)^2 \right.$$

$$\left. + \left(\frac{\partial w}{\partial y} + \frac{\partial v}{\partial z}\right)^2 \right]$$

上式还可简写成

$$\frac{\partial(\rho e)}{\partial t} + \nabla \cdot (\rho e \boldsymbol{V}) = -P\mathrm{div}\,\boldsymbol{V} + \mathrm{div}(k\,\mathbf{grad}\,T) + \Phi + S_h \qquad (2\text{-}95)$$

在上式中，k 是流体的导热系数，S_h 为流体的内热源 $\rho\dot{\Phi}$，Φ 为由于黏性作用机械能转化为热能的部分，称为耗散函数（dissipative function），其计算公式为

$$\Phi = -\frac{2}{3}\mu\left(\frac{\partial u}{\partial x} + \frac{\partial v}{\partial y} + \frac{\partial w}{\partial z}\right)^2 + \mu\left[2\left(\frac{\partial u}{\partial x}\right)^2 + 2\left(\frac{\partial v}{\partial y}\right)^2 \right.$$

$$\left. + 2\left(\frac{\partial w}{\partial z}\right)^2 + \left(\frac{\partial v}{\partial x} + \frac{\partial u}{\partial y}\right)^2 + \left(\frac{\partial w}{\partial x} + \frac{\partial u}{\partial z}\right)^2 + \left(\frac{\partial w}{\partial y} + \frac{\partial v}{\partial z}\right)^2 \right]$$

上式即为用内能表示的守恒形式的能量方程。

上式中 $P\mathrm{div}\,\boldsymbol{V}$ 为表面力对流体微元体所做的功，一般可以忽略；同时，由工程热力学知识可知，气体和液体内能的表达式为 $e = C_v T$。进一步取 C_v 为常数，并把耗散函数 Φ 纳入源项 S_T 中（$S_T = \dfrac{S_h + \Phi}{C_v}$），于是可得

$$\frac{\partial(\rho T)}{\partial t} + \mathrm{div}(\rho \boldsymbol{V} T) = \mathrm{div}\left(\frac{k}{C_v}\mathbf{grad}\,T\right) + S_T \qquad (2\text{-}96)$$

对不可压缩流体有

$$\frac{\partial (T)}{\partial t} + \mathrm{div}(VT) = \mathrm{div}\left(\frac{k}{\rho C_v}\mathbf{grad} T\right) + \frac{S_T}{\rho} \tag{2-97}$$

证明完三大方程，接下来我们要探寻三大方程的共性。在 CFD 中，我们主要关注方程的守恒形式。

2.4　流动与传热微分方程

2.4.1　流动与传热通用微分方程的通用形式

守恒形式的连续性方程：

$$\frac{\partial \rho}{\partial t} + \mathrm{div}(\rho V) = 0 \tag{2-98}$$

守恒形式的 N-S 方程：

$$\begin{cases}\dfrac{\partial (\rho u)}{\partial t} + \mathrm{div}(\rho u V) = \mathrm{div}(\mu \mathbf{grad}\, u) - \dfrac{\partial P}{\partial x} + S_u \\[2mm] \dfrac{\partial (\rho v)}{\partial t} + \mathrm{div}(\rho v V) = \mathrm{div}(\mu \mathbf{grad}\, v) - \dfrac{\partial P}{\partial y} + S_v \\[2mm] \dfrac{\partial (\rho w)}{\partial t} + \mathrm{div}(\rho w V) = \mathrm{div}(\mu \mathbf{grad}\, w) - \dfrac{\partial P}{\partial z} + S_w \end{cases} \tag{2-99}$$

守恒形式的能量方程：

$$\frac{\partial (\rho T)}{\partial t} + \mathrm{div}(\rho V T) = \mathrm{div}\left(\frac{k}{C_v}\mathbf{grad}\, T\right) + S_T \tag{2-100}$$

我们将守恒形式微分方程总结在表 2-3 中。

表 2-3　　三维、非稳态、可压缩、牛顿流体的流动与传热问题的守恒型控制方程

方程名称	方程形式
连续性方程	$\dfrac{\partial \rho}{\partial t} + \mathrm{div}(\rho V) = 0$
x 轴方向 N-S 方程	$\dfrac{\partial (\rho u)}{\partial t} + \mathrm{div}(\rho u V) = \mathrm{div}(\mu \mathbf{grad}\, u) - \dfrac{\partial P}{\partial x} + S_u$
y 轴方向 N-S 方程	$\dfrac{\partial (\rho v)}{\partial t} + \mathrm{div}(\rho v V) = \mathrm{div}(\mu \mathbf{grad}\, v) - \dfrac{\partial P}{\partial y} + S_v$
z 轴方向 N-S 方程	$\dfrac{\partial (\rho w)}{\partial t} + \mathrm{div}(\rho w V) = \mathrm{div}(\mu \mathbf{grad}\, w) - \dfrac{\partial P}{\partial z} + S_w$
能量方程	$\dfrac{\partial (\rho T)}{\partial t} + \mathrm{div}(\rho V T) = \mathrm{div}\left(\dfrac{k}{C_v}\mathbf{grad}\, T\right) + S_T$

仔细观察上表中的方程形式，我们可以采用共同的形式将其概括表达，这种形式称为流动与传热的通用微分方程。通常使用 ϕ 表示通用变量。通用形式为

$$\frac{\partial(\rho\phi)}{\partial t} + \text{div}(\rho V\phi) = \text{div}(\Gamma \mathbf{grad}\phi) + S \qquad (2\text{-}101)$$

或

$$\frac{\partial(\rho\phi)}{\partial t} + \nabla \cdot (\rho V\phi) - \nabla \cdot (\Gamma \nabla\phi) = S \qquad (2\text{-}102)$$

式中，第一项被称为非稳态项、瞬态项（transient term）或时间项，第二项为对流项（convective term），第三项为扩散项（diffusive term），末项 S 为源项（source term）。式中 ϕ 为通用变量，可以表示 u、v、w、T 等待求变量；Γ 为广义扩散系数，S 之所以又被称为"广义"源项是因为处在 Γ 和 S 位置上的项不必是原来物理意义上的量，而是数值计算模型方程中的一种定义。不同求解变量之间的区别除了边界条件与初始条件外，就在于 Γ 和 S 的表达式的不同[11]。

对于特定的方程，ϕ、Γ 和 S 具有特定的形式，表 2-4 给出了 ϕ、Γ 和 S 这 3 个符号与特定方程的对应关系。

表 2-4　　　　　　　流动与传热的通用微分方程的 ϕ、Γ 和 S

方程名称	ϕ	Γ	S
连续性方程	1	0	0
x 轴方向 N-S 方程	u	μ	$\rho f_x - \dfrac{\partial P}{\partial x}$
y 轴方向 N-S 方程	v	μ	$\rho f_y - \dfrac{\partial P}{\partial y}$
z 轴方向 N-S 方程	w	μ	$\rho f_z - \dfrac{\partial P}{\partial z}$
能量方程	T	$\dfrac{k}{C_v}$	$\dfrac{S_h + \Phi}{\rho C_v}$

如表 2-4 所示，所有控制方程都可以经过适当的数学处理，将方程中的因变量、非稳态项、对流项和扩散项写成标准的形式，然后将方程其余各项集中在一起定义为广义源项，进而化为流动与传热的通用微分方程。接下来，我们只需要考虑通用微分方程的数值解，写出求解通用微分方程的程序。对于不同的 ϕ，只需要重复调用该程序，并给定 Γ 和 S 的适当表达式，以及对应的初始条件和边界条件，便可进行数值求解。总之，之所以写成通用形式，是为了方便编程求解（学过开源软件 OpenFOAM 的同学更能体会到这一点）。

当把 N-S 方程写成通用形式时，压力梯度 ∇P 被写在了源项 S 中，适当的时候我们还要把压力梯度 ∇P 从源项 S 中拿出来。

2.4.2　流动与传热通用微分方程的各种具体形式

这里再强调一遍对流动与传热的通用微分方程

$$\frac{\partial(\rho\phi)}{\partial t} + \nabla \cdot (\rho V\phi) - \nabla \cdot (\Gamma \nabla\phi) = S \qquad (2\text{-}103)$$

现实中你研究的课题可能是上式中的某一种情况，下面我们对上式做各种形式的简化，以便你能理解各种形式的变形。

（1）扩散为主

对于稳态、无源项、非对流、扩散方程，非稳态项 $\dfrac{\partial(\rho\phi)}{\partial t}=0$，源项 $S=0$，对流项 $\nabla\cdot(\rho V\phi)=0$，上式化为

$$-\nabla\cdot(\varGamma\nabla\phi)=0 \tag{2-104}$$

去掉负号，可得

$$\nabla\cdot(\varGamma\nabla\phi)=0 \tag{2-105}$$

一维稳态、无源项、非对流、扩散方程如下所示：

$$\frac{\partial}{\partial x}\left(\varGamma\frac{\partial\phi}{\partial x}\right)=0 \tag{2-106}$$

二维稳态、无源项、非对流、扩散方程如下所示：

$$\frac{\partial}{\partial x}\left(\varGamma\frac{\partial\phi}{\partial x}\right)+\frac{\partial}{\partial y}\left(\varGamma\frac{\partial\phi}{\partial y}\right)=0 \tag{2-107}$$

三维稳态、无源项、非对流、扩散方程如下所示：

$$\frac{\partial}{\partial x}\left(\varGamma\frac{\partial\phi}{\partial x}\right)+\frac{\partial}{\partial y}\left(\varGamma\frac{\partial\phi}{\partial y}\right)+\frac{\partial}{\partial z}\left(\varGamma\frac{\partial\phi}{\partial z}\right)=0 \tag{2-108}$$

对于非稳态、无源项、非对流、扩散方程，非稳态项 $\dfrac{\partial(\rho\phi)}{\partial t}\neq0$，非稳态项要保留；源项 $S=0$；对流项 $\nabla\cdot(\rho V\phi)=0$，式（2-103）化为

$$\frac{\partial(\rho\phi)}{\partial t}-\nabla\cdot(\varGamma\nabla\phi)=0 \tag{2-109}$$

上式可化为

$$\frac{\partial(\rho\phi)}{\partial t}=\nabla\cdot(\varGamma\nabla\phi) \tag{2-110}$$

一维非稳态、无源项、非对流、扩散方程如下所示：

$$\frac{\partial(\rho\phi)}{\partial t}=\frac{\partial}{\partial x}\left(\varGamma\frac{\partial\phi}{\partial x}\right) \tag{2-111}$$

二维非稳态、无源项、非对流、扩散方程如下所示：

$$\frac{\partial(\rho\phi)}{\partial t}=\frac{\partial}{\partial x}\left(\varGamma\frac{\partial\phi}{\partial x}\right)+\frac{\partial}{\partial y}\left(\varGamma\frac{\partial\phi}{\partial y}\right) \tag{2-112}$$

三维非稳态、无源项、非对流、扩散方程如下所示：

$$\frac{\partial(\rho\phi)}{\partial t}=\frac{\partial}{\partial x}\left(\varGamma\frac{\partial\phi}{\partial x}\right)+\frac{\partial}{\partial y}\left(\varGamma\frac{\partial\phi}{\partial y}\right)+\frac{\partial}{\partial z}\left(\varGamma\frac{\partial\phi}{\partial z}\right) \tag{2-113}$$

对于非稳态、有源项、非对流、扩散方程，非稳态项 $\dfrac{\partial(\rho\phi)}{\partial t}\neq0$，非稳态项要保留；源

项 $S \neq 0$，源项也保留；对流项 $\nabla \cdot (\rho V \phi) = 0$，式（2-103）化为

$$\frac{\partial (\rho \phi)}{\partial t} - \nabla \cdot (\Gamma \nabla \phi) = S \qquad (2\text{-}114)$$

上式可化为

$$\frac{\partial (\rho \phi)}{\partial t} = \nabla \cdot (\Gamma \nabla \phi) + S \qquad (2\text{-}115)$$

一维非稳态、有源项、非对流、扩散方程如下所示：

$$\frac{\partial (\rho \phi)}{\partial t} = \frac{\partial}{\partial x}\left(\Gamma \frac{\partial \phi}{\partial x}\right) + S \qquad (2\text{-}116)$$

二维非稳态、有源项、非对流、扩散方程如下所示：

$$\frac{\partial (\rho \phi)}{\partial t} = \frac{\partial}{\partial x}\left(\Gamma \frac{\partial \phi}{\partial x}\right) + \frac{\partial}{\partial y}\left(\Gamma \frac{\partial \phi}{\partial y}\right) + S \qquad (2\text{-}117)$$

三维非稳态、有源项、非对流、扩散方程如下所示：

$$\frac{\partial (\rho \phi)}{\partial t} = \frac{\partial}{\partial x}\left(\Gamma \frac{\partial \phi}{\partial x}\right) + \frac{\partial}{\partial y}\left(\Gamma \frac{\partial \phi}{\partial y}\right) + \frac{\partial}{\partial z}\left(\Gamma \frac{\partial \phi}{\partial z}\right) + S \qquad (2\text{-}118)$$

我们再强调一遍对流动与传热的通用微分方程如下所示 [同式（2-103）]：

$$\frac{\partial (\rho \phi)}{\partial t} + \nabla \cdot (\rho V \phi) - \nabla \cdot (\Gamma \nabla \phi) = S$$

（2）对流为主

对于稳态、无源项、对流、非扩散方程，非稳态项 $\frac{\partial (\rho \phi)}{\partial t} = 0$，源项 $S = 0$，对流项 $\nabla \cdot (\rho V \phi) \neq 0$，扩散项 $\nabla \cdot (\Gamma \nabla \phi) = 0$，所以上式化为

$$\nabla \cdot (\rho V \phi) = 0 \qquad (2\text{-}119)$$

对于稳态、有源项、对流、非扩散方程，非稳态项 $\frac{\partial (\rho \phi)}{\partial t} = 0$，源项 $S \neq 0$，对流项 $\nabla \cdot (\rho V \phi) \neq 0$，扩散项 $\nabla \cdot (\Gamma \nabla \phi) = 0$，所以式（2-103）化为

$$\nabla \cdot (\rho V \phi) = S \qquad (2\text{-}120)$$

对于非稳态、无源项、对流、非扩散方程，非稳态项 $\frac{\partial (\rho \phi)}{\partial t} \neq 0$，源项 $S = 0$，对流项 $\nabla \cdot (\rho V \phi) \neq 0$，扩散项 $\nabla \cdot (\Gamma \nabla \phi) = 0$，所以式（2-103）化为

$$\frac{\partial (\rho \phi)}{\partial t} + \nabla \cdot (\rho V \phi) = 0 \qquad (2\text{-}121)$$

对于非稳态、有源项、对流、非扩散方程，非稳态项 $\frac{\partial (\rho \phi)}{\partial t} \neq 0$，源项 $S \neq 0$，对流项 $\nabla \cdot (\rho V \phi) \neq 0$，扩散项 $\nabla \cdot (\Gamma \nabla \phi) = 0$，所以式（2-103）化为

$$\frac{\partial (\rho \phi)}{\partial t} + \nabla \cdot (\rho V \phi) = S \qquad (2\text{-}122)$$

2.5　微分方程的分类与特性

在现实社会中，事物的变化纷繁复杂，对于很多运动过程，我们往往无法直接写出它们的函数。数学家和物理学家们通过探索，发现可以建立变量及其导数（或微分）间的关系式，即微分方程。微分方程伴随着微积分的出现而出现，人们在求解行星的轨道时，就是在求解微分方程。

2.5.1　常微分方程

只有一个自变量的微分方程叫作常微分方程。更一般地说，常微分方程描述的是，某个因素（自变量）的无穷小的变化如何引起其他因素（因变量）的无穷小的变化。记住，"常"微分方程，只有一个自变量。将牛顿第二定律 $F = ma$ 写成常微分方程的形式，如下所示：

$$F = m\frac{\mathrm{d}v}{\mathrm{d}t} = m\frac{\mathrm{d}x^2}{\mathrm{d}t^2}$$

当我们计算小汽车的位置 x 随时间 t 的变化时，求解的就是常微分方程，因为方程只取决于一个自变量 t，小汽车的位置 x 是因变量。

在牛顿之后的几个世纪里，数学家和物理学家研究了很多求解常微分方程的巧妙方法。例如求解高等数学里面的一阶线性常微分方程，套用相应的求解公式，结果就算出来了。人类可以套用常微分方程求解公式计算太空中行星的运转规律，这是何其震撼人心的壮举，对常微分方程的求解是人类的一次伟大胜利。然而，在偏微分面前，人类再次意识到了自己的渺小与无知。

2.5.2　偏微分方程

现实社会往往复杂多变，多数时候自变量的个数不止一个。例如我们计算房间里不同位置的空气温度随时间的变化时，空气温度就是空间和时间的函数，即 $T = f(x, y, z, t)$，自变量是 x、y、z、t，因变量是温度 T。又如当我们计算流场速度随空间和时间的变化时，速度也是空间和时间的函数，即 $V = f(x, y, z, t)$，自变量是 x、y、z、t，因变量是速度 V。

这是另一类微分方程——偏微分方程，之所以叫偏微分方程，是因为每个自变量在引发因变量变化的过程中都发挥各自的作用，如不同点的温度可能不同（温度随空间变化），相同点的温度可能随时间变化。偏微分方程的自变量个数至少有两个。

偏微分方程比常微分方程丰富得多，它们描述了连续系统的运动随空间和时间发生的变化，或者连续系统在二维或更高维空间中运动的变化[12]。偏微分方程比常微分方程难解得多。不过，大自然的秘密，恰恰隐藏在偏微分方程中。

2.5.3　线性和非线性方程

首先说明什么是线性系统。比如两个同学称体重，两个人的总重量是他们各自体重之和，他们的体重不会相互影响，即整体等于部分之和，这是线性系统的第一个关键特性。线性系统的第二个关键特性是，原因与结果成正比。想象一下你用脚踢球的情形，如果你用力 F 来踢球，球运动的直线距离是 x，如果你用 $2F$ 的力来踢球，球运动的直线距离应该是 $2x$。满足这两个关键特性（整体等于部分之和，原因和结果成正比）的系统就是线性系统。

然而自然界的很多事情都比踢球复杂得多。当系统的各个部分相互干扰时，就会发生非线性的相互作用[12]。

非线性让世界变得丰富多彩、美妙而复杂，但常常不可预测，而 CFD 恰恰是研究非线性的。

简单来说，线性微分方程需要满足以下性质：

- 只能出现自变量、未知函数，以及函数的任意阶导数；
- 函数自身跟所有的导数之间除了加减之外，不可以有任何其他运算（乘、除、求平方、开根号等）；
- 函数和它自身，各阶导数和它自身，都不可以有加减之外的运算；
- 不允许对函数自身、各阶导数做任何形式的复合运算，例如 $\sin y$、$\cos y$、$\tan y$、$\ln y$、y^2、y^3、y^x、exp^y。

若一个微分方程不满足上述要求，则是非线性微分方程。

例如：

$y' = y$ 是线性的；

$y' = xy$ 是线性的；

$y' = \sin(x)y$ 是线性的；

$y' = \ln(x)y$ 是线性的；

$y'' + 2y' + 3y = 0$ 是线性的；

$y'' + xy' + \sin(x)y = 0$ 是线性的；

$\ln(x)y'' + xy' + \sin(x)y = 0$ 是线性的；

$y''' + 2y'' + xy' + \ln(x)y = 0$ 是线性的。

因为方程中 y、y'、y''、y''' 的最高次幂都是 1，且没有出现 y、y'、y''、y'''（未知函数及其各阶导数）之间的相互掺混。虽然函数 y 和导数 y'、y'' 前面出现了 x、$\sin(x)$、$\ln(x)$ 等自变量的初等函数，但都是允许的，所以以上方程都是线性微分方程。

反之：

$y' = y^2$ 是非线性的；

$y' = \sin(y)y$ 是非线性的；

$y'' = \ln(y)y'$ 是非线性的；

$y'' + yy' + 3y^2 = 0$ 是非线性的；

$y'' + y^2y' + \sin(y)y = 0$ 是非线性的；

$\ln(y)y'' + yy' + \sin(y)\sqrt{y} = 0$ 是非线性的。

因为方程中 y、y'、y''、y''' 的最高次幂要么不全是 1，要么出现了 y、y'、y''、y'''（未知函数 y 及其各阶导数）的相互掺混，所以以上方程都是非线性微分方程。

我们经常说 N-S 方程是非线性偏微分方程，学完前面的知识，读者可自行判定一下。

$$\begin{cases} \dfrac{\partial u}{\partial t} + u\dfrac{\partial u}{\partial x} + v\dfrac{\partial u}{\partial y} + w\dfrac{\partial u}{\partial z} = f_x - \dfrac{1}{\rho}\dfrac{\partial P}{\partial x} + \nu\left(\dfrac{\partial^2 u}{\partial x^2} + \dfrac{\partial^2 u}{\partial y^2} + \dfrac{\partial^2 u}{\partial z^2}\right) \\[2mm] \dfrac{\partial v}{\partial t} + u\dfrac{\partial v}{\partial x} + v\dfrac{\partial v}{\partial y} + w\dfrac{\partial v}{\partial z} = f_y - \dfrac{1}{\rho}\dfrac{\partial P}{\partial y} + \nu\left(\dfrac{\partial^2 v}{\partial x^2} + \dfrac{\partial^2 v}{\partial y^2} + \dfrac{\partial^2 v}{\partial z^2}\right) \\[2mm] \dfrac{\partial w}{\partial t} + u\dfrac{\partial w}{\partial x} + v\dfrac{\partial w}{\partial y} + w\dfrac{\partial w}{\partial z} = f_z - \dfrac{1}{\rho}\dfrac{\partial P}{\partial z} + \nu\left(\dfrac{\partial^2 w}{\partial x^2} + \dfrac{\partial^2 w}{\partial y^2} + \dfrac{\partial^2 w}{\partial z^2}\right) \end{cases}$$

在以上方程中出现了自变量 x、y、z、t，自变量有 4 个，所以 N-S 方程首先是偏微分方程。同时方程中出现了函数与其对应导数的乘积，比如 $u\dfrac{\partial u}{\partial x}$，函数 u 和其一阶导数 $\dfrac{\partial u}{\partial x}$ 相乘了，所以该方程是非线性的。综上，N-S 方程就是一种非线性偏微分方程。

2.5.4 拟线性偏微分方程

随手翻开一本 MATLAB 相关图书，可以见到对拟线性偏微分方程的相关介绍："偏微分方程中出现的偏导数的最高阶数称为方程的阶数。方程经过有理化并消去分式后，若方程中没有未知函数及其偏导数的乘积或幂等非线性项，那就称之为线性偏微分方程。如果有，则称之为非线性偏微分方程。如果仅对未知函数的所有最高阶偏导数来说是线性的，则称之为拟线性偏微分方程。在方程中，不含有未知函数及其偏导数的项称为自由项，自由项为零的方程称为齐次方程，否则称为非齐次方程[13]。"下面通过两个例子来理解。

例子 1

$$a(x,y)\frac{\partial^2 u}{\partial x^2}+\left(\frac{\partial u}{\partial y}\right)^2=0$$

在上式中，最高阶偏导数 $\dfrac{\partial^2 u}{\partial x^2}$ 是二阶导数，但其次幂 $\left(\dfrac{\partial^2 u}{\partial x^2}\right)^1$ 为 1，所以为线性偏微分方程；又因为出现了一阶偏导数的二次幂 $\left(\dfrac{\partial u}{\partial y}\right)^2$，同时自由项为零，所以上式为二阶拟线性齐次偏微分方程。

例子 2

$$\left(\frac{\partial^2 u}{\partial x^2}\right)^2+\left(\frac{\partial^2 u}{\partial y^2}\right)^2=f(x,y),\ \text{其中} f(x,y)\neq 0$$

在上式中，最高阶导数 $\dfrac{\partial^2 u}{\partial x^2}$、$\dfrac{\partial^2 u}{\partial y^2}$ 的次幂为 2，所以是非线性偏微分方程，又因为自由项 $f(x,y)$ 不为零，所以上式为二阶非线性非齐次偏微分方程。

2.5.5 偏微分方程的分类

通过前面的讲解，我们已经知道 N-S 方程是非线性偏微分方程了。对于一个非线性偏微分方程，如果它关于未知函数的最高阶偏导数是线性的，则称其为拟线性偏微分方程[11]。

观察前面推导的偏微分方程形式的流体力学控制方程可以发现，不管是 N-S 方程还是能量守恒方程，其最高阶导数都是二阶的（如扩散项 $v\dfrac{\partial^2 u}{\partial x^2}$ 或 $\dfrac{\partial}{\partial x}\left(k\dfrac{\partial T}{\partial x}\right)$），而且最高阶导数都是以线性的形式出现的，即方程中没有出现最高阶导数的乘积或指数函数等复合形式。所以

N-S 方程既是非线性偏微分方程，也是拟线性偏微分方程。

$$\begin{cases} \dfrac{\partial u}{\partial t} + u\dfrac{\partial u}{\partial x} + v\dfrac{\partial u}{\partial y} + w\dfrac{\partial u}{\partial z} = f_x - \dfrac{1}{\rho}\dfrac{\partial P}{\partial x} + v\left(\dfrac{\partial^2 u}{\partial x^2} + \dfrac{\partial^2 u}{\partial y^2} + \dfrac{\partial^2 u}{\partial z^2}\right) \\[3mm] \dfrac{\partial v}{\partial t} + u\dfrac{\partial v}{\partial x} + v\dfrac{\partial v}{\partial y} + w\dfrac{\partial v}{\partial z} = f_y - \dfrac{1}{\rho}\dfrac{\partial P}{\partial y} + v\left(\dfrac{\partial^2 v}{\partial x^2} + \dfrac{\partial^2 v}{\partial y^2} + \dfrac{\partial^2 v}{\partial z^2}\right) \\[3mm] \dfrac{\partial w}{\partial t} + u\dfrac{\partial w}{\partial x} + v\dfrac{\partial w}{\partial y} + w\dfrac{\partial w}{\partial z} = f_z - \dfrac{1}{\rho}\dfrac{\partial P}{\partial z} + v\left(\dfrac{\partial^2 w}{\partial x^2} + \dfrac{\partial^2 w}{\partial y^2} + \dfrac{\partial^2 w}{\partial z^2}\right) \end{cases} \quad (2\text{-}123)$$

按照偏微分方程的类别，可以将拟线性方程分为双曲型方程、抛物型方程、椭圆型方程和混合型方程[14]。之所以要分类，是因为每种类别的方程具有特定的数学性质，影响着方程的求解过程和不同数值方法的选择。因此，在求解流体流动控制方程之前，需要明确其类别及其对应的性质。下面就教大家如何分类。

我们先回忆初中知识，对于一元二次方程

$$ax^2 + bx + c = 0\,(a \neq 0)$$

其求解公式为

$$x_{1,2} = \frac{-b \pm \sqrt{b^2 - 4ac}}{2a}$$

这一公式后来被推广到解析几何中，对于二次曲线的一般方程，其表达式为

$$ax^2 + bxy + cy^2 + dx + ey + f = 0$$

数学上规定，根据 $b^2 - 4ac$ 的大小来区分曲线的类型：

- 如果 $b^2 - 4ac > 0$，二次曲线是双曲线；
- 如果 $b^2 - 4ac = 0$，二次曲线是抛物线；
- 如果 $b^2 - 4ac < 0$，二次曲线是椭圆。

这一曲线分类方法，被数学家进一步用到偏微分方程的分类中。

为了方便起见，以二阶二元（"二元"指自变量个数为 2）的拟线性偏微分方程为例进行讲解（选二阶，是因为 N-S 方程偏导数最高是二阶，选二元是为了简洁），其一般表达式为：

$$a\frac{\partial^2 \phi}{\partial x^2} + b\frac{\partial^2 \phi}{\partial x \partial y} + c\frac{\partial^2 \phi}{\partial y^2} + d\frac{\partial \phi}{\partial x} + e\frac{\partial \phi}{\partial y} + f\phi = g(x, y)$$

在上式中，系数 a、b、c、d、e、f 可以是自变量 x、y 的函数，也可以是因变量 ϕ 及其偏导数 $\dfrac{\partial \phi}{\partial x}$、$\dfrac{\partial \phi}{\partial y}$ 的函数[15]。

本书并未详述偏微分方程的性质，只是简单地、不加证明地给出不同类型偏微分方程的判别式和一些基本性质，并且将这些性质与流体的物理性质及其在 CFD 中的影响联系起来。

拟线性微分方程的分类依赖方程的最高阶导数的性质。

数学上规定，对于求解域内的任意一点 (x_0, y_0)：

- 如果 $b^2 - 4ac > 0$，偏微分方程为双曲型（hyperbolic）方程，过该点有两条实特征线；
- 如果 $b^2 - 4ac = 0$，偏微分方程为抛物型（parabolic）方程，过该点只有一条实特征线；
- 如果 $b^2 - 4ac < 0$，偏微分方程为椭圆型（elliptic）方程，过该点没有实特征线。

如果在整个求解区域中，描写物理问题的偏微分方程都属于同一种类型，则该物理问题就可以用对应的偏微分方程类别来称谓，比如双曲型问题、抛物型问题或椭圆型问题。在有的物理问题中，同一求解区域内的偏微分方程可能属于不同的类别，这种问题称为混合型问题。不同类型偏微分方程在特性上的主要区别是它们的依赖区（domain of dependence）与影响区（domain of influence）不同[11]。依赖区与影响区将在下一节详细讲解。

2.5.6 不同类型偏微分方程的性质及其对 CFD 数值解的影响

2.5.6.1 椭圆型方程

我们通过传热学中的导热微分方程来考察椭圆型方程的性质。以二维、稳态、无内热源、固体导热、常物性（物性参数为常数）物体的导热微分方程为例，其方程为

$$\frac{\partial^2 T}{\partial x^2} + \frac{\partial^2 T}{\partial y^2} = 0$$

按照上文的偏微分方程类型判别方法如下：

$$a\frac{\partial^2 \phi}{\partial x^2} + b\frac{\partial^2 \phi}{\partial x \partial y} + c\frac{\partial^2 \phi}{\partial y^2} + d\frac{\partial \phi}{\partial x} + e\frac{\partial \phi}{\partial y} + f\phi = g(x,y)$$

对于 $\frac{\partial^2 T}{\partial x^2} + \frac{\partial^2 T}{\partial y^2} = 0$，可将 ϕ 换成 T，并将系数与上式一一对应，得 $a=1$，$b=0$，$c=1$，$d=e=f=g=0$。
则

$$b^2 - 4ac = 0 - 4\times1\times1 = -4 < 0$$

可知 $\frac{\partial^2 T}{\partial x^2} + \frac{\partial^2 T}{\partial y^2} = 0$ 为椭圆型方程。

椭圆型方程概括了物理学中的一类稳态问题，如稳定的温度分布、浓度分布、静电场等与时间无关的自然现象。这种物理问题的变量与时间无关且需要在空间的一个闭区域内求解。

依旧以二维稳态导热方程 $\frac{\partial^2 T}{\partial x^2} + \frac{\partial^2 T}{\partial y^2} = 0$ 为例。如图 2-14 所示，假设问题的定义域是图中所画的 abcd 所圈定的封闭区域，P 点是这个封闭区域中的某点。假设 P 点处有微小扰动，比如在 P 点下方拿根蜡烛来烤一下（然后把蜡烛拿走），P 点的温度会升高。根据热力学第二定律，热量会从高温传向低温，则这个扰动会从 P 点传向四面八方，在整个区域内都可感受到，P 点可以影响到区域内的每一个点。反过来，P 点的解也受到整个封闭边界 abcd 的影响。这样，P 点的解需要与温度场中所有的点同时求解。椭圆型问题常被称为边界值问题（boundary value problem），因为区域内的解依赖于边界，必须在整个边界 abcd 上给定边界条件。

图 2-14 二维椭圆型方程解的有关区域和边界及扰动示意图

椭圆型方程的上述特点决定了其离散方程求解的基本方法。由于求解区中各点上的值是互相影响的，因而各节点上的代数方程必须联立求

解，不能先解得区域中某一部分的值，再去确定其余部分的值。

2.5.6.2　抛物型方程

抛物型方程概括了物理学中的一类步进问题，如非稳态热传导、分子扩散等与时间有关的自然现象。这种物理问题的变量与时间有关，或问题中有类似于时间的变量，因而又被称为初值问题。其求解区域是一个开区间，计算时从已知的初值出发，逐步向前推进，以此获得适合给定边界条件的解。这种数值求解方法称为步进法（marching method）[11]。

我们通过传热学中的一维非稳态导热微分方程来考察抛物型方程的性质。

如图 2-15（A）所示，铁棒一端受到蜡烛的持续炙烤。可以认为其是一维、非稳态、无内热源、固体导热（速度为零）、常物性（导热系数为常数、比热容为常数、密度为常数）物体的导热问题，其微分方程为

$$\frac{\partial T}{\partial t} = a\frac{\partial^2 T}{\partial x^2} \quad (a \text{ 为导热系数，为常数})$$

按照前文的偏微分方程类型判别方法

$$a\frac{\partial^2 \phi}{\partial x^2} + b\frac{\partial^2 \phi}{\partial x \partial y} + c\frac{\partial^2 \phi}{\partial y^2} + d\frac{\partial \phi}{\partial x} + e\frac{\partial \phi}{\partial y} + f\phi = g(x,y)$$

对于 $\frac{\partial T}{\partial t} = a\frac{\partial^2 T}{\partial x^2}$，可将 ϕ 换成 T，并将系数与上式一一对应，得 $a=a$，$b=0=c=d=f=g=0$，$e=-1$。

则

$$b^2 - 4ac = 0 - 4 \times a \times 0 = 0$$

可知 $\frac{\partial T}{\partial t} = a\frac{\partial^2 T}{\partial x^2}$ 为抛物型方程。

在此步进问题中，铁棒的温度随时间变化。对于铁棒导热问题，某一时刻物体中的温度分布取决于该时刻之前的情况及边界条件，而与之后将要发生的情况无关[15]。

如图 2-15（B）所示，任意时刻 t_i，解域被划分为两个区域，这一虚线被称为该抛物型方程的特征线。以此线为分界线，整个上游区域都是依赖区，整个下游区域都是影响区。空间任意点 P 在 t_i 时刻的解依赖于此时刻的依赖区里整个解的情况及其边界条件，与此时刻之后将要发生什么无关；而空间任意点 P 在 t_i 时刻的解会影响它的整个影响区的解。换言之，抛物型方程行进方向下游区域的解取决于上游区域的解，而上游区域的解不受下游区域解的影响[15]。这让人不由自主地想起"熵"。

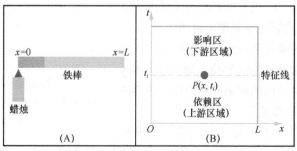

图 2-15　抛物型问题（步进问题）

抛物型问题（步进问题）的上述特点对于后文要讲解的数值计算十分有利，因为在这类问题中，不必像椭圆型问题那样整个区域内各节点的值都要同时求解，而是可以从给定的初值出发，采用层层推进的方法，直到计算到所需时刻的值为止。

2.5.6.3　双曲型方程

双曲型方程在空气动力学中应用得较多，如空气动力学中，双向传播的一维声波、平面定常超音速流动、一维非定常等熵流动等都是双曲型问题。我们这里只做简单介绍，空气动力学专业的同学可以详细参考安德森的《计算流体力学基础与应用》[1]。

下面通过一维无界波动方程来看双曲型方程的性质。

其微分方程为

$$\frac{\partial^2 u}{\partial t^2} = \dot{a}^2 \frac{\partial^2 u}{\partial x^2} \quad （\dot{a} \text{ 为常数}）$$

按照前文的偏微分方程类型判别方法：

$$a\frac{\partial^2 \phi}{\partial x^2} + b\frac{\partial^2 \phi}{\partial x \partial y} + c\frac{\partial^2 \phi}{\partial y^2} + d\frac{\partial \phi}{\partial x} + e\frac{\partial \phi}{\partial y} + f\phi = g(x, y)$$

对于 $\frac{\partial^2 u}{\partial t^2} = \dot{a}^2 \frac{\partial^2 u}{\partial x^2}$，可将 ϕ 换成 u，将 y 换成 t，并将系数一一对应，得 $a = \dot{a}^2$（已加点区分），$b = 0$，$c = -1$，$d = e = f = g = 0$。

则

$$b^2 - 4ac = 0 - 4 \times \dot{a}^2 \times (-1) > 0$$

可知 $\frac{\partial^2 u}{\partial t^2} = \dot{a}^2 \frac{\partial^2 u}{\partial x^2}$ 为双曲型方程。

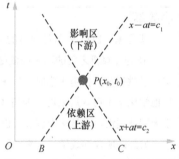

求双曲型方程的数值解也是一种步进过程，如图 2-16 所示，从 $t = 0$ 的 BC 段上的初始条件出发，沿着 t 方向推进。P 点的解依赖于依赖区的初始条件，不受依赖区以外的其他区域的影响；P 点的解沿着特征线传播到影响区，影响区之外的其他区域不受 P 点解的影响。

图 2-16　与双曲型方程的解有关的区域和边界

2.6　偏微分方程小结

本章完成了连续性方程、N-S 方程、能量方程的推导。为了后续编程方便，我们将三大方程写成了通用形式，进一步将通用形式写成了各种具体的形式；然后将微分方程进行了分类，简略讲述了微分方程的分类方法和不同类型方程的性质。理论上我们只需要求解控制流体运动的三大方程，就可以预测流体在空间中呈现的状态，就像固体力学一样，已知木块在地面运动（见图 2-17），当知道木块的初始状态，以及木块所受到的力，就可以预测木块在某个时刻的速度或运动的距离。

但因为控制流体运动的 N-S 方程是非线性

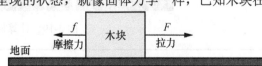

图 2-17　木块运动示意图

偏微分方程，<u>目前还难以找到求解非线性偏微分方程的通用求解公式</u>。虽然近三百年来（一般认为，1747 年，达朗贝尔《张紧的弦振动时形成的曲线的研究》论文的发表是偏微分方程研究的开端），尽管无数的数学家在前赴后继地研究，但是目前关于偏微分方程的精确解（或称解析解、真实解）也只在少量的简单情形能够得出，而大量的具有工程实际意义的流动与换热问题，人类依旧无法找到其精确解。

虽然目前无法找到 N-S 方程的精确解，但却可以利用计算机，计算出其在一定限制条件下，一定适用范围内的数值解（近似解），CFD 由此应运而生（见图 2-18）。后文将介绍怎么把控制流体运动的控制方程输入计算机，让计算机按照人类编写的求解程序将数值解算出来，并将其以可视化的形式呈现。在正式学习相关内容之前，希望大家看一下 B 站上我讲的"计算流体力学湍流模型大串讲"视频。

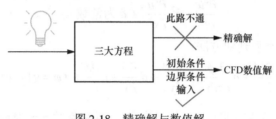

图 2-18　精确解与数值解

小故事[①]

要了解 CFD，先从计算机的发明开始。

作为计算机之父的冯·诺依曼（见图 2-19）是一个天才，他六岁时就能心算八位数乘除法，八岁时掌握了微积分。报考大学时，冯·诺依曼想继续学习数学，但当时最赚钱的专业是化学，所以他爸爸非让他学化学不可。后来冯·卡门（空气动力学之父，钱学森的老师）得知此事，他不想冯·诺依曼的数学天赋被埋没，于是从中调解。也许是为了赌一口气，冯·诺依曼一口气注册了 3 所学校，一所攻读化学，另外两所攻读数学。万幸课程量都不大，加上冯·诺依曼很聪明，所以这 3 所学校他都顺利毕业了。数学博士答辩会是由希尔伯特主持的。整个答辩下来，希尔伯特只问了一个问题，"小伙子，礼服很漂亮，是哪个裁缝做的？"显然希尔伯特觉得这个学生的答辩无懈可击，非常满意。就连后来获得诺贝尔物理学奖的汉斯·贝特在接触了冯·诺依曼后也惊叹于他的聪明才智。

图 2-19　计算机之父冯·诺依曼

---

① 引用自《天才的拓荒者》《冯·卡门传》。

后来冯·诺依曼到了美国,在天才云集的普林斯顿高等研究院工作。冯·诺依曼爱阔绰,出门多是头等舱,甚至一年换一辆凯迪拉克。顺便说一下,这个能解出艰深数学方程的天才,却考不下来驾照,他的驾照是通过贿赂考官得来的[16]。第二次世界大战期间,冯·诺依曼参加了曼哈顿计划,在研究原子弹的过程中,需要求解大量的方程。冯·诺依曼所在的洛·斯阿拉莫斯实验室为此聘用了一百多名专门做计算的女计算员,她们利用早期的计算工具从早到晚计算,但是发现还是远远不能满足需求。为此,冯·诺依曼想要发明一台能够代替人工的机器。

1946 年,连续工作了几天几夜的冯·诺依曼回到普林斯顿的家中,倒头睡了十几个小时,醒来之后依旧神情恍惚,妻子担心他的状况,问他怎么了,沉吟半晌,冯·诺依曼缓缓说道:"我们造了一头怪兽。"冯·诺依曼口中的"怪兽"就是计算机。如今,我们知道计算机改变了世界,除了上网、办公之外,人类还可以借助它进行繁重的计算,可以将偏微分方程变成代数方程进行求解并将解可视化,由此成就了今天的 CFD。

第3章　计算区域与控制方程的离散化

本章是笔者额外加的一章，尤其 3.1 节和 3.2 节是以往 CFD 相关的图书中少有涉及的内容，希望你看完本章之后能够更好地理解为什么微分方程可以离散化。

3.1　哲学家笛卡儿——CFD 离散和连续

我们今天用 x、y 和 z 来表示未知量的方法，大约是在 17 世纪 40 年代由笛卡儿率先开始使用的[12]。笛卡儿坐标系的建立，把几何和代数联系在了一起，把离散和连续关联在了一起，解析几何就此诞生。有了笛卡儿坐标系，我们就可以直观地引出一系列新曲线，写出它们的方程，对这些曲线方程的研究又延伸出了微分学。历史上，这些工作在数学和物理两门学科中几乎同时展开。数学家莱布尼兹从纯数学的角度，借助解析几何发明了微积分。物理学家牛顿在描述空间、时间、运动和变化的连续性时，借助解析几何发明了微积分。遗憾的是，随着时间的推移，后来的学习者把几何、代数和微积分的关系给淡化了。没有了解清楚微积分的来龙去脉，进而无法理解几何、代数和微积分之间的关系，只好死记硬背。当到了大学高年级，看到 CFD 的数值离散时，无法及时把三者联系起来。所以从本章开始，我们努力把几何、代数和微积分的关系串联起来，这样才能更好地理解 CFD 中离散和连续的概念。

小故事

笛卡儿出生在一个富裕家庭，一岁的时候母亲就去世了，父亲格外疼爱他，对他十分宠溺。后来笛卡儿到了上学的年纪，需要每天早早起床上早课，学校考虑到他体弱多病，特地允许他不参加早课，笛卡儿逐渐养成了晚起的习惯。他每天醒来之后不是躺在床上看书就是发呆。相传笛卡儿坐标系（见图 3-1）的发明就是有一天早上他躺在床上观看一只趴在天花板上的蜘蛛而突发的灵感。

有大把空闲时间的笛卡儿看了很多书，成年后又周游列国，增长了很多见识，成了著名的哲学家。

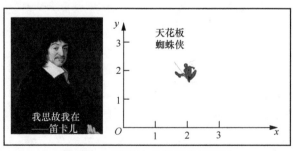

图 3-1　二维笛卡儿坐标系示意图

在笛卡儿之前，虽然数学上已经有了整数和分数之别，但却没有连续的概念。虽然人们常规概念中的数是离散的，非连续的，但人们已经可以做不同数之间的代数方程运算了。什么是代数方程呢？我们可以理解为"置有限项之和为零所得的方程，其中每一项是变量的正整数次幂（包括零次幂）之积"。

这个定义理解起来稍显复杂，下面举例说明。比如，下面的代数方程（代数英文是 algebra，用字母代替数，所以叫代数方程）：

$$\begin{cases} x+y-3=0 \\ x+2y-4=0 \end{cases}$$

每一个式子都只有 3 项（有限项），等号右边都为零（置有限项之和为零）；x 和 y 的次幂都是 1，正整数 3 和 4，可以认为是乘以 x 或 y 的零次幂得到的项 [每一项是变量的正整数次幂（包括零次幂）之积]。

通过示例，相信大家已经明白什么是代数方程了。

利用初中数学知识，可以解出上式得

$$\begin{cases} x=2 \\ y=1 \end{cases}$$

x 和 y 共同确定了平面上的一个点，即把代数和几何联系起来了。

笛卡儿坐标系建立之后，数学的研究从离散延伸到了连续，把两个数之间的"空隙"（比如数字 1 和 2 之间，还可以有无限的数字，比如 1.414……）填补了。

$y=x$ 的线性关系如图 3-2 所示，这条线的横坐标 x 取值从 1 到 2 的变化是连续的，即 x 可以取 1 和 2 之间的任意值（不仅仅是整数和分数，还可以是无限小数），同时有一个对应的 y 值。

再举一个例子来理解离散和连续。什么是离散？拿人数来举例，我们只能说 1 个人、2 个人，而不能说 1.5 个人。什么是连续？一个孩子刚出生的时候假如身高只有 0.5m，他长大成人之后，身高为 1.75m，如果忽略组成身体的细胞间的空隙，那么从 0.5 到 1.75 的任何数，他的身体都经历过，即使他没有察觉到他每时每刻都在成长。物理学界四大"神兽"之一的芝诺的乌龟，以及飞矢不动理论，就是在讲述空间和时间是连续的。<u>CFD 中认为空间和时间是连续的，连续是可求导的必要条件</u>，这也是在为后文要讲的偏微分方程离散化做铺垫。笛卡

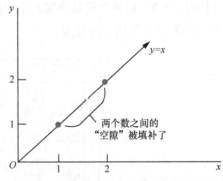

图 3-2　二维笛卡儿坐标系从离散到连续

儿坐标系的发明，为牛顿发明微积分做好了铺垫。任何伟大的科学发现，都不是无源之水。

3.2　代数和微分之间的切换

3.2.1　一阶导数和代数的切换

前文提到，笛卡儿坐标系的建立，把几何和代数、离散和连续关联在了一起，进而促成了微分学的发明。用中学时代学过的知识来理解这句话，如图 3-3 所示，$y=x$ 这条直线的导

数表达式为 $\dfrac{\mathrm{d}y}{\mathrm{d}x}=\dfrac{y_2-y_1}{x_2-x_1}$，这个表达式完美诠释了微分和代数之间的关系。

因为数学知识告诉我们"可导必然连续"，所以等号左边导数 $\dfrac{\mathrm{d}y}{\mathrm{d}x}$ 是连续的，如图 3-3 所示，等号右边是两个离散点（x_1,y_1）和点（x_2,y_2）之间的代数运算。当忽略高阶项时，中间的等号"="把微分和代数联系了起来，即微分可以用代数来表示。这也为 CFD 中把微分方程转换成代数方程做好了铺垫。

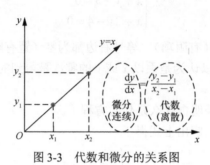

图 3-3　代数和微分的关系图

3.2.2　二阶导数和代数的切换

有的同学可能会质疑，一阶导数可以表示成两个离散点的代数形式。那么二阶导数也可以吗？应该怎么表示呢？

如图 3-4 所示，以 $y=x^3$ 举例。求 $y=x^3$ 在 $x=1$ 处的二阶导数。根据求导公式，$\left(\dfrac{\mathrm{d}^2 y}{\mathrm{d}x^2}\right)_{x=1}=\left(6x\right)_{x=1}=6$。这采用的是高等数学中的微分方法。下面再演示一下使用代数方法来近似得到 $y=x^3$ 在 $x=1$ 处的二阶导数。

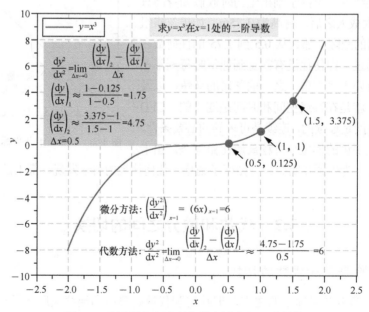

图 3-4　使用微分方法和代数方法求解二阶导数

我们知道二阶导数的定义式为：

$$\frac{\mathrm{d}^2 y}{\mathrm{d}x^2} = \lim_{\Delta x \to 0} \frac{\left(\dfrac{\mathrm{d}y}{\mathrm{d}x}\right)_2 - \left(\dfrac{\mathrm{d}y}{\mathrm{d}x}\right)_1}{\Delta x} \qquad (3\text{-}1)$$

与此同时，经过上面的一阶导数演示，我们知道两个一阶导数可以近似表示为

$$\left(\frac{\mathrm{d}y}{\mathrm{d}x}\right)_1 = \lim_{\Delta x \to 0} \frac{(y)_2 - (y)_1}{x_2 - x_1} \approx \frac{1 - 0.125}{1 - 0.5} = 1.75$$

$$\left(\frac{\mathrm{d}y}{\mathrm{d}x}\right)_2 = \lim_{\Delta x \to 0} \frac{(y)_3 - (y)_2}{x_3 - x_2} \approx \frac{3.375 - 1}{1.5 - 1} = 4.75$$

$$\Delta x = 0.5$$

于是可得用代数形式表示的二阶导数：

$$\frac{\mathrm{d}^2 y}{\mathrm{d}x^2} = \lim_{\Delta x \to 0} \frac{\left(\dfrac{\mathrm{d}y}{\mathrm{d}x}\right)_2 - \left(\dfrac{\mathrm{d}y}{\mathrm{d}x}\right)_1}{\Delta x} \approx \frac{4.75 - 1.75}{0.5} = 6$$

通过对比可以发现，使用微分方法和代数方法，得到在 $x=1$ 处的二阶导数，二者的结果竟然是相等的。即二阶微分也可以用代数来表示。

需要说明的是，上面举的例子只是一个特例，并不是任意取的 3 个点就可以表示某点处的二阶导数，3 个点的距离需要足够近，且函数的变化不是很剧烈。更多时候，我们得到的仅是一个接近微分解的数值解。

还需要大家记住，用代数来表示微分，当是一阶导数时，至少需要两个点；当是二阶导数时，至少需要 3 个点。

3.3 CFD 的基本求解思想

3.3.1 解析解（精确解、分析解）与数值解（近似解）的概念

解析解是指通过严格的公式推导得出的解，解析解是一个封闭形式的表达式，也叫封闭解，它能够给出未知函数在求解区域内的连续解，如图 3-5（A）所示。

定义可能比较令人费解，下面用中学时期学过的一元二次方程来举例说明，一元二次方程的一般形式为

$$ax^2 + bx + c = 0 \,(a \neq 0)$$

其解析解为

$$x_{1,2} = \frac{-b \pm \sqrt{b^2 - 4ac}}{2a}$$

即我们可以通过一个通式，得到定义域内的任意点的值。

但是，并不是对所有的方程都可以得到解析解。比如，2.4 节得到的控制流体运动的微分方程：

$$\frac{\partial(\rho\phi)}{\partial t} + \operatorname{div}(\rho V \phi) = \operatorname{div}(\Gamma\,\mathbf{grad}\,\phi) + S$$

上式涉及非线性偏微分方程，人类目前的数学知识还无法得到其解析解，但工程上又想要一个解，那该怎么办呢？

人们转换思路发明了将微分方程转化成代数方程的方法。就如同 3.1 节和 3.2 节的内容一样，我们可以将上式中的微分形式转换成代数形式，从而得到代数方程。人类目前已经有足够的数学知识来求解代数方程，通过求解代数方程，可以得到一个近似的数值解，如图 3-5（B）所示，通过观察这个数值解，人类可以一窥流体世界。用一句话概括 **CFD** 的基本求解思想就是把偏微分方程转化成代数方程，通过求解代数方程，得到对应问题的数值解（近似解）。

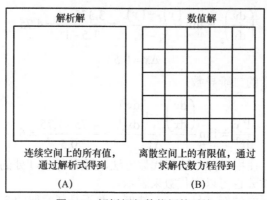

图 3-5　解析解与数值解的对比

将微分方程转化成代数方程涉及微分方程的离散化。而代数方程的求解需要一个个离散点上的值，这又涉及求解域的离散化。

即我们需要两类离散：

（1）求解域的离散化，即 CFD 中的画网格；

（2）微分方程的离散化，即各种数值方法。

本章下面的内容主要是探讨怎么离散化求解域和离散化微分方程，研究怎么把离散后的求解域和代数方程联系起来。

3.3.2　求解域的离散化（画网格）

通过上面的介绍我们已经知道，可以把微分方程转化为代数方程来近似求解。要想求解代数方程，需要知道一个个离散点上的值，所以我们需要对求解区域进行离散化。把连续的求解区域划分成一个个离散的点，这些离散点组成的封闭小单元被称为网格，如图 3-5（B）所示。对求解区域划分网格，目的是获得节点上物理量的数值，并代入代数方程中求解。

以下是一些与网格相关的定义[11, 18, 19]。图 3-6、图 3-7 和图 3-8 所示分别为相关网格术语示意图及一维和二维的有限体积法的网格。

- 单元（cell）：由计算域离散而成的控制体，通常也叫控制容积（control volume）。应用控制方程或守恒定律的最小几何单元，其中心点即 cell center。

- 面（face）：单元的边界。它规定了与各节点相对应的控制容积的分界面位置，通常用虚线表示。

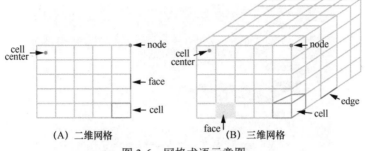

图 3-6 网格术语示意图

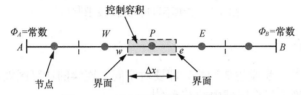

图 3-7 一维问题有限体积法的网格

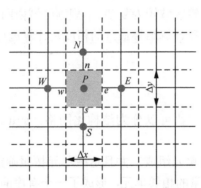

图 3-8 二维问题有限体积法的网格

- 边（edge）：面的边界。连接相邻两个节点而形成的曲线簇，通常用实线表示。
- 节点（node）：边相交的网格节点。在二维网格情况下，边（edge）退化成节点（node）。节点是控制容积的核心，它存储了控制容积上的物理量。

对求解区域进行离散化的目的并不是单纯地想要得到一个"围棋盘"，而是想要得到节点或分界面上某个物理量（如速度、温度、压力、通量）的值。有了对应节点和对应分界面上的值，计算机就可以把每一个节点和分界面上物理量的值进行存储，并代入代数方程中进行迭代求解。然后把求解的结果以色彩的形式插值显示出来，就形成了我们最终看到的 CFD 彩图。通过 CFD，我们可以获得物理场中任意位置的信息（网格节点触及不到的地方就用插值），进而帮助我们对物理现象及其背后的原理进行详细、深入的探究。

大家随便用计算机打开一张彩色图片（见图 3-9），如果把图像放大，就会发现图像是由很多小的四边形颜色块组成的，这些颜色块就是像素。一幅图像是由很多像素排列而成的。每一个像素的颜色是由数据来决定的。在 CFD 中，我们把每个网格根据其存储数值的大小上色，数值大的用暖色，数值小的用冷色，最后就变成了五彩斑斓的云图。

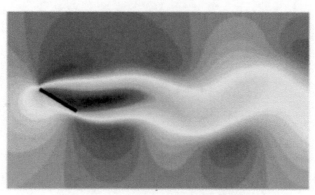

图 3-9　二维不可压缩流场云图[20]

3.3.3　网格简介

CFD 计算分析的第一步是生成网格,即要对空间上连续的计算区域进行划分,把它划分成许多个子区域,并确定每个区域中的节点[21]。

网格的质量会影响 CFD 计算的精度和速度,因此有必要对网格生成方式给予足够的关注。

实际工程计算中大多数计算区域较为复杂,不规则区域内网格的生成是 CFD 中一个十分重要的研究领域。实际上,CFD 计算结果最终的精度及计算过程的效率主要取决于所生成的网格与所采用的算法[22]。

3.3.3.1　网格类型

CFD 计算中采用的网格大致可以分为结构化网格(structured grid)和非结构化网格(unstructured grid)两大类。

结构化网格由规则的几何单元组成,并且这些单元按照确定的方式被排列。除了边缘的单元格,每个单元都有固定数量的相邻单元,形成了一个有序的网格结构。在结构化网格中,单元之间的关系可以通过简单的公式或算法进行计算和推导。常见的结构化网格包括矩形网格和立方体网格。

非结构化网格由不规则的几何单元组成,并且这些单元的形状、大小和相邻关系没有固定的规律。每个单元可以与任意数量的相邻单元连接,形成了一个无序的网格结构。由于其灵活性,非结构化网格可以更好地适应复杂的几何形状和边界条件。常见的非结构化网格包括三角形网格和四面体网格。

对于图 3-10(A)所示的结构化网格,每个正方形表示结构化网格中的一个单元,相邻单元之间具有固定的规律关系。

对于图 3-10(B)所示的非结构化网格,每个三角形表示非结构化网格中的一个单元,单元的形状、大小和相邻关系没有固定的规律。

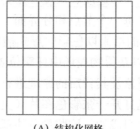

(A) 结构化网格　　　　(B) 非结构化网格

图 3-10　网格类型

3.3.3.2 网格的生成过程

无论是结构化网格还是非结构化网格，都需要按下列过程生成[3]。

（1）建立几何模型。

几何模型是网格和边界的载体。对于二维问题，几何模型是二维平面；对于三维问题，几何模型是三维实体。

（2）划分网格。

在所生成的几何模型上应用特定的网格类型、网格单元和网格密度对面或体进行划分，获得网格。

（3）指定边界区域。

为模型的每个区域指定名称和类型，为后续指定模型的物理属性边界条件和初始条件做好准备。

3.4 常用微分方程转变成代数方程的方法

数学上将微分方程转变成代数方程的方法有很多，其中较常用的有：

（1）有限差分法（Finite Difference Method，FDM）；

（2）有限体积法（Finite Volume Method，FVM）；

（3）有限元法（Finite Element Method，FEM）（固体力学中应用较多。发明者之一有我国的冯康（参见图 3-11），关于冯康的事迹可查阅文献[23]。

还有很多其他方法，如边界元法、有限分析法①等，但目前 CFD 中用得较多的是有限体积法，因此有限体积法是本书的重点。同时，因为很多传热问题还在使用有限差分法，有限差分法能够更好地从数学角度观察数值误差，所以第 4 章还会简单介绍一下有限差分法。

从左至右：大哥冯焕博士、冯康院士、小弟冯端院士、大姐冯慧教授、姐夫叶笃正院士

图 3-11 冯康及其家人[23]

---

① 有限分析法是在有限元法的基础上进行了改进，该方法于 20 世纪 70 年代提出。

第4章　初识有限差分法和有限体积法

有限差分法和有限体积法都是常用的数值方法，用于求解偏微分方程的数值解。有限差分法是一种基于点值的数值方法，该方法将求解区域进行网格划分，利用函数在网格点上的近似值来代替实际的微分算子。通过将偏微分方程中的偏导数用差分近似，可以得到一系列代数方程，从而求解原本的偏微分方程。有限体积法是一种基于区域平均值的数值方法，将求解区域划分为许多小的控制容积，通过对每个控制容积进行质量和动量守恒的积分，得到离散方程。在有限体积法中，相邻的控制容积之间的通量通过插值和外推方法来估计，在边界处使用边界条件进行处理。对偏微分方程以差分形式离散化称为有限差分方法，而以积分形式离散化称为有限体积方法。

4.1　有限差分法

有限差分法基于微分的定义，通过将连续问题离散化为一系列差分方程，从而将其转化为一个代数问题。

有限差分法是一种简单而有效的数值方法，常用于求解各种偏微分方程，如热传导方程、波动方程、扩散方程等。它的优点是易于理解和实现，适用于求解各种问题和不同空间维度。

下面是有限差分法的基本步骤和原理。

（1）网格划分：首先，通过在求解区域划分出离散的网格点，形成一种离散的网格结构。在一维情况下，通常是在 x 轴上均匀分布网格点，而在二维或三维情况下，可以是二维或三维的网格结构。

（2）离散化：对于偏微分方程中的每个偏导数项，使用差分来近似替代它们。最常用的差分近似方法是中心差分法，其中偏导数项通过前后两个网格点的函数值之差来近似表示。

（3）差分方程：将离散化后的偏导数项代入原始的偏微分方程，得到一系列差分方程，其中每个网格点上的函数值与其相邻网格点的函数值之间存在关联。

（4）边界条件：针对偏微分方程的边界条件，将其转换为网格边界上的边界条件，确保数值解在边界处满足原始问题的要求。

（5）求解代数方程组：通过求解得到的差分方程，即代数方程组，可以得到网格点上的函数值的数值解。常用的求解方法包括迭代法（如雅可比法、高斯-赛德尔法）和直接法（如 LU 分解、高斯消元法）。

（6）后处理：通过数值解可以进行后处理操作，如可视化、数据分析，以及进一步解释模拟结果。

有限差分法在传热及流体问题中都有应用，但目前主要用于传热问题。本章内容主要参考陶文铨老师的《传热学》[24]第 4 章及安德森的《计算流体力学基础及其应用》[1]第 4 章。

4.1.1 有限差分法基础

本节将用泰勒展开推导出偏导数的有限差分的一般形式。例如，对于图 4-1 所示的网格坐标，我们可以用 $u_{i,j}$ 表示速度的 x 轴分量在 (i,j) 点的值，则 $(i+1,j)$ 点的速度分量 $u_{i+1,j}$ 可用 (i,j) 点的泰勒展开表示为

$$u_{i+1,j} = u_{i,j} + \left(\frac{\partial u}{\partial x}\right)_{i,j} \Delta x + \left(\frac{\partial^2 u}{\partial x^2}\right)_{i,j} \frac{(\Delta x)^2}{2!} + \left(\frac{\partial^3 u}{\partial x^3}\right)_{i,j} \frac{(\Delta x)^3}{3!} + \cdots \qquad (4\text{-}1)$$

将式（4-1）整理一下，有

$$\left(\frac{\partial u}{\partial x}\right)_{i,j} = \underbrace{\frac{u_{i+1,j} - u_{i,j}}{\Delta x}}_{\text{差分表达式}} \underbrace{- \left(\frac{\partial^2 u}{\partial x^2}\right)_{i,j} \frac{\Delta x}{2!} - \left(\frac{\partial^3 u}{\partial x^3}\right)_{i,j} \frac{(\Delta x)^2}{3!} + \cdots}_{\text{截断误差}} \qquad (4\text{-}2)$$

式（4-2）左边是偏导数在 (i,j) 点的准确值，右边第一项 $\dfrac{u_{i+1,j} - u_{i,j}}{\Delta x}$ 是偏导数的有限差分表达式，右边其余的项构成了截断误差。

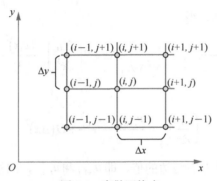

图 4-1 离散网格点

如果忽略截断误差，则式（4-2）变为

$$\left(\frac{\partial u}{\partial x}\right)_{i,j} \approx \frac{u_{i+1,j} - u_{i,j}}{\Delta x} \qquad (4\text{-}3)$$

式（4-2）的截断误差的最低阶项是 Δx 的一次方项，所以称有限差分表达式（4-3）具有一阶精度。我们可以把式（4-2）写成

$$\left(\frac{\partial u}{\partial x}\right)_{i,j} = \frac{u_{i+1,j} - u_{i,j}}{\Delta x} + O(\Delta x) \qquad (4\text{-}4)$$

$O(\Delta x)$ 是表示"与 Δx 同阶的项"的一种记法，表示截断误差的量级。

结合图 4-1，注意到式（4-4）中的有限差分表达式只用到点 (i,j) 右边的信息，也就是说，除了 $u_{i,j}$ 之外还用到了 $u_{i+1,j}$，而并没有用到点 (i,j) 左边的信息。这样的有限差分称为向前差分。所以，$\left(\dfrac{\partial u}{\partial x}\right)_{i,j}$ 的一阶精度差分表达式（4-4）被称为一阶向前差分。

同理，用 $u_{i,j}$ 来表示 $u_{i-1,j}$，可得

$$u_{i-1,j} = u_{i,j} - \left(\frac{\partial u}{\partial x}\right)_{i,j} \Delta x + \left(\frac{\partial^2 u}{\partial x^2}\right)_{i,j} \frac{(\Delta x)^2}{2!} - \left(\frac{\partial^3 u}{\partial x^3}\right)_{i,j} \frac{(\Delta x)^3}{3!} + \cdots \qquad (4\text{-}5)$$

与式（4-1）对比可知，两者的区别在于式（4-5）的奇数阶的系数为负。和向前差分一样，求解 $\left(\dfrac{\partial u}{\partial x}\right)_{i,j}$，可得

$$\left(\frac{\partial u}{\partial x}\right)_{i,j} = \frac{u_{i,j} - u_{i-1,j}}{\Delta x} + O(\Delta x) \qquad (4\text{-}6)$$

如图 4-1 所示，注意到式（4-6）中的有限差分表达式只用到点 (i,j) 左边的信息。也就是说，除了 $u_{i,j}$ 之外还用到了 $u_{i-1,j}$，并没有用到点 (i,j) 右边的信息。这样的有限差分称为向后差分。所以，$\left(\dfrac{\partial u}{\partial x}\right)_{i,j}$ 的一阶精度差分表达式（4-6）就被称为一阶向后差分。

向前差分和向后差分都是一阶精度的，这对很多 CFD 应用而言是不够的，有时候需要构造二阶精度的有限差分。

用式（4-1）减去式（4-5）得

$$u_{i+1,j} - u_{i-1,j} = 2\left(\frac{\partial u}{\partial x}\right)_{i,j} \Delta x + 2\left(\frac{\partial^3 u}{\partial x^3}\right)_{i,j} \frac{(\Delta x)^3}{3!} + \cdots \qquad (4\text{-}7)$$

整理式（4-7），得

$$\left(\frac{\partial u}{\partial x}\right)_{i,j} = \frac{u_{i+1,j} - u_{i-1,j}}{2\Delta x} + O(\Delta x)^2 \qquad (4\text{-}8)$$

式（4-8）用到了点 (i,j) 左右两边的值，即 $u_{i+1,j}$ 和 $u_{i-1,j}$，网格点 (i,j) 落在它们中间。同时，式（4-8）中截断误差的最低阶项是 $(\Delta x)^2$，具有二阶精度，所以式（4-8）中的有限差分称为二阶中心差分。

同理可写出 y 轴方向的向前差分、向后差分和中心差分。

$$\left(\frac{\partial u}{\partial y}\right)_{i,j} = \begin{cases} \dfrac{u_{i,j+1} - u_{i,j}}{\Delta y} + O(\Delta y) & \text{向前差分} \\[3mm] \dfrac{u_{i,j} - u_{i,j-1}}{\Delta y} + O(\Delta y) & \text{向后差分} \\[3mm] \dfrac{u_{i,j+1} - u_{i,j-1}}{2\Delta y} + O(\Delta y)^2 & \text{中心差分} \end{cases} \qquad (4\text{-}9)$$

式（4-4）、式（4-6）、式（4-8）及式（4-9）都是一阶偏导数的有限差分。控制方程更多时候会涉及二阶偏导数，所以我们还要推导出适用于二阶偏导数的有限差分。

我们用式（4-1）和式（4-5）相加得

$$u_{i+1,j} + u_{i-1,j} = 2u_{i,j} + \left(\frac{\partial^2 u}{\partial x^2}\right)_{i,j} (\Delta x)^2 + \left(\frac{\partial^4 u}{\partial x^4}\right)_{i,j} \frac{(\Delta x)^4}{12} + \cdots \qquad (4\text{-}10)$$

整理式（4-10），得

$$\left(\frac{\partial^2 u}{\partial x^2}\right)_{i,j} = \frac{u_{i+1,j} - 2u_{i,j} + u_{i-1,j}}{(\Delta x)^2} + O(\Delta x)^2 \approx \frac{u_{i+1,j} - 2u_{i,j} + u_{i-1,j}}{(\Delta x)^2} \tag{4-11}$$

式（4-11）右边第一项是二阶导数 $\left(\dfrac{\partial^2 u}{\partial x^2}\right)_{i,j}$ 在网格点 (i,j) 处的值的中心差分。根据余下项的量级 $O(\Delta x)^2$，我们知道中心差分具有二阶精度。

同理，对于 y 轴方向的二阶偏导数，很容易得到类似的表达式：

$$\left(\frac{\partial^2 u}{\partial y^2}\right)_{i,j} = \frac{u_{i,j+1} - 2u_{i,j} + u_{i,j-1}}{(\Delta y)^2} + O(\Delta y)^2 \approx \frac{u_{i,j+1} - 2u_{i,j} + u_{i,j-1}}{(\Delta y)^2} \tag{4-12}$$

式（4-11）和式（4-12）是二阶偏导数的二阶精度中心差分。

对 $\dfrac{\partial^2 u}{\partial x \partial y}$ 这样的二阶混合偏导数，可以用下述方法得到相应的有限差分。将式（4-1）对 y 求偏导，有

$$\left(\frac{\partial u}{\partial y}\right)_{i+1,j} = \left(\frac{\partial u}{\partial y}\right)_{i,j} + \left(\frac{\partial^2 u}{\partial x \partial y}\right)_{i,j} \Delta x + \left(\frac{\partial^3 u}{\partial x^2 \partial y}\right)_{i,j} \frac{(\Delta x)^2}{2!}$$
$$+ \left(\frac{\partial^4 u}{\partial x^3 \partial y}\right)_{i,j} \frac{(\Delta x)^3}{3!} + \cdots \tag{4-13}$$

将式（4-5）对 y 求偏导，有

$$\left(\frac{\partial u}{\partial y}\right)_{i-1,j} = \left(\frac{\partial u}{\partial y}\right)_{i,j} - \left(\frac{\partial^2 u}{\partial x \partial y}\right)_{i,j} \Delta x + \left(\frac{\partial^3 u}{\partial x^2 \partial y}\right)_{i,j} \frac{(\Delta x)^2}{2!}$$
$$- \left(\frac{\partial^4 u}{\partial x^3 \partial y}\right)_{i,j} \frac{(\Delta x)^3}{3!} + \cdots \tag{4-14}$$

用式（4-13）减去式（4-14），得

$$\left(\frac{\partial u}{\partial y}\right)_{i+1,j} - \left(\frac{\partial u}{\partial y}\right)_{i-1,j} = 2\left(\frac{\partial^2 u}{\partial x \partial y}\right)_{i,j} \Delta x + \left(\frac{\partial^4 u}{\partial x^3 \partial y}\right)_{i,j} \frac{(\Delta x)^3}{3} + \cdots \tag{4-15}$$

因为我们正在推导混合偏导数 $\left(\dfrac{\partial^2 u}{\partial x \partial y}\right)_{i,j}$ 的有限差分表达式，所以要从中解出 $\left(\dfrac{\partial^2 u}{\partial x \partial y}\right)_{i,j}$，得

$$\left(\frac{\partial^2 u}{\partial x \partial y}\right)_{i,j} = \frac{\left(\dfrac{\partial u}{\partial y}\right)_{i+1,j} - \left(\dfrac{\partial u}{\partial y}\right)_{i-1,j}}{2\Delta x} - \left(\frac{\partial^4 u}{\partial x^3 \partial y}\right)_{i,j} \frac{(\Delta x)^2}{6} + \cdots \tag{4-16}$$

式（4-16）右边第一项中含有 $\dfrac{\partial u}{\partial y}$，它既要在网格点 $(i+1,j)$ 处求值，又要在网格点 $(i-1,j)$ 处求值，所以让我们回到网格图 4-1。从图中可以看出，在这两个网格点处的 $\dfrac{\partial u}{\partial y}$ 也可以用形如式（4-9）的二阶中心差分来代替，但是分别要用以网格点 $(i+1,j)$ 为中心和以网格点 $(i-1,j)$ 为中心的 y 轴方向网格点来构造。具体地讲，就是先用

$$\left(\frac{\partial u}{\partial y}\right)_{i+1,j} = \frac{u_{i+1,j+1} - u_{i+1,j-1}}{2\Delta y} + O(\Delta y)^2 \tag{4-17}$$

再用

$$\left(\frac{\partial u}{\partial y}\right)_{i-1,j} = \frac{u_{i-1,j+1} - u_{i-1,j-1}}{2\Delta y} + O(\Delta y)^2 \tag{4-18}$$

这样一来，式（4-16）就变成了

$$\left(\frac{\partial^2 u}{\partial x \partial y}\right)_{i,j} = \frac{u_{i+1,j+1} - u_{i+1,j-1} - u_{i-1,j+1} + u_{i-1,j-1}}{4\Delta x \Delta y} + O\left[(\Delta x)^2,(\Delta y)^2\right] \tag{4-19}$$

式（4-19）的截断误差既包括式（4-16）中忽略的最低阶项 $O(\Delta x)^2$，也包括式（4-9）中 y 轴方向中心差分的截断误差 $O(\Delta y)^2$。所以，式（4-19）的截断误差应该是 $O\left[(\Delta x)^2,(\Delta y)^2\right]$。式（4-19）给出了混合偏导数 $\left(\dfrac{\partial^2 u}{\partial x \partial y}\right)_{i,j}$ 的二阶精度中心差分。

下面来练习一下怎样直接根据微分方程写出代数差分方程。

由传热学知识可知，对常物性、无内热源的二维稳态导热，其导热微分方程为

$$\frac{\partial^2 T}{\partial x^2} + \frac{\partial^2 T}{\partial y^2} = 0$$

参照公式（4-11）和（4-12）可以得出

$$\frac{\partial^2 T}{\partial x^2} = \frac{T_{i+1,j} - 2T_{i,j} + T_{i-1,j}}{(\Delta x)^2}$$

$$\frac{\partial^2 T}{\partial y^2} = \frac{T_{i,j+1} - 2T_{i,j} + T_{i,j-1}}{(\Delta y)^2}$$

所以对应的差分方程为

$$\frac{T_{i+1,j} - 2T_{i,j} + T_{i-1,j}}{(\Delta x)^2} + \frac{T_{i,j+1} - 2T_{i,j} + T_{i,j-1}}{(\Delta y)^2} = 0$$

4.1.2 差分方程

对一个给定的偏微分方程，如果将其中所有的偏导数都用有限差分来代替，所得到的代数方程叫作差分方程，它是偏微分方程的代数表示。CFD 中有限差分方法的基础，就是用 4.1.1

节导出的（或其他类似的）差分代替流动控制方程里的偏导数，得到关于未知函数在每一网格点处值的差分代数方程组[1]。这一节我们将考察差分方程的某些基本性质。简单起见，我们选择非稳态一维导热微分方程来进行考察，其控制微分方程为

$$\frac{\partial T}{\partial t} = a \frac{\partial^2 T}{\partial x^2} \tag{4-20}$$

整理得

$$\frac{\partial T}{\partial t} - a \frac{\partial^2 T}{\partial x^2} = 0 \tag{4-21}$$

现在让我们用有限差分来代替方程（4-21）中的偏导数。方程中有两个自变量——x 和 t。考虑图 4-2 所示的网格，其中，i 是 x 轴方向的标号，n 是 t 轴方向的标号。

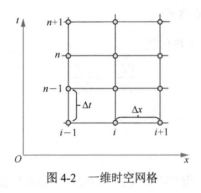

图 4-2　一维时空网格

如果用向前差分式表示时间偏导数，则有

$$\left(\frac{\partial T}{\partial t}\right)_i^n = \frac{T_i^{n+1} - T_i^n}{\Delta t} - \left(\frac{\partial^2 T}{\partial t^2}\right)_i^n \frac{\Delta t}{2} + \cdots \tag{4-22}$$

式中的截断误差与式（4-2）给出的截断误差是一样的。再按中心差分式（4-11）那样代替方程中的 x 轴方向二阶偏导数，有

$$\left(\frac{\partial^2 T}{\partial x^2}\right)_i^n = \frac{T_{i+1}^n - 2T_i^n + T_{i-1}^n}{(\Delta x)^2} - \left(\frac{\partial^4 T}{\partial x^4}\right)_i^n \frac{(\Delta x)^2}{12} + \cdots \tag{4-23}$$

式（4-23）中的截断误差与式（4-10）给出的截断误差是一样的。
将式（4-22）和式（4-23）代入式（4-21），有

$$\overbrace{\frac{\partial T}{\partial t} - a \frac{\partial^2 T}{\partial x^2}}^{\text{偏微分方程}}$$

$$= \underbrace{\frac{T_i^{n+1} - T_i^n}{\Delta t} - a \frac{\left(T_{i+1}^n - 2T_i^n + T_{i-1}^n\right)}{(\Delta x)^2}}_{\text{差分方程}} + \underbrace{\left[-\left(\frac{\partial^2 T}{\partial t^2}\right)_i^n \frac{\Delta t}{2} + a \left(\frac{\partial^4 T}{\partial x^4}\right)_i^n \frac{(\Delta x)^2}{12} + \cdots\right]}_{\text{截断误差}} = 0 \tag{4-24}$$

式（4-24）的第一个等号左边就是原来的偏微分方程，第一个等号右边前两项是原偏微分方程的差分表示，方括号里的项是其截断误差。忽略截断误差，式（4-24）变为

$$\frac{\partial T}{\partial t} - a\frac{\partial^2 T}{\partial x^2} = \frac{T_i^{n+1} - T_i^n}{\Delta t} - a\frac{\left(T_{i+1}^n - 2T_i^n + T_{i-1}^n\right)}{\left(\Delta x\right)^2} = 0 \qquad （4\text{-}25）$$

即

$$\frac{T_i^{n+1} - T_i^n}{\Delta t} = a\frac{\left(T_{i+1}^n - 2T_i^n + T_{i-1}^n\right)}{\left(\Delta x\right)^2} \qquad （4\text{-}26）$$

式（4-26）就是用来表示原微分方程的差分方程。注意这个差分方程的截断误差是 $O\left[\Delta t,\left(\Delta x\right)^2\right]$。

4.1.3　显式格式与隐式格式

这里依旧考虑非稳态一维导热问题：

$$\frac{\partial T}{\partial t} = a\frac{\partial^2 T}{\partial x^2} \qquad （4\text{-}27）$$

上式为抛物型偏微分方程。

4.1.3.1　显式格式

我们用向前差分表示 $\dfrac{\partial T}{\partial t}$，用二阶导数的二阶精度中心差分表示 $\dfrac{\partial^2 T}{\partial x^2}$，则式（4-27）可写成

$$\frac{T_i^{n+1} - T_i^n}{\Delta t} = a\frac{\left(T_{i+1}^n - 2T_i^n + T_{i-1}^n\right)}{\left(\Delta x\right)^2} \qquad （4\text{-}28）$$

整理得

$$T_i^{n+1} = T_i^n + a\frac{\Delta t}{\left(\Delta x\right)^2}\left(T_{i+1}^n - 2T_i^n + T_{i-1}^n\right) \qquad （4\text{-}29）$$

令 $Fo_\Delta = a\dfrac{\Delta t}{\left(\Delta x\right)^2}$，$Fo_\Delta$ 称为网格傅里叶数，则式（4-29）变为

$$T_i^{n+1} = Fo_\Delta\left(T_{i+1}^n + T_{i-1}^n\right) + \left(1 - 2Fo_\Delta\right)T_i^n \qquad （4\text{-}30）$$

式（4-30）称为显式格式，即任意一个内部节点在某一时刻的节点温度，都可以由该节点及其相邻节点在前一时刻的节点温度直接求出，不必联立求解方程组。这样，由初始条件开始计算，就可以依次得到任意时刻的温度分布[25]。

代数方程组求解的稳定性要求所有节点温度的系数应为正数。对式（4-30）则有

$$\left(1 - 2Fo_\Delta\right) \gg 0 \qquad （4\text{-}31）$$

因此，有

$$Fo_\Delta \ll \frac{1}{2} \qquad （4\text{-}32）$$

式（4-31）和式（4-32）是显式差分格式的稳定性条件。又由 $Fo_\Delta = a\dfrac{\Delta t}{(\Delta x)^2}$ 可知，当采用显式格式计算时，如果希望采用较小的空间步长以取得更为精确的结果，则时间步长将非常小，这将使计算时间变得很长。因此，一般不推荐用显式格式。

4.1.3.2　隐式格式

我们用向后差分表示 $\dfrac{\partial T}{\partial t}$，用二阶导数的二阶精度中心差分表示 $\dfrac{\partial^2 T}{\partial x^2}$，有

$$\frac{\partial T}{\partial t} = \frac{T_i^n - T_i^{n-1}}{\Delta t}$$

$$\frac{\partial^2 T}{\partial x^2} = \frac{\left(T_{i+1}^n - 2T_i^n + T_{i-1}^n\right)}{(\Delta x)^2}$$

则式（4-27）变为

$$\frac{T_i^n - T_i^{n-1}}{\Delta t} = a\frac{\left(T_{i+1}^n - 2T_i^n + T_{i-1}^n\right)}{(\Delta x)^2} \tag{4-33}$$

整理得

$$T_i^n = T_i^{n-1} + a\frac{\Delta t\left(T_{i+1}^n - 2T_i^n + T_{i-1}^n\right)}{(\Delta x)^2} \tag{4-34}$$

再次整理得

$$\left(1 + 2\frac{a\Delta t}{(\Delta x)^2}\right)T_i^n = \frac{a\Delta t}{(\Delta x)^2}\left(T_{i+1}^n + T_{i-1}^n\right) + T_i^{n-1} \tag{4-35}$$

式（4-35）被称为隐式格式，即任意一个内部节点在某一时刻的温度，要由两个相邻节点在该时刻的温度（未知）和该节点上一时刻的温度（已知）计算得到。因此，不能直接由式（4-35）计算出该节点在当前时刻的温度，而必须由所有节点在当前时刻的温度差分方程组联立求解才行。式（4-35）中所有节点温度的系数都为正，因此它是无条件稳定的[25]。

与显式格式相比，隐式格式是复杂的。但我们往往采用隐式方法，因为对于显式格式，一旦 Δx 取定，那么 Δt 就不是独立的、不是可以任意取值的了，而要受到稳定性条件的限制，其取值必须小于或等于某个值。如果 Δt 的取值超过了稳定性条件的限制，时间推进的过程很快就会变成不稳定的，计算程序也会因为数字趋于无穷大或对负数开平方等中止运行。在许多情况下，Δt 必须取得很小，才能保持稳定性。要按推进算法计算到时间变量的给定值，程序就需要很长的运行时间。相反，隐式格式没有这种稳定性限制。对许多隐式格式而言，用比显式格式大得多的 Δt 仍能保持稳定性。事实上，有些隐式格式是无条件稳定的，也就是说，对任何 Δt，无论其值多大，都能得到稳定的结果。于是，要按推进算法将结果计算到时间变量的给定值，隐式格式所用的时间步数比显式格式少得多。

小结

显式格式和隐式格式的主要优缺点总结如下。

- 显式格式

优点：方法的建立及编程相对简单。

缺点：根据前文的例子，对给定的 Δx，Δt 必须满足稳定性条件对它提出的限制，在某些情形下，Δt 必须很小，才能保持稳定性；要将时间推进计算到时间变量的给定值，就需要很长的程序运行时间。

- 隐式格式

优点：用大得多的 Δt 值也能保持稳定性；要将时间推进计算到时间变量的给定值，只需要少得多的时间步数，这将使程序运行时间更短。

缺点：方法的建立和编程更复杂，而且，由于每一时间步的计算通常需要大量的矩阵运算，每一时间步的程序运行的时间要比显式格式长得多；另外，Δt 取较大的值，截断误差就大，隐式格式在跟踪计算严格的瞬态变化（未知函数随时间的变化）时可能不如显式格式精确，然而对于以定常态为最终目标的时间相关算法，时间上够不够精确并不重要[1]。

有限差分法形式简单，对任意复杂的偏微分方程都可以写出其对应的差分方程。但是有限差分方程的获得只是用差商代替微分方程中的微商（导数），而微分方程中各项的物理意义和微分方程所反映的物理定律（如守恒定律）在差分方程中并没有体现。因此具有不同流动或传热特征的实际问题在微分方程中所表现的特点在差分方程中没有得到体现。差分方程只能认为是对微分方程的数值近似，基本上没有反映其物理特征，差分方程的计算结果有可能出现某些不合理现象。

4.2　误差与 CFL 条件

即使是代数解，因为舍入误差及计算机精度等因素，也很难得到分毫不差的数值。而模拟中为了使求解符合物理实际，必须进行一定的限定，这就涉及误差和 CFL 条件，也即 Co 数（库朗数，也可叫作"柯朗数"）。本节主要结合安德森的思想[1]来讲解。

4.2.1　误差

关于数值方法稳定性的问题是由 4.1 节中的显式格式引出来的。如果推进方向上的增量 Δt 超过了某个预先设定的值，显式格式就变成数值不稳定的。从原理上讲，这个最大的可允许值，来自对有限差分形式的控制方程所作的正式稳定性分析。但是，对非线性的欧拉方程或 N-S 方程的有限差分表示，还没有严格的稳定性分析。然而，还是有一些简化的方法，可以用到较为简单的模型方程上，并得到一些合理的指导性结论。对于 CFD 工作者来说，了解稳定性分析的基本知识，以及分析所得到的结论是很重要的。

下面进行的稳定性分析是针对特定差分方程的，其结果也仅限于这一特定方程。但由点到面，我们仍然可以从中学会如何分析其他方程。

稳定性到底是什么？是什么使得一组给定的计算变成不稳定的？这些问题的答案在很大程度上建立在数值误差的基础之上。数值误差是做一组给定的计算时所产生的误差。更准确地说，当计算过程从一个推进步进行到下一步时，数值误差的传播方式才是问题答案的基础。简单来讲，在从一个推进步进行到下一步时，如果某个特定的数值误差被放大了，那么计算就变成不稳定的；如果误差不增长，甚至还在衰减，那么计算通常就是稳定的。所以要考虑稳定性，就要先讨论数值误差。数值误差是什么？有哪些类型？

依旧考虑非稳态一维导热问题：

$$\frac{\partial T}{\partial t} = a \frac{\partial^2 T}{\partial x^2} \tag{4-36}$$

选择显式格式对式（4-36）进行差分，有

$$\frac{T_i^{n+1} - T_i^n}{\Delta t} = a \frac{\left(T_{i+1}^n - 2T_i^n + T_{i-1}^n\right)}{\left(\Delta x\right)^2} \tag{4-37}$$

这个方程的数值解受到以下两种误差的影响。

（1）离散误差，式（4-36）的精确解与相应的差分方程数值解的差。离散误差就是差分方程的截断误差再加上对边界条件进行数值处理时引进的误差。

（2）舍入误差，对数值进行多次重复计算产生的数值误差。因为计算机通常要将数值进行舍入处理。

记：

$$A^{①} = 偏微分方程的精确解$$

$$D^{②} = 差分方程的精确解$$

$$N^{③} = 在某个具有有限精度的计算机上实际计算出来的解$$

则：

$$离散误差 = A - D$$

$$舍入误差 = \varepsilon = N - D$$

由上式，我们可得

$$N = D + \varepsilon \tag{4-38}$$

其中 ε 是舍入误差，为简单起见，本节的讨论中有时就简称其为误差。数值解 N 应该满足差分方程，因为我们在计算机上编程，解的就是差分方程。由于程序所得到的结果已经带有了舍入误差，所以由式（4-37），有

$$\frac{\left(D_i^{n+1} + \varepsilon_i^{n+1}\right) - \left(D_i^n + \varepsilon_i^n\right)}{\Delta t} = a \frac{\left[\left(D_{i+1}^n + \varepsilon_{i+1}^n\right) - 2\left(D_i^n + \varepsilon_i^n\right) + \left(D_{i-1}^n + \varepsilon_{i-1}^n\right)\right]}{\left(\Delta x\right)^2} \tag{4-39}$$

同时，D 是差分方程的精确解，所以它满足差分方程，即

$$\frac{D_i^{n+1} - D_i^n}{\Delta t} = a \frac{D_{i+1}^n - 2D_i^n + D_{i-1}^n}{\left(\Delta x\right)^2} \tag{4-40}$$

式（4-39）减式（4-40），得

---

① A 代表分析解（analytical solution）。

② D 代表差分方程（difference equation）。

③ N 代表数值解（numerical solution）。

$$\frac{\varepsilon_i^{n+1} - \varepsilon_i^n}{\Delta t} = a \frac{\varepsilon_{i+1}^n - 2\varepsilon_i^n + \varepsilon_{i-1}^n}{(\Delta x)^2} \qquad (4\text{-}41)$$

从式（4-41）可以看出，误差 ε 也满足差分方程。

现在考虑差分方程（4-37）的稳定性。假设在求解这个方程的某个阶段，误差 ε_i 已经存在。当求解过程从第 n 步推进到第 $n+1$ 步时，如果 ε_i 减小或不增大，那么求解就是稳定的；反之，如果 ε_i 增大，求解就是不稳定的。也就是说，求解要是稳定的，应该有[1]：

$$\left| \frac{\varepsilon_i^{n+1}}{\varepsilon_i^n} \right| \leqslant 1$$

4.2.2　CFL 条件（库朗数）

CFL 条件在有限差分法和有限体积法中是一个很重要的概念，它可以作为判定求解过程的稳定性和收敛性的条件[26]。

CFL 条件是以 Courant、Friedrichs 和 Lewy 这 3 个人名字的首字母命名的，他们最早是在 1928 年一篇关于偏微分方程的有限差分法的文章中首次提出这个概念，当时并不是用来分析差分格式稳定性的，而是以有限差分法作为分析工具来证明某些偏微分方程的解的存在性。其基本思想是先构造偏微分方程的差分方程得到一个逼近解的序列，只要知道在给定的网格下这个逼近序列收敛，就很容易证明这个收敛解就是原微分方程的解。他们发现，要使这个逼近序列得以收敛，必须满足一个条件，那就是著名的 CFL（Courant-Friedrichs-Lewy）条件。

随着计算机技术的迅猛发展，有限差分法和有限体积法越来越多地被应用于流体力学的数值模拟中，CFL 条件作为一个格式稳定性和收敛性的判断依据，也随之显得愈发重要。但值得注意的是，CFL 条件仅仅是稳定性和收敛性的必要条件，而不是充分条件[26]（要想达到稳定和收敛，还要看网格质量等因素）。

稳定性条件的具体形式取决于差分方程的形式。以另一个简单的双曲型方程为例，看看它的稳定性。考虑一阶波动方程，即

$$\frac{\partial u}{\partial t} + c\frac{\partial u}{\partial x} = 0 \text{（其中 } c \text{ 大于零）} \qquad (4\text{-}42)$$

如果用简单的向前差分代替时间偏导数，有

$$\frac{\partial u}{\partial t} = \frac{u_i^{n+1} - u_i^n}{\Delta t} \qquad (4\text{-}43)$$

再用中心差分代替式中的空间偏导数，有

$$\frac{\partial u}{\partial x} = \frac{u_{i+1}^n - u_{i-1}^n}{2\Delta x} \qquad (4\text{-}44)$$

则可得式（4-42）的差分方程形式为

$$\frac{u_i^{n+1} - u_i^n}{\Delta t} = -c\frac{u_{i+1}^n - u_{i-1}^n}{2\Delta x} \qquad (4\text{-}45)$$

整理一次得

$$u_i^{n+1} = u_i^n - c\Delta t \frac{u_{i+1}^n - u_{i-1}^n}{2\Delta x} \qquad (4\text{-}46)$$

再次整理得

$$u_i^{n+1} = u_i^n - \frac{c\Delta t}{2\Delta x}u_{i+1}^n + \frac{c\Delta t}{2\Delta x}u_{i-1}^n \tag{4-47}$$

式（4-47）是从方程（4-42）所能得到的最简单的差分方程，有时被称为欧拉显式格式。然而，因为 u_{i+1}^n 前的系数 $-\dfrac{c\Delta t}{2\Delta x}$ 总是小于零的，所以该方程的解总是不稳定。如果仍用一阶差分代替时间偏导数，但这次用两个网格点 $i+1$ 和 $i-1$ 上 u 的平均值来代表 u_i^n，即

$$u_i^n = \frac{1}{2}\left(u_{i-1}^n + u_{i+1}^n\right) \tag{4-48}$$

于是有

$$\frac{\partial u}{\partial t} = \frac{u_i^{n+1} - \frac{1}{2}\left(u_{i-1}^n + u_{i+1}^n\right)}{\Delta t} \tag{4-49}$$

将式（4-48）代入式（4-47），有

$$u_i^{n+1} = \frac{1}{2}\left(u_{i-1}^n + u_{i+1}^n\right) - \frac{c\Delta t}{2\Delta x}u_{i+1}^n + \frac{c\Delta t}{2\Delta x}u_{i-1}^n \tag{4-50}$$

整理得

$$u_i^{n+1} = \left(\frac{1}{2} + \frac{c\Delta t}{2\Delta x}\right)u_{i-1}^n + \left(\frac{1}{2} - \frac{c\Delta t}{2\Delta x}\right)u_{i+1}^n \tag{4-51}$$

稳定性要求所有系数均大于或等于零，于是有

$$\left(\frac{1}{2} - \frac{c\Delta t}{2\Delta x}\right) \geqslant 0 \tag{4-52}$$

解得

$$\frac{c\Delta t}{\Delta x} \leqslant 1 \tag{4-53}$$

令

$$Co = \frac{c\Delta t}{\Delta x} \leqslant 1 \tag{4-54}$$

Co（Courant）被称为库朗数（也有称"柯朗数"）。上式表明若要使式（4-42）的解是稳定的，应该有 $Co \leqslant 1$，即 $\Delta t \leqslant \dfrac{\Delta x}{c}$，这就是库朗-弗里德里克斯-卢伊（Courant-Friedrichs-Lewy）条件，一般称为 CFL 条件，这个条件对双曲型方程来说是非常重要的稳定性准则。研究表明，从稳定性考虑，库朗数必须小于或等于 1（$Co \leqslant 1$）；但从精度考虑，Co 尽可能接近 1 才更合适[1]。

4.3　初探有限体积法

4.3.1　高斯定理

1835 年，高斯提出了高斯定理（又称高斯-奥斯特罗夫斯基定理）。下面讲解高斯定理在 CFD 中的应用。图 4-3 所示为高斯的肖像。

由 1.1 节讲的"面积和体积之间可以来回切换"可知，高斯定理通俗地说就是一个体积和面积之间相互切换的公式。

假设在闭区域 $\dot{V}$ 上有稳定流动的、不可压缩的流体（假设流体的密度为 1[①]），其速度场为

$$V(x,y,z) = u(x,y,z)\boldsymbol{i} + v(x,y,z)\boldsymbol{j} + w(x,y,z)\boldsymbol{k}$$

针对速度 V 的高斯定理可以表示成如下形式：

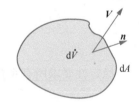

图 4-3　高斯肖像

$$\iiint\limits_{\dot{V}} \mathrm{div}(\boldsymbol{V})\mathrm{d}\dot{V} = \iint\limits_{A} \boldsymbol{n} \cdot \boldsymbol{V}\mathrm{d}A \tag{4-55}$$

有的课本也把多重积分符号写成一个积分符号，下面的表达式（4-56）和式（4-55）在本质上是一样的，两种书写方式读者都要熟悉。

$$\int\limits_{\dot{V}} \mathrm{div}(\boldsymbol{V})\mathrm{d}\dot{V} = \int\limits_{A} \boldsymbol{n} \cdot \boldsymbol{V}\mathrm{d}A \tag{4-56}$$

式中，$\dot{V}$ 表示控制容积体积（为了和速度相区分，在上面加了一点），A 表示控制容积表面积，$\boldsymbol{n}$ 为控制容积表面外法线方向的单位矢量。

如图 4-4 所示，等号右边可解释为速度 V 通过闭曲面流向外侧的通量，即流体在单位时间内离开闭区域 $\dot{V}$ 的质量流量[27]。那么，等号左边的 $\int\limits_{\dot{V}} \mathrm{div}(\boldsymbol{V})\mathrm{d}\dot{V}$ 该怎么理解？

图 4-4　高斯定理示意图

由于我们假定流体是不可压缩且流动是稳定的，因此在流体离开 $\dot{V}$ 的同时，$\dot{V}$ 内部必然有"源头"产生出同样多的流体来补充。由此，式（4-56）等号左边可解释为分布在 $\dot{V}$ 内的源头在单位时间内所产生的流体的质量流量[27]。

以上是物理上的解释，可能有点费解。怎么生动形象地理解高斯定理呢？我们结合图 4-5 来讲解。

现在济南趵突泉的泉池里也在养鱼。假设泉眼里除了可以冒出泉水，还可以源源不断地冒出鱼。我们用渔网罩着泉眼，鱼儿在渔网里四处逃散，撞来撞去，最后能否顺利逃脱，要看它能不能从渔网边缘透过。

图 4-5　趵突泉的鱼和高斯定理

----

① 这里的密度未设置具体的单位，需结合具体的研究对象确定其单位。

$$\int_{\dot V} \mathrm{div}(\boldsymbol V)\mathrm d\dot V = \int_A \boldsymbol n \cdot \boldsymbol V \mathrm d A$$

上式等号左边是从泉眼里冒出的鱼儿，在渔网中四处逃散、撞来撞去；等号右边是从渔网边缘逃脱的"幸运儿"。可以理解成从泉眼里冒出的鱼儿始终等于从渔网边缘逃出的鱼儿。

学完高斯定理，最重要的是知道如何借助它将体积分和面积分来回切换。有限体积法要借助它才能进行下一步。

4.3.2 有限体积法的基本思想

2.4 节已经得到控制流体运动的微分方程如下：

$$\frac{\partial(\rho\phi)}{\partial t} + \mathrm{div}(\rho\boldsymbol V\phi) = \mathrm{div}(\Gamma\,\mathbf{grad}\,\phi) + S \tag{4-57}$$

如果用一句话概括有限体积法，那就是"有限体积法是将守恒型的微分形式控制方程对每个控制容积进行积分，从而在控制容积节点上产生离散的方程"[19]。下面对其做简要说明。

首先，我们已经知道有限体积法中控制容积 $\Delta\dot V$ 由网格节点和周围界面组成[28]（见图 4-6 和图 4-7 中的灰色网格）。

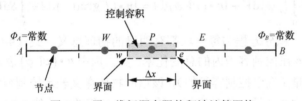

图 4-6 用一维问题有限体积法计算网格

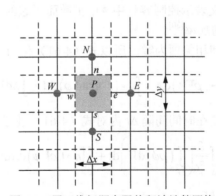

图 4-7 用二维问题有限体积法计算网格

接着，将式（4-57）在控制容积内进行积分，即

$$\int_{\Delta\dot V}\frac{\partial(\rho\phi)}{\partial t}\mathrm d\dot V + \int_{\Delta\dot V}\mathrm{div}(\rho\boldsymbol V\phi)\mathrm d\dot V = \int_{\Delta\dot V}\mathrm{div}(\Gamma\,\mathbf{grad}\,\phi)\mathrm d\dot V + \int_{\Delta\dot V}S\mathrm d\dot V \tag{4-58}$$

然后，利用前文介绍的高斯定理将式（4-58）中等号左边第二项（对流项）和等号右边第一项（扩散项）的体积分转化成控制容积 $\Delta\dot V$ 表面 A 上的面积分[28]。

再回忆一下高斯定理公式：

$$\int_{\Delta\dot V} \mathrm{div}(V)\mathrm{d}\dot V = \int_A \boldsymbol{n} \cdot V\mathrm{d}A \tag{4-59}$$

套用式（4-59），可将式（4-58）写成

$$\int_{\Delta\dot V} \frac{\partial(\rho\phi)}{\partial t}\mathrm{d}\dot V + \int_A \boldsymbol{n}\cdot(\rho V\phi)\mathrm{d}A = \int_A \boldsymbol{n}\cdot(\Gamma\,\mathbf{grad}\,\phi)\mathrm{d}A + \int_{\Delta\dot V} S\mathrm{d}\dot V \tag{4-60}$$

由莱布尼兹法则可知[29]：当积分运算、微分运算的自变量不同时，积分、微分顺序可以互换。

上式等号左边第一项 $\displaystyle\int_{\Delta\dot V}\frac{\partial(\rho\phi)}{\partial t}\mathrm{d}\dot V$，微分运算的自变量是 t，积分运算的自变量是 $\dot V$，二者不同，所以可将积分、微分顺序调换。上式等号左边第一项 $\displaystyle\int_{\Delta\dot V}\frac{\partial(\rho\phi)}{\partial t}\mathrm{d}\dot V$ 可改写成

$$\frac{\partial}{\partial t}\int_{\Delta\dot V}(\rho\phi)\mathrm{d}\dot V$$

于是式（4-60）可化为

$$\frac{\partial}{\partial t}\int_{\Delta\dot V}(\rho\phi)\mathrm{d}\dot V + \int_A \boldsymbol{n}\cdot(\rho V\phi)\mathrm{d}A = \int_A \boldsymbol{n}\cdot(\Gamma\,\mathbf{grad}\,\phi)\mathrm{d}A + \int_{\Delta\dot V} S\mathrm{d}\dot V \tag{4-61}$$

在有限体积法中，积分方程的每一项都有明确的物理意义。式（4-61）中第一项的物理意义是流体的待求量 ϕ 在控制容积内的总变化率；第二项中 $\boldsymbol{n}\cdot(\rho V\phi)$ 表示流体沿控制容积的外法线方向的对流通量（流出控制容积的），该项的物理意义表示控制容积中 ϕ 由对流而引起的净减少量；第三项中 $\boldsymbol{n}\cdot(\Gamma\,\mathbf{grad}\,\phi)$ 表示流体沿控制容积的内法线方向（流进控制容积的）的扩散通量，该项的物理意义表示控制容积中 ϕ 由扩散而引起的净增加量；最后一项表示控制容积中的源项引起的 ϕ 的增加率[30]。

因为对于稳态问题，时间相关项为零，所以式（4-61）化为

$$\int_A \boldsymbol{n}\cdot(\rho V\phi)\mathrm{d}A = \int_A \boldsymbol{n}\cdot(\Gamma\,\mathbf{grad}\,\phi)\mathrm{d}A + \int_{\Delta\dot V} S\mathrm{d}\dot V \tag{4-62}$$

对于非稳态问题，还需要在时间间隔 Δt 内对式（4-61）进行积分，积分后可得

$$\int_{\Delta t}\frac{\partial}{\partial t}\left(\int_{\Delta\dot V}(\rho\phi)\mathrm{d}\dot V\right)\mathrm{d}t + \int_{\Delta t}\int_A \boldsymbol{n}\cdot(\rho V\phi)\mathrm{d}A\mathrm{d}t$$

$$= \int_{\Delta t}\int_A \boldsymbol{n}\cdot(\Gamma\,\mathbf{grad}\,\phi)\mathrm{d}A\mathrm{d}t + \int_{\Delta t}\int_{\Delta\dot V} S\mathrm{d}\dot V\mathrm{d}t \tag{4-63}$$

第5章 代数方程组的求解

控制方程经过离散化之后得到代数方程组，求解该代数方程组就可以得到数值解。所以本章的主要任务就是，求解代数方程组。

由前文知，离散方程的通用形式为

$$a_P\phi_P = \sum a_{nb}\phi_{nb} + b \tag{5-1}$$

针对上述通用形式，如果节点数为 N，可以把离散方程写成完整形式为

$$\begin{cases} a_{11}\phi_1 + a_{12}\phi_2 + \cdots + a_{1N}\phi_N = b_1 \\ a_{21}\phi_1 + a_{22}\phi_2 + \cdots + a_{2N}\phi_N = b_2 \\ \qquad\qquad\qquad \vdots \\ a_{i1}\phi_1 + a_{i2}\phi_2 + \cdots + a_{iN}\phi_N = b_i \\ \qquad\qquad\qquad \vdots \\ a_{N1}\phi_1 + a_{N2}\phi_2 + \cdots + a_{NN}\phi_N = b_N \end{cases} \tag{5-2}$$

"线性"二字是指方程组中被求解的未知量都是一次幂的。同时，如果有系数 a_{ij} 是未知量 ϕ_k 的函数，则上式是非线性的，否则就是线性的。如果 $b_i = 0$ ($i=1,2,\cdots,N$)，则式（5-2）是齐次方程组，只要 $b_i \neq 0$ 式（5-2）就是非齐次方程组。将这一方程组写成矩阵形式为

$$A\boldsymbol{\phi} = \boldsymbol{b}$$

$$A = \begin{bmatrix} a_{11} & a_{12} & \cdots & a_{1N} \\ a_{21} & a_{22} & \cdots & a_{2N} \\ \vdots & \vdots & & \vdots \\ a_{N1} & a_{N2} & \cdots & a_{NN} \end{bmatrix}, \quad \boldsymbol{\phi} = \begin{bmatrix} \phi_1 \\ \phi_2 \\ \vdots \\ \phi_N \end{bmatrix}, \quad \boldsymbol{b} = \begin{bmatrix} b_1 \\ b_2 \\ \vdots \\ b_N \end{bmatrix}$$

其中，A 为系数矩阵，$\boldsymbol{\phi}$ 为未知量列向量，$\boldsymbol{b}$ 为常数项列向量。

当系数矩阵 A 为一组固定值时，代数方程组的求解方法一般可分为两类（见图 5-1）：直接解法和迭代解法。直接解法中，克拉默法则只适用于方程组规模非常小的情况；而高斯消元法要先把系数矩阵通过消元化为上三角的，然后逐一回代，从而得到方程组的解。Thomas 在 1949 年提出更为经济的计算方法，即 TDMA（Tri-Diagonal Matrix Algorithm），也叫 Thomas 算法。

按照有限体积法进行离散后的方程组，除当前节点和它的相邻节点的系数外，其余节点的系数都为 0，最后得到的是三对角方程组，边界条件或源项的影响体现在等号右端项。

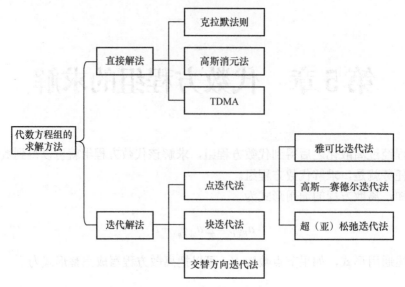

图 5-1　代数方程组求解方法

接下来，我们来看 $T_1 \sim T_5$ 的代数方程（其中 $T_1 \sim T_5$ 是未知量，T_A 和 T_B 是已知常数）如下：

$$\begin{cases} 3T_1 = T_2 + 2T_A \\ 2T_2 = T_1 + T_3 \\ 2T_3 = T_2 + T_4 \\ 2T_4 = T_3 + T_5 \\ 3T_5 = T_4 + 2T_B \end{cases}$$

写成矩阵形式为

$$\begin{bmatrix} 3 & -1 & 0 & 0 & 0 \\ -1 & 2 & -1 & 0 & 0 \\ 0 & -1 & 2 & -1 & 0 \\ 0 & 0 & -1 & 2 & -1 \\ 0 & 0 & 0 & -1 & 3 \end{bmatrix} \begin{pmatrix} T_1 \\ T_2 \\ T_3 \\ T_4 \\ T_5 \end{pmatrix} = \begin{pmatrix} 2T_A \\ 0 \\ 0 \\ 0 \\ 2T_B \end{pmatrix}$$

TDMA 能够快速求解三对角方程组。TDMA 本质上是由高斯消元法应用于这种特殊方程组时得到的解法，它所需的存储量小、求解速度快。后来该算法又针对不同的问题进行了相应改进，产生了 CTDMA（循环三对角阵算法）和 DTDMA（双对角阵算法）等。5.1.2 节将着重讲解 TDMA 及其应用。

直接解法的优点是只需进行有限次的运算就可以得到方程的解，但其缺点是需要较大的计算机存储内存和花费较多的计算时间，同时需要注意抑制舍入误差的影响。直接解法通常用于求解节点数较少的线性问题。而迭代解法没有舍入误差积累的问题，一般只需要较小的计算机存储空间，原始系数矩阵在计算过程中始终不变，特别适合用于处理非线性问题；但迭代法存在能否收敛及收敛速度的问题[19]。

对于一个给定的代数方程组，哪种求解方法更有效？这取决于代数方程组的大小和性质。一般而言，当代数方程组中方程的个数足够多时，迭代解法可能更省时；当代数方程组为线性方程组时，直接解法可能更有效；若为非线性方程组，则必须采用迭代法求解。一般情况下，由于流体流动和传热问题得到的代数方程组多为非线性方程组，且方程数目很大，考虑到迭代法可以大幅度节省内存空间，所以 CFD 中多采用迭代法求解代数方程组。迭代法也是本章的重点。

5.1　直接解法

克拉默法则是线性代数中的基本方法，这里不再赘述。因为 TDMA 基于高斯消元法，所以我们需要先了解高斯消元法。

5.1.1　高斯消元法

通过一个示例来看高斯消元法求解代数方程组的操作步骤[19]，具体的方程组为

$$\begin{cases} \phi_1 + \phi_2 + \phi_3 = 6 \\ 4\phi_2 - \phi_3 = 5 \\ 2\phi_1 - 2\phi_2 + \phi_3 = 1 \end{cases} \tag{5-3}$$

将方程组的第一式乘以 -2 后与第三式相加，从而消去 ϕ_1，得

$$\begin{cases} \phi_1 + \phi_2 + \phi_3 = 6 \\ 4\phi_2 - \phi_3 = 5 \\ -4\phi_2 - \phi_3 = -11 \end{cases} \tag{5-4}$$

将式（5-4）的第三式与方程组第二式相加，消去 ϕ_2，得

$$\begin{cases} \phi_1 + \phi_2 + \phi_3 = 6 \\ -2\phi_3 = -6 \\ -4\phi_2 - \phi_3 = -11 \end{cases} \tag{5-5}$$

调换第二式和第三式的顺序，得

$$\begin{cases} \phi_1 + \phi_2 + \phi_3 = 6 \\ -4\phi_2 - \phi_3 = -11 \\ -2\phi_3 = -6 \end{cases} \tag{5-6}$$

易得第三式的解，再向上回代就可以得到方程组的解，即 $\phi_3 = 3$，$\phi_2 = 2$，$\phi_1 = 1$。

通过上面的示例可以看出高斯消元法求解代数方程组的基本思想是用逐次消去未知量的方法，把原来的线性方程组化为与其等价的三角形方程组，然后反向回代，从而求得方程组的解。但由于高斯消元法的计算费时，且不容易做并行运算，因而在涉及传热与流动的数值模拟中较少采用。

5.1.2　TDMA

与高斯消元法类似，TDMA 也包含消元与回代两大步骤[33]。三对角方程组的一般形式为

$$a_i \phi_i = b_i \phi_{i+1} + c_i \phi_{i-1} + d_i \tag{5-7}$$

写成矩阵形式为

$$
\begin{bmatrix}
a_1 & -b_1 & 0 & 0 & \cdots & 0 \\
-c_2 & a_2 & -b_2 & 0 & \cdots & 0 \\
0 & -c_3 & a_3 & -b_3 & \cdots & 0 \\
0 & 0 & \ddots & \ddots & \ddots & \vdots \\
\vdots & \vdots & \ddots & -c_{N-1} & a_{N-1} & -b_{N-1} \\
0 & 0 & \cdots & 0 & -c_N & a_N
\end{bmatrix}
\begin{bmatrix}
\phi_1 \\ \phi_2 \\ \vdots \\ \vdots \\ \phi_{N-1} \\ \phi_N
\end{bmatrix}
=
\begin{bmatrix}
d_1 \\ d_2 \\ \vdots \\ \vdots \\ d_{N-1} \\ d_N
\end{bmatrix}
$$

假设共有 N 个节点，即 $i=1,\cdots,N$。当 $i=1$ 时，$c_i=0$；当 $i=N$ 时，$b_N=0$。要求 $\begin{bmatrix}\phi_1 \\ \phi_2 \\ \vdots \\ \phi_{N-1} \\ \phi_N\end{bmatrix}$，

具体的求解步骤如下。

（1）$i=1$ 时，式（5-7）可表示为 $a_1\phi_1=b_1\phi_2+d_1$，变形可得 $\phi_1=\dfrac{b_1}{a_1}\phi_2+\dfrac{d_1}{a_1}$，令 $P_1=\dfrac{b_1}{a_1}$，

$Q_1=\dfrac{d_1}{a_1}$，则 $\phi_1=P_1\phi_2+Q_1$。

（2）$i=2$ 时，式（5-7）可表示为 $a_2\phi_2=b_2\phi_3+c_2\phi_1+d_2$，变形可得 $\phi_2=\dfrac{b_2}{a_2}\phi_3+\dfrac{c_2}{a_2}\phi_1+\dfrac{d_2}{a_2}$，

将（1）中求得的 $\phi_1=P_1\phi_2+Q_1$ 代入，可得 $\phi_2=\dfrac{b_2}{a_2-c_2P_1}\phi_3+\dfrac{d_2+c_2Q_1}{a_2-c_2P_1}$，同样，令 $P_2=\dfrac{b_2}{a_2-c_2P_1}$，

$Q_2=\dfrac{d_2+c_2Q_1}{a_2-c_2P_1}$，则 $\phi_2=P_2\phi_3+Q_2$。

（3）以此类推到第 $(i-1)$ 行时，$\phi_{i-1}=P_{i-1}\phi_i+Q_{i-1}$。

（4）将上式代入第 i 行 $a_i\phi_i=b_i\phi_{i+1}+c_i\phi_{i-1}+d_i=b_i\phi_{i+1}+c_i\left(P_{i-1}\phi_i+Q_{i-1}\right)+d_i$，进行整理后可得 TDMA 的一般计算表达式为

$$\phi_i=P_i\phi_{i+1}+Q_i \tag{5-8}$$

其中 $P_i\equiv\dfrac{b_i}{a_i-c_iP_{i-1}}$，$Q_i\equiv\dfrac{d_i+c_iQ_{i-1}}{a_i-c_iP_{i-1}}$。

（5）进行到第 $(N-1)$ 行和第 N 行时，$\begin{cases}\phi_{N-1}=P_{N-1}\phi_N+Q_{N-1} \\ a_N\phi_N=c_N\phi_{N-1}+d_N\end{cases}$，即可求出 ϕ_N 为

$$\phi_N=\frac{c_NQ_{N-1}+d_N}{a_N-c_NP_{N-1}}$$

（6）回代可求出所有的 ϕ_i。

从以上步骤可以看出，TDMA 总体计算过程简单，有效利用了原有稀疏系数矩阵零元素多的特点，因此远比其他消元法的计算效率高。下面通过一道例题来巩固该求解方法。

【例题 5-1】[28, 32]对图 5-2 所示的圆棒内的无内热源一维稳态导热问题求数值解。其一端温度维持在 $100℃$，另一端保持绝热，圆棒所处的环境温度为 $20℃$。棒长 $L=1\,\mathrm{m}$，$\dfrac{hP}{k_A}=25\,\mathrm{m}^{-2}$，

k_A 为常数。微分控制方程为

$$\frac{\mathrm{d}}{\mathrm{d}x}\left(k\frac{\mathrm{d}T}{\mathrm{d}x}\right) - hP\left(T - T_\infty\right) = 0$$

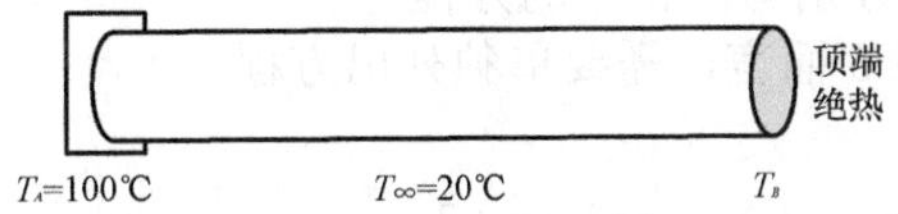

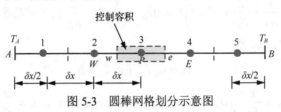

$T_a=100℃ \qquad T_\infty=20℃ \qquad$ 顶端绝热 $\qquad T_s$

图 5-2　圆棒示意图

解：

将圆棒分成 5 个控制容积，如图 5-3 所示。

控制容积

T_A 　1　　2　　3　　4　　5　T_B
A　　　　　W　w　P　e　E　　　　　B

$\delta x/2 \quad \delta x \quad \delta x \qquad\qquad \delta x/2$

图 5-3　圆棒网格划分示意图

可得 $\delta x = 0.2\mathrm{m}$。因为导热系数 k 为常数，所以微分方程可改写成

$$\frac{\mathrm{d}}{\mathrm{d}x}\left(\frac{\mathrm{d}T}{\mathrm{d}x}\right) - n^2\left(T - T_\infty\right) = 0, \quad n^2 = \frac{hP}{k_A}$$

在控制容积内进行积分：

$$\int_{\Delta V}\frac{\mathrm{d}}{\mathrm{d}x}\left(\frac{\mathrm{d}T}{\mathrm{d}x}\right)\mathrm{d}V - \int_{\Delta V}n^2\left(T - T_\infty\right)\mathrm{d}V = 0$$

可得

$$\left[\left(A\frac{\mathrm{d}T}{\mathrm{d}x}\right)_e - \left(A\frac{\mathrm{d}T}{\mathrm{d}x}\right)_w\right] - n^2\left(T - T_\infty\right)A\delta x = 0$$

因为是一维导热，所以面积 A 可当作单位 1 处理。于是对内部节点 2～节点 4，采用线性化方法后得到

$$\left[\left(\frac{T_E - T_P}{\delta x}\right) - \left(\frac{T_P - T_W}{\delta x}\right)\right] - \left[n^2\left(T_P - T_\infty\right)\right]\delta x = 0$$

整理成

$$\left(\frac{1}{\delta x} + \frac{1}{\delta x}\right)T_P = \frac{1}{\delta x}T_W + \frac{1}{\delta x}T_E + n^2 T_\infty \delta x - n^2 T_P \delta x$$

即

$$\left(\frac{1}{\delta x} + \frac{1}{\delta x} + n^2\delta x\right)T_P = \frac{1}{\delta x}T_W + \frac{1}{\delta x}T_E + n^2 T_\infty \delta x$$

由控制方程可以推导出一般性的离散化方程为

$$a_P T_P = a_W T_W + a_E T_E + b$$

其中，$a_W = \dfrac{1}{\delta x}$，$a_E = \dfrac{1}{\delta x}$，$a_P = a_W + a_E + S_u \delta x$，$S_u = n^2$，$b = n^2 T_\infty \delta x$。

对内部节点 2～节点 4 均可分别写出相应的方程。

对临近边界的节点 1 和节点 5 而言，需要单独列出方程。

节点 1：

$$\left[\left(\frac{T_E - T_P}{\delta x} \right) - \left(\frac{T_P - T_A}{\delta x / 2} \right) \right] - \left[n^2 \left(T_P - T_\infty \right) \right] \delta x = 0$$

即

$$\left(\frac{1}{\delta x} + \frac{2}{\delta x} + n^2 \delta x \right) T_1 = 0 T_W + \frac{1}{\delta x} T_2 + \frac{2}{\delta x} T_A + n^2 T_\infty \delta x$$

则节点 1 的离散化方程可写成

$$a_P T_P = a_W T_W + a_E T_E + b$$

在上式中，$a_W = 0$，$a_E = \dfrac{1}{\delta x}$，$a_P = a_W + 3a_E + S_u \delta x$，$S_u = n^2$，$b = \dfrac{2}{\delta x} T_A + n^2 T_\infty \delta x$

节点 5：

$$\left[\left(\frac{\mathrm{d}T}{\mathrm{d}x} \right)_e - \left(\frac{T_P - T_W}{\delta x} \right) \right] - n^2 \left(T_P - T_\infty \right) \delta x = 0$$

由于右边界为绝热边界，$\left(\dfrac{\mathrm{d}T}{\mathrm{d}x} \right)_e = 0$，故有

$$0 - \left(\frac{T_P - T_W}{\delta x} \right) - n^2 \left(T_P - T_\infty \right) \delta x = 0$$

即

$$\left(\frac{1}{\delta x} + n^2 \delta x \right) T_P = \frac{1}{\delta x} T_W + 0 T_E + n^2 T_\infty \delta x$$

则节点 5 离散化方程可写成

$$a_P T_P = a_W T_W + a_E T_E + b$$

式中：

$$a_W = \frac{1}{\delta x}，\quad a_E = 0，\quad a_P = a_W + S_u \delta x，\quad S_u = n^2，\quad b = n^2 T_\infty \delta x$$

各项系数如表 5-1 所示。

表 5-1　　　　　　　　　　　　　　离散方程的各系数

节点	a_W	a_E	$S_u \delta x$	b	a_P
1	0	1	1	220	4
2	1	1	1	20	3
3	1	1	1	20	3
4	1	1	1	20	3
5	1	0	1	20	2

写成矩阵形式为

$$\begin{bmatrix} 4 & -1 & 0 & 0 & 0 \\ -1 & 3 & -1 & 0 & 0 \\ 0 & -1 & 3 & -1 & 0 \\ 0 & 0 & -1 & 3 & -1 \\ 0 & 0 & 0 & -1 & 2 \end{bmatrix} \begin{bmatrix} T_1 \\ T_2 \\ T_3 \\ T_4 \\ T_5 \end{bmatrix} = \begin{bmatrix} 220 \\ 20 \\ 20 \\ 20 \\ 20 \end{bmatrix}$$

对照写出式（5-7） $a_i\phi_i = b_i\phi_{i+1} + c_i\phi_{i-1} + d_i$ 的各常系数，如表 5-2 所示。

表 5-2   各常系数列表

节点	a_i	b_i	c_i	d_i
1	4	1	0	220
2	3	1	1	20
3	3	1	1	20
4	3	1	1	20
5	2	0	1	20

（1）消元过程

为使用 TDMA 方法，需要将式（5-7）进一步转化成

$$\phi_i = P_i\phi_{i+1} + Q_i \tag{5-9}$$

用温度 T 代替变量 ϕ，有

$$T_i = P_iT_{i+1} + Q_i \tag{5-10}$$

首先对 T_1 进行转化，有

$$P_1 = \frac{b_1}{a_1} = \frac{1}{4}$$

$$Q_1 = \frac{d_1}{a_1} = \frac{220}{4} = 55$$

即

$$T_1 = P_1T_2 + Q_1 = \frac{1}{4}T_2 + 55 \tag{5-11}$$

同理对 T_2 进行转化，有

$$P_2 = \frac{b_2}{a_2 - c_2P_1} = \frac{1}{3 - 1 \times \frac{1}{4}} = \frac{4}{11}$$

$$Q_2 = \frac{c_2Q_1 + d_2}{a_2 - c_2P_1} = \frac{1 \times 55 + 20}{3 - 1 \times \frac{1}{4}} = \frac{300}{11}$$

即

$$T_2 = P_2T_3 + Q_2 = \frac{4}{11}T_3 + \frac{300}{11} \tag{5-12}$$

同理对 T_3 进行转化，有

$$P_3 = \frac{b_3}{a_3 - c_3 P_2} = \frac{1}{3 - 1 \times \frac{4}{11}} = \frac{11}{29}$$

$$Q_3 = \frac{c_3 Q_2 + d_3}{a_3 - c_3 P_2} = \frac{1 \times \frac{300}{11} + 20}{3 - 1 \times \frac{4}{11}} = \frac{520}{29}$$

即

$$T_3 = P_3 T_4 + Q_3 = \frac{11}{29} T_4 + \frac{520}{29} \tag{5-13}$$

同理对 T_4 进行转化，有

$$P_4 = \frac{b_4}{a_4 - c_4 P_3} = \frac{1}{3 - 1 \times \frac{11}{29}} = \frac{29}{76}$$

$$Q_4 = \frac{c_4 Q_3 + d_4}{a_4 - c_4 P_3} = \frac{1 \times \frac{520}{29} + 20}{3 - 1 \times \frac{11}{29}} = \frac{1100}{76}$$

即

$$T_4 = P_4 T_5 + Q_4 = \frac{29}{76} T_5 + \frac{1100}{76} \tag{5-14}$$

同理对 T_5 进行转化，有

$$P_5 = \frac{b_5}{a_5 - c_5 P_4} = \frac{0}{2 - 1 \times \frac{29}{76}} = 0$$

$$Q_5 = \frac{c_5 Q_4 + d_5}{a_5 - c_5 P_4} = \frac{1 \times \frac{1100}{76} + 20}{2 - 1 \times \frac{29}{76}} = \frac{2620}{123}$$

即

$$T_5 = P_5 T_6 + Q_5 = 0 T_5 + \frac{2620}{123} \approx 21.30 \tag{5-15}$$

（2）回代过程

求得 T_5 后，开始回代，分别得到 T_4、T_3、T_2 和 T_1。具体如下：

$$T_4 = P_4 T_5 + Q_4 = \frac{29}{76} T_5 + \frac{1100}{76} = \frac{29}{76} \times 21.30 + \frac{1100}{76} \approx 22.60 \tag{5-16}$$

$$T_3 = P_3 T_4 + Q_3 = \frac{11}{29} T_4 + \frac{520}{29} = \frac{11}{29} \times 22.60 + \frac{520}{29} \approx 26.50 \tag{5-17}$$

$$T_2 = P_2 T_3 + Q_2 = \frac{4}{11} T_3 + \frac{300}{11} = \frac{4}{11} \times 26.50 + \frac{300}{11} \approx 36.91 \tag{5-18}$$

$$T_1 = P_1 T_2 + Q_1 = \frac{1}{4} T_2 + 55 = \frac{1}{4} \times 36.91 + 55 \approx 64.23 \tag{5-19}$$

5.2 迭代解法

"迭代"就是用新的事物代替旧的事物。迭代算法在牛顿所处的时代就已经存在，后来经过历代数学家的努力，众多迭代算法陆续被研究出来。CFD 中用得较多的有雅可比迭代、高斯-赛德尔迭代、超松弛和欠松弛迭代。

5.2.1 雅可比迭代

雅可比迭代的基本思想是通过反复迭代来逐步逼近方程组的解。在雅可比迭代的过程中，每次迭代都会使用上一次迭代得到的数值解来计算下一次迭代的数值解，直到达到一定的精度要求或迭代次数。下面我们先看一下雅可比迭代的原理，然后给出其 MATLAB 实现的代码。

5.2.1.1 雅可比迭代原理

设节点代数方程的形式为[30]

$$\begin{cases} a_{11}\phi_1 + a_{12}\phi_2 + \cdots + a_{1N}\phi_N = b_1 \\ a_{21}\phi_1 + a_{22}\phi_2 + \cdots + a_{2N}\phi_N = b_2 \\ \quad\quad\quad\quad\vdots \\ a_{i1}\phi_1 + a_{i2}\phi_2 + \cdots + a_{iN}\phi_N = b_i \\ \quad\quad\quad\quad\vdots \\ a_{N1}\phi_1 + a_{N2}\phi_2 + \cdots + a_{NN}\phi_N = b_N \end{cases} \quad\quad (5\text{-}20)$$

式中 a_{ij}，b_i 为常数，且 $a_{ii} \neq 0$（$i = 1,\cdots,N$）。

整理得

$$\begin{cases} \phi_1 = \dfrac{1}{a_{11}}\left(b_1 - a_{12}\phi_2 - \cdots - a_{1j}\phi_j - \cdots - a_{1N}\phi_N\right) \\ \phi_2 = \dfrac{1}{a_{22}}\left(b_2 - a_{21}\phi_1 - \cdots - a_{2j}\phi_j - \cdots - a_{2N}\phi_N\right) \\ \quad\quad\quad\quad\vdots \\ \phi_N = \dfrac{1}{a_{NN}}\left(b_N - a_{N1}\phi_1 - \cdots - a_{Nj}\phi_j - \cdots - a_{N(N-1)}\phi_{N-1}\right) \end{cases} \quad\quad (5\text{-}21)$$

先根据实际情况，合理地假设一组节点的初始值 $\phi_1^0, \phi_2^0, \cdots, \phi_N^0$（这就是 CFD 中的初始化），将这组初始值代入式（5-21）等号的右端，即可得到一组新的节点值 $\phi_1^1, \phi_2^1, \cdots, \phi_N^1$；再将 $\phi_1^1, \phi_2^1, \cdots, \phi_N^1$ 代入式（5-21）等号的右端，又能得到一组新的节点值 $\phi_1^2, \phi_2^2, \cdots, \phi_N^2$；以此类推，每次都将新求得的一组节点值代回方程组，求得一组新的节点值。其中，ϕ 的上角标表示迭代次数，如经 k 次迭代得到的节点 i 的 ϕ 表示为 ϕ_i^k。反复进行这种迭代运算，直至前后相邻两组对应节点的 ϕ 值间最大误差小于预先给定的误差 ε 为止，即

$$\max\left|\phi_i^k - \phi_i^{k-1}\right| < \varepsilon$$

或

$$\max\left|\frac{\phi_i^k - \phi_i^{k-1}}{\phi_i^k}\right| < \varepsilon$$

此时认为迭代运算达到收敛。

下面通过一个例子来掌握雅各比迭代吧。

5.2.1.2　雅可比迭代 MATLAB 代码

使用 MATLAB 代码实现雅可比迭代程序[34]，往往是将矩阵 A 分解成 $A = D - L - U$，其中 D 为对角阵，其元素为 A 的主对角元素，L 与 U 为 A 的下三角矩阵和上三角矩阵：

$$L = -\begin{bmatrix} 0 & 0 & \cdots & 0 \\ a_{21} & 0 & \cdots & 0 \\ \vdots & \vdots & \ddots & \vdots \\ a_{n1} & \cdots & a_{n,n-1} & 0 \end{bmatrix}, \quad U = -\begin{bmatrix} 0 & a_{12} & \cdots & a_{1n} \\ 0 & 0 & \ddots & \vdots \\ \vdots & \vdots & \ddots & a_{n-1,n} \\ 0 & 0 & 0 & 0 \end{bmatrix}$$

于是 $Ax = b$ 转化为

$$x = D^{-1}(L+U)x + D^{-1}b$$

与之对应的迭代公式为

$$x^{(k+1)} = D^{-1}(L+U)x^{(k)} + D^{-1}b$$

上式即为雅可比迭代公式。如果向量 $x^{(k+1)}$ 收敛于 x，则 x 必是方程 $Ax = b$ 的解。

在 MATLAB 中并没有内置的雅可比迭代求解线性方程组的相关函数，用户可自定义编写 jacobifun 函数。MATLAB 代码（jacobifun.m）[34]如下：

```
function y=jacobifun(A,b,x0)%该函数用雅可比迭代求解线性方程组
D=diag(diag(A)); %D 为对角阵
U=triu(A,1);%U 为上三角矩阵
L=tril(A,-1); %L 为下三角矩阵
B=-D\(L+U);
f=D\b;
y=B*x0+f;
n=1;
while norm(y-x0)>=1.0e-3 && n<=1000
    x0=y;
    y=B*x0+f;
    fprintf('迭代次数 n=');
    fprintf('\n');
    disp(n);
    fprintf('方程组的解');
    fprintf('\n');
    disp(y);
    n=n+1;
    fprintf('\n');
    fprintf('_____');
    fprintf('\n');
end
```

【例题 5-2】[35]用雅可比迭代求解线性方程组：

$$\begin{cases} 10x_1 - x_2 - 2x_3 = 7.2 \\ -x_1 + 10x_2 - 2x_3 = 8.3 \\ -x_1 - x_2 + 5x_3 = 4.2 \end{cases}$$

取初值 $x_1^0 = x_2^0 = x_3^0 = 1$，精度要求 $\varepsilon = 10^{-3}$。

解：由式（5-21）得雅可比迭代格式为

$$\begin{cases} x_1^k = 0.72 + 0.1x_2^{k-1} + 0.2x_3^{k-1} \\ x_2^k = 0.83 + 0.1x_1^{k-1} + 0.2x_3^{k-1} \\ x_3^k = 0.84 + 0.2x_1^{k-1} + 0.2x_2^{k-1} \end{cases} \tag{5-22}$$

计算结果如表 5-3 所示。

表 5-3   雅可比迭代结果

k	x_1^k	x_2^k	x_3^k
1	1.0200	1.1300	1.2400
2	1.0810	1.1800	1.2700
3	1.0920	1.1921	1.2922
4	1.0977	1.1976	1.2968
5	1.0991	1.1991	1.2991
6	1.0997	1.1997	1.2997

从表中可以看出，$x^6 - x^5 \ll 10^{-3}$，即 6 次迭代后就能满足精度要求了。

如果采用 MATLAB 计算，其 MATLAB 代码（ex_5_2.m）如下：

```
clc;clear all;close all;
A=[10 -1 -2;-1 10 -2;-1 -1 5];
b=[7.2;8.3;4.2];
x0=[1;1;1];
y=jacobifun(A,b,x0);
```

在实际计算时，要依次用到式（5-22）中的 3 个关系式，这就需要考虑 x_1^k、x_2^k、x_3^k 的存储问题。例如，不能用式（5-22）的第一个关系式求得的新值 x_1^k 替换旧值 x_1^{k-1}，因为在式（5-22）第 2 个关系式中还需使用旧值。x_2^k 的存储也存在同样的问题。进一步注意到，若式（5-22）是一个收敛的迭代格式，可以预测 x_1^k 是比 x_1^{k-1} 更好的解，同样 x_2^k 也是比 x_2^{k-1} 更好的解。正是上述分析思路启发了前辈们开发高斯-赛德尔迭代。

5.2.2 高斯-赛德尔迭代

高斯-赛德尔迭代是解线性方程组的另一种迭代方法，类似于雅可比迭代，但在每次迭代中会利用最新计算出的分量来更快地逼近方程组的解。下面先看一下高斯-赛德尔迭代的原理，然后给出其 MATLAB 实现代码。

5.2.2.1　高斯-赛德尔迭代原理

高斯-塞德尔迭代是在雅可比迭代的基础上加以改进的迭代运算方法[30]。它与雅可比迭代的主要区别是在迭代运算过程中总使用上一步最新算出的数据来代替旧数据。例如，假设一组节点的初始值为 $\phi_1^0, \phi_2^0, \cdots, \phi_N^0$，代入方程组进行第一次迭代运算，由第一个方程求出了 ϕ_1^1，于是在用第二个方程计算节点 2 的 ϕ_2^1 时，直接将 ϕ_1^1（而不是 ϕ_1^0）代入方程；在用第三个方程计算节点 3 的 ϕ_3^1 时，直接代入 ϕ_1^1 和 ϕ_2^1 计算；依次类推，可得下式：

$$\begin{cases}
\phi_1^1 = \dfrac{1}{a_{11}}\left(b_1 - a_{12}\phi_2^0 - \cdots - a_{1j}\phi_j^0 - \cdots - a_{1N}\phi_N^0\right) \\
\phi_2^1 = \dfrac{1}{a_{22}}\left(b_2 - a_{21}\phi_1^1 - \cdots - a_{2j}\phi_j^0 - \cdots - a_{2N}\phi_N^0\right) \\
\qquad\qquad\qquad\qquad\vdots \\
\phi_N^1 = \dfrac{1}{a_{NN}}\left(b_N - a_{N1}\phi_1^1 - \cdots - a_{Nj}\phi_j^1 - \cdots a_{N(N-1)}\phi_{N-1}^1\right)
\end{cases} \tag{5-23}$$

5.2.2.2　高斯-赛德尔迭代 MATLAB 代码

使用 MATLAB 代码来实现高斯-赛德尔迭代程序，推导过程可参考文献[34]，这里直接给出其 MATLAB 代码（GaussSedel.m）。

```
%该函数用高斯-塞德尔迭代求解线性方程组 D= diag(diag(A));
function y= GaussSeidel(A,b,x0) %A 为系数矩阵；b 为常数矩阵；x0 为迭代初值；
D=diag(diag(A)); %D 为对角阵
U=-triu(A,1); %U 为上三角矩阵
L=-tril(A,-1); %L 为下三角矩阵
G=(D-L)\U;
f=(D-L)\b;
y=G*x0+f;
n=1;
while norm(y-x0)>=1.0e-4 && n<=1000
    x0=y;
    y=G*x0+f;
    fprintf('迭代次数 n=');
    fprintf('\n');
    disp(n);
    fprintf('方程组的解');
    fprintf('\n');
    disp(y);
    n=n+1;
    fprintf('\n');
    fprintf('_____');
    fprintf('\n');
end
```

【例题 5-3】[35]用高斯-赛德尔迭代求解线性方程组：

$$\begin{cases} 10x_1 - x_2 - 2x_3 = 7.2 \\ -x_1 + 10x_2 - 2x_3 = 8.3 \\ -x_1 - x_2 + 5x_3 = 4.2 \end{cases}$$

取初值 $x_1^0 = x_2^0 = x_3^0 = 1$，精度要求 $\varepsilon = 10^{-3}$。

解：由式（5-23）得高斯-赛德尔迭代格式为

$$\begin{cases} x_1^k = 0.72 + 0.1x_2^{k-1} + 0.2x_3^{k-1} \\ x_2^k = 0.83 + 0.1x_1^k + 0.2x_3^{k-1} \\ x_3^k = 0.84 + 0.2x_1^k + 0.2x_2^k \end{cases} \tag{5-24}$$

计算结果如表 5-4 所示。

表 5-4 　　　　　　　　　　　　　　高斯-赛德尔迭代结果

k	x_1^k	x_2^k	x_3^k
1	1.0200	1.1320	1.2704
2	1.0873	1.1928	1.2960
3	1.0985	1.1991	1.2995
4	1.0998	1.1999	1.2999
5	1.1000	1.2000	1.3000

从表中可以看出，$x^5 - x^4 \ll 10^{-3}$，即 5 次迭代后就满足要求了。可见高斯-赛德尔迭代比雅可比迭代收敛速度略快。

如果采用 MATLAB 计算，其 MATLAB 代码（ex_5_3.m）如下：

```
clc;clear all;close all;
A=[10 -1 -2;-1 10 -2;-1 -1 5];
b=[7.2;8.3;4.2];
x0=[1;1;1];
y=GaussSeidel(A,b,x0);
```

5.2.3　超松弛迭代和欠松弛迭代

5.2.3.1　超松弛迭代和欠松弛迭代原理

在代数方程组的迭代求解中，人们往往希望加快或减慢前后两次迭代间因变量的变化。这种依据因变量的变化是加快还是减慢的求解方法，可细分为超松弛迭代或欠松弛迭代。超松弛迭代常与高斯-塞德尔迭代结合，以达到加快收敛的目的，由此得到的格式被称为逐次超松弛（successive over relaxation，SOR）格式。在处理非线性问题或强源项问题时，往往采用欠松弛迭代以减慢求解过程中因变量的变化，避免发散。

下面借助通用离散化方程来学习超松弛迭代和欠松弛迭代，通用离散化方程如下：

$$a_P \phi_P = \sum a_{nb} \phi_{nb} + b \tag{5-25}$$

将上式改写成

$$\phi_P = \frac{\sum a_{nb} \phi_{nb} + b}{a_P} \tag{5-26}$$

取 ϕ_P^* 作为前一次迭代所得到的 ϕ_P 值。在式（5-26）等号右边上加上 ϕ_P^*，再减去 ϕ_P^*，这样等式两边依旧恒等，有

$$\phi_P = \phi_P^* + \frac{\sum a_{nb}\phi_{nb} + b}{a_P} - \phi_P^* \tag{5-27}$$

再加个括号，有

$$\phi_P = \phi_P^* + \left(\frac{\sum a_{nb}\phi_{nb} + b}{a_P} - \phi_P^* \right) \tag{5-28}$$

等号右边第一项 ϕ_P^* 是前一次迭代所得到的 ϕ_P 值，是逼近真实 ϕ_P 值的。$\left(\dfrac{\sum a_{nb}\phi_{nb} + b}{a_P} - \phi_P^* \right)$ 是由本次迭代所产生的 ϕ_P 的变化，是前后两次迭代的差值。这个差值可以通过引进一个松弛因子 α 加以修改，如：

$$\phi_P = \phi_P^* + \alpha \left(\frac{\sum a_{nb}\phi_{nb} + b}{a_P} - \phi_P^* \right) \tag{5-29}$$

为什么多了一个 α，而等号依旧成立呢？要明白我们是在用迭代法逼近真实值。式（5-28）和式（5-29）等号左边的符号虽然一致，但其代表的数值不一定相等。式（5-29）加入参数 α 之后，可以起到加速或延缓计算的作用。

当迭代收敛时，式（5-29）满足 $\phi_P = \phi_P^*$（在误差范围内）。当 $\alpha > 1$ 时，为逐次超松弛（Successive Over-Relaxation，SOR）。当松弛因子 α 在 $0 \sim 1$ 时，为逐次欠松弛或亚松弛（Under Relaxation）；当收敛过程表现为在某个值附近来回摆动时，通常会用到亚松弛迭代。对超松弛迭代，α 通常在 $1 \sim 2$ 取值。不存在选取最佳松弛因子 α 的法则，最佳松弛因子 α 与很多因素有关，比如问题本身的特性，离散网格点的数目，网格点间距，以及所采用的迭代方法。不管怎样，选取适当的 α 值，利用式（5-29）可以减少达到收敛所需的迭代次数，从而减少计算时间。在某些问题中，迭代次数可减少到原来的 1/30。

5.2.3.2　超松弛迭代 MATLAB 代码

使用 MATLAB 代码实现超松弛迭代，推导过程可参考文献[34]，这里直接给出其 MATLAB 代码（sor.m）。

```
function y = sor(A, b, w, x0)
    % 该函数用逐次超松弛迭代求解线性方程组
    D = diag(diag(A)); % D 为对角阵
    U = -triu(A, 1);
    L = -tril(A, -1);
    Lw = (D - w * L)\((1 - w) * D + w * U); % 修正为 Lw
    fw = (D - w * L)\(b * w); % 修正为 fw
    y = Lw * x0 + fw;
    n = 1;
    while norm(y - x0) >= 1.0e-3 && n <= 1000
        x0 = y;
        y = Lw * x0 + fw;
        fprintf('迭代次数 n=');
```

```
            disp(n);
            fprintf('方程组的解');
            fprintf('\n');
            disp(y);
            n = n + 1;
            fprintf('_____');
            fprintf('\n');
        end
end
```

【例题 5-4】[35]用超松弛迭代求解线性方程组：

$$\begin{cases} 10x_1 - x_2 - 2x_3 = 7.2 \\ -x_1 + 10x_2 - 2x_3 = 8.3 \\ -x_1 - x_2 + 5x_3 = 4.2 \end{cases}$$

取初值 $x_1^0 = x_2^0 = x_3^0 = 1$，精度要求 $\varepsilon = 10^{-3}$。

解：

采用 MATLAB 计算，其 MATLAB 代码（ex_5_4.m）如下：

```
clc;clear all;close all;
A=[10 -1 -2;-1 10 -2;-1 -1 5];
b=[7.2;8.3;4.2];
x0=[1;1;1];
w=1.3; %超松弛因子
y=sor(A,b,w,x0);
```

迭代结果如图 5-4 所示。

图 5-4　超松弛迭代结果

5.2.4　块迭代（选学）

目前市面上的 CFD 教程中关于块迭代的讲解不是很多，这一部分内容主要借助陶文铨[11]和田瑞峰等[19]老师的书进行讲解。

对于稳态问题，当采用单个方向上 3 个节点进行离散时，一维问题形成的是三对角矩阵的代数方程组，因此容易用 TDMA 方法直接求解。然而，二维问题和三维问题分别得到的是五对角矩阵和七对角矩阵的代数方程组。

一维问题：$a_P T_P = a_E T_E + a_W T_W + b$

二维问题：$a_P T_P = a_E T_E + a_W T_W + a_S T_S + a_N T_N + b$

三维问题：$a_P T_P = a_E T_E + a_W T_W + a_S T_S + a_N T_N + a_T T_T + a_B T_B + b$

　　二维问题和三维问题的离散方程可以采用块迭代的方法进行求解。在采用块迭代法时，把求解区域分成若干块，每块可由一条或多条网格线组成。在同一块中各节点上的值用代数方程组的直接解法（如 TDMA）求解，但从一块到另一块的推进采用迭代的方法进行，这种方式又被称为隐式迭代（即同一块内各节点的值是以隐含的方式互相联系着的）。在采用块迭代时，为获得收敛的解所需要的迭代次数大大减少，但每一次迭代中代数运算的次数有所增加，而总计算时间的变化则取决于两者的相对影响。对某种迭代法有效性的评价应当把为获得收敛解所需的迭代次数与每次迭代所需的计算时间结合起来考虑。一般情况下采用块迭代法后，计算时间可以缩短[11]。

　　下面以图 5-5 所示的二维问题为例，简要讲解块迭代。

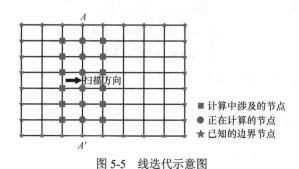

图 5-5　线迭代示意图

　　如果将块选为一条网格线就是逐行迭代（或称线迭代）。选取一条网格线，如 y 轴方向上的 A-A'，在这条线上用 TDMA 方法直接求解，线与线间的推进采用迭代方式求解。因此，块迭代方法就是将直接解法和迭代法结合起来使用的方法。

　　块迭代法中应用较普遍的是线迭代（line iteration）法，即进行直接求解的块由一条网格线组成。结合前文的 3 种点迭代方法，块迭代也有如下 3 种不同的方法。

5.2.4.1　雅可比迭代

　　如图 5-5 所示，位于网格线 A-A' 上的各节点，在采用雅可比线迭代法时，第 $n+1$ 次迭代的计算式为

$$a_P\phi_P^{(n+1)} = a_W\phi_W^{(n)} + a_E\phi_E^{(n)} + a_S\phi_S^{(n+1)} + a_N\phi_N^{(n+1)} + b \tag{5-30}$$

由于第 n 次的迭代值 $a_W\phi_W^{(n)}$ 和 $a_E\phi_E^{(n)}$ 已知，如果把 $a_W\phi_W^{(n)}$ 和 $a_E\phi_E^{(n)}$ 并入常数项 b 中，则位于网格线 A-A' 上各节点的未知值可以用 TDMA 方法直接求解。

$$a_P\phi_P^{(n+1)} = \underbrace{a_S\phi_S^{(n+1)} + a_N\phi_N^{(n+1)}}_{\text{直接解法}} + \underbrace{a_W\phi_W^{(n)} + a_E\phi_E^{(n)} + b}_{\text{新的}b} \tag{5-31}$$

如此逐列向前推进，对全区内各列节点求解后就完成了一轮迭代。

上式是沿 x 轴方向扫描的，如果沿 y 轴方向扫描则上式应改写为

$$a_P\phi_P^{(n+1)} = a_W\phi_W^{(n+1)} + a_E\phi_E^{(n+1)} + a_S\phi_S^{(n)} + a_N\phi_N^{(n)} + b \tag{5-32}$$

5.2.4.2　高斯-赛德尔迭代

　　在采用高斯-赛德尔迭代时，总是采用最新值计算本次迭代的未知值。当扫描沿 x 轴方向

从左至右时，则第 $n+1$ 次迭代的计算式为

$$a_P\phi_P^{(n+1)} = a_W\phi_W^{(n+1)} + a_E\phi_E^{(n)} + a_S\phi_S^{(n+1)} + a_N\phi_N^{(n+1)} + b \qquad (5-33)$$

式中 $a_W\phi_W^{(n+1)}$ 为本次迭代已经访问过的节点，因此其值已知，同样可以用 TDMA 求解。

$$a_P\phi_P^{(n+1)} = \underbrace{a_S\phi_S^{(n+1)} + a_N\phi_N^{(n+1)}}_{\text{直接解法}} + \underbrace{a_W\phi_W^{(n+1)} + a_E\phi_E^{(n)} + b}_{\text{新的}b} \qquad (5-34)$$

如果沿 y 轴方向扫描则上式应改写为

$$a_P\phi_P^{(n+1)} = a_W\phi_W^{(n+1)} + a_E\phi_E^{(n+1)} + a_S\phi_S^{(n+1)} + a_N\phi_N^{(n)} + b \qquad (5-35)$$

5.2.4.3 超/亚松弛迭代

采用高斯-赛德尔迭代的超/亚松弛迭代计算式为

$$\phi_P^{(n+1)} = \phi_P^{(n)} + \alpha\left[\frac{a_W\phi_W^{(n+1)} + a_E\phi_E^{(n)} + a_S\phi_S^{(n+1)} + a_N\phi_N^{(n+1)} + b}{a_P} - \phi_P^{(n)}\right] \qquad (5-36)$$

即

$$\frac{a_P}{\alpha}\phi_P^{(n+1)} = a_W\phi_W^{(n+1)} + a_E\phi_E^{(n)} + a_S\phi_S^{(n+1)} + a_N\phi_N^{(n+1)} + b + \frac{1-\alpha}{\alpha}a_P\phi_P^{(n)} \qquad (5-37)$$

或

$$\phi_P^{(n+1)} = \phi_P^{(n)} + \alpha\left[\frac{a_W\phi_W^{(n+1)} + a_E\phi_E^{(n+1)} + a_S\phi_S^{(n+1)} + a_N\phi_N^{(n)} + b}{a_P} - \phi_P^{(n)}\right] \qquad (5-38)$$

> **提示**
>
> （1）在选定的一条网格线上，节点的离散方程可以视为一维方程，能用 TDMA 方法直接求解。（2）块迭代比点迭代的收敛速度快，扫描方向两端点的边界信息可以很快传递到计算区域内部，而未扫描的另一方向的信息传递速率则类似于点迭代的传递速率。（3）如果交替改变逐行扫描的方向，则能加快把边界上的信息传递到中间区域。可以在一次迭代中先逐行扫描再逐列扫描，或者先逐列扫描再逐行扫描，这就是交替方向迭代。（4）扫描方向先后次序的选择会影响收敛速度，例如，当有对流存在时，由上游向下游扫描的收敛速度要比按反方向扫描的收敛速度快得多。

5.2.5 交替方向迭代法

在 5.2.4 节介绍的块迭代法中，各次迭代中的扫描方向是保持不变的，用逐行或逐列的方式扫描完全场。扫描方向的选择会影响收敛的速度，且实际问题的求解是复杂多样的，我们希望所有的边界信息都能很快地传递到求解区域内部，从而加快收敛速度，采用交替方向扫描则是实现这种期望的有效办法。采用交替方向扫描的迭代方式，即先逐行（或逐列）进行一次扫描，再逐列（或逐行）进行一次扫描，两次全场扫描组成一次迭代，这就是所谓的交替方向隐式迭代，简称为 ADI 迭代方法（Alternative Direction Implicit Iteration Method）[11, 19]。

5.2.5.1 稳态问题的空间交替

ADI 迭代方法的具体实施方式很多，最简单的就是采用雅可比方式按照行与列交替迭代。

对于图 5-5 所的问题，以雅可比迭代为例，先逐行扫描再逐列扫描的计算式为

$$a_P \phi_P^{\left(n+\frac{1}{2}\right)} = a_W \phi_W^{\left(n+\frac{1}{2}\right)} + a_E \phi_E^{\left(n+\frac{1}{2}\right)} + a_S \phi_S^{(n)} + a_N \phi_N^{(n)} + b \tag{5-39}$$

和

$$a_P \phi_P^{(n+1)} = a_W \phi_W^{\left(n+\frac{1}{2}\right)} + a_E \phi_E^{\left(n+\frac{1}{2}\right)} + a_S \phi_S^{(n+1)} + a_N \phi_N^{(n+1)} + b \tag{5-40}$$

式中 $\phi^{\left(n+\frac{1}{2}\right)}$ 表示第 $n+1$ 次迭代的过程值。

5.2.5.2　非稳态问题的时间交替

对于非稳态问题，如果采用显式格式，可由初始条件推进求解，但是显式格式对 Δt 要求过严，只能采用小的 Δt，这大大增加了计算工作量。另外，非稳态项如果用向前差分或向后差分来离散，会造成时间上只有一阶精度；要是用中心差分来离散，将使整个离散方程涉及 3 个时刻（即 $n-1$、n 和 $n+1$）。为了克服这些矛盾，1955 年，Peaceman 和 Rachford 借用稳态问题空间交替的 ADI 求解思想提出了适用于非稳态问题的时间交替方向法，也叫 P-R 方法。

这里以二维问题为例介绍时间交替方向法。这种方法的基本思路是，把时间步长 Δt 分为两个半步，前半步在 x 轴方向用隐式格式，在 y 轴方向用显式格式，后半步在 x 轴方向用显式格式，在 y 轴方向用隐式格式。这样的操作把原来的五对角系数矩阵化成了两个三对角系数矩阵，对于处理三对角系数矩阵，那就是 TDMA 所擅长的了。

以非稳态二维导热问题为例，微分方程如下：

$$\frac{\partial T}{\partial t} = a\left(\frac{\partial^2 T}{\partial x^2} + \frac{\partial^2 T}{\partial y^2}\right) \tag{5-41}$$

采用 ADI 方法，引入时间中间步 $\left(t+\frac{1}{2}\Delta t\right)$，按照上面说明的方法，将上式离散成两个三节点关系式为

$$\frac{T_{i,j}^{n+\frac{1}{2}} - T_{i,j}^{n}}{\Delta t/2} = a\left(\frac{T_{i+1,j}^{n+\frac{1}{2}} - 2T_{i,j}^{n+\frac{1}{2}} + T_{i-1,j}^{n+\frac{1}{2}}}{\Delta x^2} + \frac{T_{i,j+1}^{n} - 2T_{i,j}^{n} + T_{i,j-1}^{n}}{\Delta y^2}\right) \tag{5-42}$$

和

$$\frac{T_{i,j}^{n+1} - T_{i,j}^{n+\frac{1}{2}}}{\Delta t/2} = a\left(\frac{T_{i+1,j}^{n+\frac{1}{2}} - 2T_{i,j}^{n+\frac{1}{2}} + T_{i-1,j}^{n+\frac{1}{2}}}{\Delta x^2} + \frac{T_{i,j+1}^{n+1} - 2T_{i,j}^{n+1} + T_{i,j-1}^{n+1}}{\Delta y^2}\right) \tag{5-43}$$

整理得

$$\frac{2\Delta x^2}{a\Delta t}\left(T_{i,j}^{n+\frac{1}{2}} - T_{i,j}^{n}\right) = \left(T_{i+1,j}^{n+\frac{1}{2}} - 2T_{i,j}^{n+\frac{1}{2}} + T_{i-1,j}^{n+\frac{1}{2}}\right) + \left(\frac{\Delta x}{\Delta y}\right)^2\left(T_{i,j+1}^{n} - 2T_{i,j}^{n} + T_{i,j-1}^{n}\right) \tag{5-44}$$

和

$$\frac{2\Delta x^2}{a\Delta t}\left(T_{i,j}^{n+1} - T_{i,j}^{n+\frac{1}{2}}\right) = \left(T_{i+1,j}^{n+\frac{1}{2}} - 2T_{i,j}^{n+\frac{1}{2}} + T_{i-1,j}^{n+\frac{1}{2}}\right) + \left(\frac{\Delta x}{\Delta y}\right)^2\left(T_{i,j+1}^{n+1} - 2T_{i,j}^{n+1} + T_{i,j-1}^{n+1}\right) \tag{5-45}$$

令

$$\beta = \frac{\Delta x}{\Delta y}, \quad \rho = \frac{2\Delta x^2}{a\Delta t} \tag{5-46}$$

则式（5-44）和式（5-45）化为

$$-T_{i-1,j}^{n+\frac{1}{2}} + \left(2+\rho\right)T_{i,j}^{n+\frac{1}{2}} - T_{i+1,j}^{n+\frac{1}{2}} = R_1 \tag{5-47}$$

$$-\beta^2 T_{i,j-1}^{n+1} + \left(2\beta^2 + \rho\right)T_{i,j}^{n+1} - \beta^2 T_{i,j+1}^{n+1} = R_2 \tag{5-48}$$

其中

$$R_1 = \rho T_{i,j}^n + \beta^2\left(T_{i,j+1}^n - 2T_{i,j}^n + T_{i,j-1}^n\right) \tag{5-49}$$

$$R_2 = \rho T_{i,j}^{n+\frac{1}{2}} + \left(T_{i+1,j}^{n+\frac{1}{2}} - 2T_{i,j}^{n+\frac{1}{2}} + T_{i-1,j}^{n+\frac{1}{2}}\right) \tag{5-50}$$

可以看出式（5-47）和式（5-48）都是三节点关系式。根据初始条件（或上个时间步长所求得的结果），得出 R_1，求解式（5-47）可得 $T^{n+\frac{1}{2}}$；然后计算出 R_2，最终求得各个节点经过一个 Δt 后的 T^{n+1}。在计算过程中，上半个时间步是逐个对 y 轴方向上的 j 在 x 轴方向上用 TDMA 求解；下半个时间步是逐个对 x 轴方向上的 i 在 y 轴方向上用 TDMA 求解。

第6章 典型扩散问题的有限体积法

本章依次探讨一维、二维和三维稳态导热问题和非稳态导热问题，逐步讲解有限体积法的操作步骤，同时辅助一定的求解程序编写教学。

6.1 一维稳态扩散问题（导热问题）的有限体积法

针对有内热源一维稳态导热情形，首先写出流体流动控制方程的通用形式如下：

$$\frac{\partial(\rho\phi)}{\partial t} + \text{div}(\rho V\phi) = \text{div}(\Gamma \,\text{grad}\,\phi) + S \tag{6-1}$$

接下来对式（6-1）进行特定情形下的处理。因为是稳态导热，所以要去除非稳态项 $\dfrac{\partial(\rho\phi)}{\partial t}$；因为不涉及对流，所以可以去除对流项 $\text{div}(\rho V\phi)$；又因为是一维情形，所以 $\text{div}(\Gamma \,\text{grad}\,\phi) = \dfrac{\text{d}}{\text{d}x}\left(\Gamma\dfrac{\text{d}\phi}{\text{d}x}\right)$。经过一系列处理，最终式（6-1）可化为

$$\frac{\text{d}}{\text{d}x}\left(\Gamma\frac{\text{d}\phi}{\text{d}x}\right) + S = 0$$

按照传热学中的写法，用导热系数 k 代替扩散系数 Γ，用温度 T 代替变量 ϕ。上式化为

$$\frac{\text{d}}{\text{d}x}\left(k\frac{\text{d}T}{\text{d}x}\right) + S = 0 \tag{6-2}$$

下面我们分 3 步来解决有内热源一维稳态导热问题[19, 28]。

第一步：对求解区域进行离散化（画网格）。如图 6-1 所示，将 $A\sim B$ 求解区域划分成 5 个控制容积（图中只示意了 P 点的控制容积）。节点位于每一个控制容积的中心。P 点西侧相邻节点为 W，东侧相邻节点为 E，W 点到 P 点的距离定义为 δx_{WP}，P 点到 E 点的距离定义为 δx_{PE}；P 点所在控制容积西侧界面为 w，东侧界面为 e，控制容积长度为 δx_{we}。

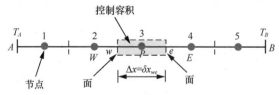

图 6-1　一维稳态导热问题有限体积法计算网格

第二步：控制方程的离散化。在节点 P 的控制容积 ΔV 内，对式（6-2）进行积分：

$$\int_{\Delta V}\frac{\text{d}}{\text{d}x}\left(k\frac{\text{d}T}{\text{d}x}\right)\text{d}V + \int_{\Delta V}S\text{d}V = 0 \tag{6-3}$$

对于一维稳态，y 轴方向和 z 轴方向的厚度可当作单位厚度来处理，即图 6-1 所示的控制容积的体积为 $\Delta V = \Delta x \times 1 \times 1 = \Delta x$，取微分有 $dV = dx$，则上式化为

$$\int_w^e \frac{d}{dx}\left(k\frac{dT}{dx} \right)dx + \int_w^e Sdx = 0 \tag{6-4}$$

将积分号展开，并对源项运用积分中值定理 $\int_w^e Sdx = \bar{S}\Delta x$，式（6-4）化为

$$\left(k\frac{dT}{dx} \right)_e - \left(k\frac{dT}{dx} \right)_w + \bar{S}\Delta x = 0 \tag{6-5}$$

在式（6-5）中，$\bar{S}$ 为源项在节点 P 控制容积中的平均值，$\Delta x = \delta x_{we}$ 为控制容积的大小。

假定导热系数 k 为常数。要想求解式（6-5），必须知道 $\left(\dfrac{dT}{dx} \right)_e$ 和 $\left(\dfrac{dT}{dx} \right)_w$，而现在我们只知道节点上的值（给定初始值），并不知道界面上的温度梯度，所以早期科学家想到用节点上的值来近似表示界面上的温度梯度。常用的方法是采用线性插值计算 $\left(\dfrac{dT}{dx} \right)_e$ 和 $\left(\dfrac{dT}{dx} \right)_w$，例如：

$$\left(\frac{dT}{dx} \right)_e \approx \frac{\Delta T}{\Delta x}\Big|_e = \frac{T_E - T_P}{\delta x_{PE}} \tag{6-6}$$

$$\left(\frac{dT}{dx} \right)_w \approx \frac{\Delta T}{\Delta x}\Big|_w = \frac{T_P - T_W}{\delta x_{WP}} \tag{6-7}$$

在传热学中，我们通常认为源项 S 是一个常数，但为了更具一般性，很多教程通常将源项当作控制体节点温度的函数来处理，即 $\bar{S} = f(T_P)$。

数学知识告诉我们，任何一个连续函数 $f(x)$ 都可以用多项式来近似表示，即

$$f(x) = a_0 + a_1 x + a_2 x^2 + a_3 x^3 + \cdots + a_n x^n + \cdots$$

可得：

$$\bar{S} = a_0 + a_1 T_P + a_2 (T_P)^2 + a_3 (T_P)^3 + \cdots + a_n (T_P)^n + \cdots$$

同时，因为离散化方程需要用线性代数来求解（第 5 章内容），所以源项通常按照一阶线性化（去掉了高阶项）处理，又因为是从工程上求解，所以

$$\bar{S} = a_0 + a_1 T_P$$

令 $S_u = a_0$，$S_P = a_1$，有

$$\bar{S} = S_u + S_P T_P \tag{6-8}$$

在式（6-8）中，S_u 为常数部分；S_P 为 T_P 的系数。当 $\bar{S}$ 随空间位置变化时，下标 P 会相应地变化。将式（6-6）～式（6-8）代入式（6-5）中，得

$$k_e \frac{T_E - T_P}{\delta x_{PE}} - k_w \frac{T_P - T_W}{\delta x_{WP}} + (S_u + S_P T_P)\Delta x = 0 \tag{6-9}$$

整理得

$$\frac{k_e}{\delta x_{PE}}T_E - \frac{k_e}{\delta x_{PE}}T_P - \frac{k_w}{\delta x_{WP}}T_P + \frac{k_w}{\delta x_{WP}}T_W + S_u\Delta x + S_P T_P \Delta x = 0 \tag{6-10}$$

再次整理得

$$\left(\frac{k_e}{\delta x_{PE}} + \frac{k_w}{\delta x_{WP}} - S_P \Delta x\right)T_P = \frac{k_e}{\delta x_{PE}}T_E + \frac{k_w}{\delta x_{WP}}T_W + S_u \Delta x \qquad (6\text{-}11)$$

令 $a_E = \dfrac{k_e}{\delta x_{PE}}$ ，$a_W = \dfrac{k_w}{\delta x_{WP}}$ ，$b = S_u \Delta x$ ，$a_P = a_E + a_W - S_P \Delta x$

则式（6-11）可写成

$$a_P T_P = a_E T_E + a_W T_W + b \qquad (6\text{-}12)$$

式（6-12）即为式（6-2）所示的一维稳态扩散方程的离散方程，至此，微分方程转换成了代数方程。式中的 T_P 并不是固定不变的，对所有节点均可以列出对应的离散方程，即一个节点对应一个代数方程，最后得到一组代数方程（因此网格量越大，方程越多，求解的速度就越慢）。同时，对于求解域边界处的控制容积积分方程要按边界条件修正上式中的各项系数。

第三步：求解代数方程组。对每一个节点均建立一个代数方程，得到一个代数方程组。针对图 6-1 所示的情形，我们将得到一组关于 $T_1 \sim T_5$ 的代数方程组。

$$\begin{cases} a_1 T_1 = a_A T_A + a_2 T_2 + b_1 \\ a_2 T_2 = a_1 T_1 + a_3 T_3 + b_2 \\ a_3 T_3 = a_2 T_2 + a_4 T_4 + b_3 \\ a_4 T_4 = a_3 T_3 + a_5 T_5 + b_4 \\ a_5 T_5 = a_4 T_4 + a_B T_B + b_5 \end{cases}$$

求解上述方程组要注意，在求 T_1 时，用到了其左边（西侧）的边界条件 T_A；在求 T_5 时，用到了其右边（东侧）的边界条件 T_B。上述方程组可以用第 5 章介绍的迭代法或 TDMA 进行求解。接下来我们通过两个例子来巩固一维有限体积法的操作方法。

6.1.1　无内热源一维稳态导热问题

【例题 6-1】 [19, 31] 如图 6-2 所示，有一根横截面积为 0.01m^2 ，长 $L = 0.5\text{m}$ 的杆。已知 A 端的温度 $T_A = 100℃$ ，B 端的温度 $T_B = 500℃$ ，无内热源（$S = 0$），杆材质均匀，导热系数 $k = 1000\text{W}/(\text{m} \cdot \text{K})$。请用数值方法求解杆内的温度分布。

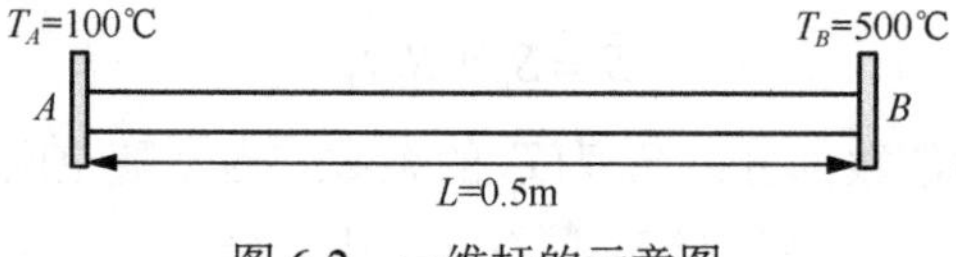

图 6-2　一维杆的示意图

解：

无内热源一维稳态导热问题满足如下微分方程

$$\frac{\mathrm{d}}{\mathrm{d}x}\left(k\frac{\mathrm{d}T}{\mathrm{d}x}\right) = 0 \qquad (6\text{-}13)$$

其定解条件为

$$\begin{cases} T_{x=0} = T_A = 100 \\ T_{x=0.5} = T_B = 500 \end{cases}$$

为方便后文与数值解进行对比，先给出其精确解（解析解）

$$T = 800x + 100$$

接下来我们将按照前文介绍的 3 个步骤来求解该问题的数值解。

第一步：离散求解区域（画网格）。将一维杆划分成 5 个控制容积，如图 6-3 所示。此时，$\delta x = \Delta x = 0.1\text{m}$。需要说明，网格划分方式并不唯一，你也可以选择划成 10 个控制体，或者 15 个控制体。

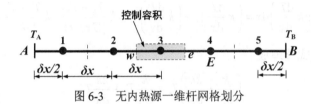

图 6-3 无内热源一维杆网格划分

第二步：构造离散方程。

求解域共有 5 个节点，离散方程为

$$\left(\frac{k_w}{\delta x_{WP}} + \frac{k_e}{\delta x_{PE}} - S_P \Delta x \right) T_P = \frac{k_w}{\delta x_{WP}} T_W + \frac{k_e}{\delta x_{PE}} T_E + S_u \Delta x \tag{6-14}$$

因为无内热源，所以上式可化为

$$\left(\frac{k_w}{\delta x_{WP}} + \frac{k_e}{\delta x_{PE}} \right) T_P = \frac{k_w}{\delta x_{WP}} T_W + \frac{k_e}{\delta x_{PE}} T_E \tag{6-15}$$

因导热系数为常数，网格是均匀划分的，故 $k_w = k_e = k$，$\delta x_{WP} = \delta x_{PE} = \delta x$。于是得

$$2T_P = T_W + T_E \tag{6-16}$$

根据式（6-16）可以写出内部节点 2、节点 3、节点 4 的离散方程：

$$\begin{cases} 2T_2 = T_1 + T_3 \\ 2T_3 = T_2 + T_4 \\ 2T_4 = T_3 + T_5 \end{cases}$$

节点 1 和节点 5 为边界节点，它们的离散方程需特殊处理。将式（6-13）在节点 1 的控制容积内进行积分，可得

$$\int_A^{e1} \frac{\text{d}}{\text{d}x} \left(k \frac{\text{d}T}{\text{d}x} \right) \text{d}x = \left(k \frac{\text{d}T}{\text{d}x} \right)_{e1} - \left(k \frac{\text{d}T}{\text{d}x} \right)_A = k \frac{T_2 - T_1}{\delta x} - k \frac{T_1 - T_A}{(\delta x / 2)} = 0 \tag{6-17}$$

式（6-17）采用了一个近似形式，即控制容积的西侧界面（此时为求解域边界 A）的扩散流量近似与边界节点 A 和节点 1 的温度线性相关。按节点温度将其整理成

$$\left(\frac{k}{\delta x}+\frac{2k}{\delta x}\right)T_1=0\times T_W+\left(\frac{k}{\delta x}\right)T_2+\left(\frac{2k}{\delta x}\right)T_A \tag{6-18}$$

对应的标准形式为

$$a_P T_P = a_W T_W + a_E T_E + b \tag{6-19}$$

有 $b=S_u\Delta x=\left(\frac{2k}{\delta x}\right)T_A$，$a_W=0$，$a_E=\frac{k}{\delta x}$，$a_P=a_E+a_W-S_P\Delta x$，其中 $S_P\Delta x=-\frac{2k}{\delta x}$。

整理式（6-18），可以得到关于节点 1 的离散方程：

$$3T_1=T_2+2T_A$$

同理，将式（6-13）在节点 5 的控制容积内进行积分，可得

$$\int_{w5}^{B}\frac{\mathrm{d}}{\mathrm{d}x}\left(k\frac{\mathrm{d}T}{\mathrm{d}x}\right)\mathrm{d}x=\left(k\frac{\mathrm{d}T}{\mathrm{d}x}\right)_B-\left(k\frac{\mathrm{d}T}{\mathrm{d}x}\right)_{w5}=k\frac{T_B-T_5}{(\delta x/2)}-k\frac{T_5-T_4}{\delta x}=0$$

按节点温度将上式整理成

$$\left(\frac{k}{\delta x}+\frac{2k}{\delta x}\right)T_5=\frac{k}{\delta x}T_4+\frac{2k}{\delta x}T_B \tag{6-20}$$

对应标准形式为

$$a_P T_P = a_W T_W + a_E T_E + b \tag{6-21}$$

有 $b=S_u\Delta x=\frac{2k}{\delta x}T_B$，$a_W=\frac{k}{\delta x}$，$a_E=0$，$a_P=a_E+a_W-S_P\Delta x$，$S_P\Delta x=-\frac{2k}{\delta x}$。

整理式（6-20），得到关于节点 5 的离散方程：

$$3T_5=T_4+2T_B$$

于是得到一组关于 $T_1\sim T_5$ 的代数方程：

$$\begin{cases}3T_1=T_2+2T_A\\2T_2=T_1+T_3\\2T_3=T_2+T_4\\2T_4=T_3+T_5\\3T_5=T_4+2T_B\end{cases}$$

写成矩阵形式有

$$\begin{bmatrix}3&-1&0&0&0\\-1&2&-1&0&0\\0&-1&2&-1&0\\0&0&-1&2&-1\\0&0&0&-1&3\end{bmatrix}\begin{pmatrix}T_1\\T_2\\T_3\\T_4\\T_5\end{pmatrix}=\begin{pmatrix}2T_A\\0\\0\\0\\2T_B\end{pmatrix}$$

第三步：求解代数方程组。

使用 MATLAB 求解该方程组，可得节点温度值 $T_1\sim T_5$：

$$\begin{cases} T_1 = T\mid_{x=0.05} = 140 \\ T_2 = T\mid_{x=0.15} = 220 \\ T_3 = T\mid_{x=0.25} = 300 \\ T_4 = T\mid_{x=0.35} = 380 \\ T_5 = T\mid_{x=0.45} = 460 \end{cases}$$

其解析解为：$T = 800x + 100$

如图 6-4 所示，节点上的数值解和解析解一样。

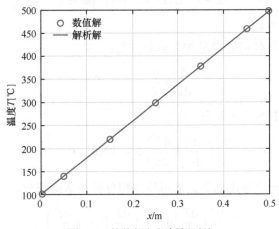

图 6-4   数值解与解析解对比

有的读者可能会想，既然解析解已经解出来，为什么还要求数值解呢？虽然针对【例题 6-1】这种简单的情形我们可以求出解析解，但在更多的情况下，我们是找不到解析解的，只能得到数值解。

6.1.2   有内热源一维稳态导热问题

【例题 6-2】[30]如图 6-5 所示，有一根横截面积为 0.01m^2，长 $L=0.5\text{m}$ 的杆。已知 A 端的温度 $T_A=100℃$，B 端的温度 $T_B=500℃$，内热源 $S=1000\text{KW/m}^3$，杆材质均匀，导热系数 $k=100\text{W/(m·K)}$。请用数值方法求解杆内的温度分布。

解：

有内热源一维稳态导热问题满足如下微分方程

$$\frac{\mathrm{d}}{\mathrm{d}x}\left(k\frac{\mathrm{d}T}{\mathrm{d}x}\right) + S = 0 \tag{6-22}$$

其定解条件为

$$\begin{cases} T_{x=0} = T_A = 100 \\ T_{x=0.5} = T_B = 500 \end{cases}$$

对方便后文与数值解进行对比，给出其解析解

$$T = \left[\frac{T_B - T_A}{0.5} + \frac{S}{2k}(0.5 - x)\right]x + T_A$$

接下来按照 6.1 节介绍的 3 个步骤来求解该问题的数值解。

第一步：离散求解区域（画网格）。为便于与无内热源的情形进行比较，取与其相同的节点进行划分。将一维杆划分成 5 个控制容积，如图 6-5 所示。此时，$\delta x = \Delta x = 0.1\text{m}$。

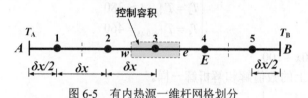

图 6-5　有内热源一维杆网格划分

第二步：构造离散方程。

有内热源一维稳态导热问题满足如下微分方程：

$$\frac{\mathrm{d}}{\mathrm{d}x}\left(k\frac{\mathrm{d}T}{\mathrm{d}x}\right) + S = 0 \tag{6-23}$$

将式（6-23）在控制容积上积分[①]可得

$$\int_{\Delta V}\frac{\mathrm{d}}{\mathrm{d}x}\left(k\frac{\mathrm{d}T}{\mathrm{d}x}\right)\mathrm{d}x + \int_{\Delta V}S\mathrm{d}x = 0 \tag{6-24}$$

对式（6-24）的第一项应用高斯定理可将体积分转换成面积分，过程如下：

$$\int_{\Delta V}\frac{\mathrm{d}}{\mathrm{d}x}\left(k\frac{\mathrm{d}T}{\mathrm{d}x}\right)\mathrm{d}x = \left(k\frac{\mathrm{d}T}{\mathrm{d}x}\right)_e - \left(k\frac{\mathrm{d}T}{\mathrm{d}x}\right)_w$$

源项如下：

$$\int_{\Delta V}S\mathrm{d}x = S\Delta x \quad（根据题干可知，此处 S 为常数）$$

则式（6-24）化为

$$\left(k\frac{\mathrm{d}T}{\mathrm{d}x}\right)_e - \left(k\frac{\mathrm{d}T}{\mathrm{d}x}\right)_w + S\Delta x = 0 \tag{6-25}$$

将上式展开可得

$$k_e\frac{T_E - T_P}{\delta x_{PE}} - k_w\frac{T_P - T_W}{\delta x_{WP}} + S\Delta x = 0$$

整理得

$$\left(\frac{k_e}{\delta x_{PE}} + \frac{k_w}{\delta x_{WP}}\right)T_P = \frac{k_w}{\delta x_{WP}}T_W + \frac{k_e}{\delta x_{PE}}T_E + S\Delta x \tag{6-26}$$

将上式改写成通用形式，令 $a_W = \dfrac{k_w}{\delta x_{WP}}$；$a_E = \dfrac{k_e}{\delta x_{PE}}$；$a_P = a_E + a_W$；$b = S\Delta x$；$k_e = k_w = k$。

则式（6-26）可写为

$$a_P T_P = a_W T_W + a_E T_E + b \tag{6-27}$$

[①] 在将式（6-23）转化成式（6-24）的过程中，我们将等式两端分别除以杆的横截面积 0.01m^2，得到式（6-24）。

求解域中共有 5 个节点，利用式（6-26）可列出内部节点 2、节点 3、节点 4 的离散方程。因为内热源为常数 $S=1000\text{kW/m}^3$；$k_w = k_e = k = 100\ \text{W/(m·k)}$；$\delta x_{WP} = \delta x_{PE} = \delta x = \Delta x = 0.1\text{m}$，所以式（6-26）可化为

$$\left(\frac{k}{\delta x} + \frac{k}{\delta x}\right)T_P = \frac{k}{\delta x}T_W + \frac{k}{\delta x}T_E + S\Delta x \qquad (6\text{-}28)$$

由上式可得内部节点方程。

节点 2：

$$\left(\frac{k}{\delta x} + \frac{k}{\delta x}\right)T_2 = \frac{k}{\delta x}T_1 + \frac{k}{\delta x}T_3 + S\Delta x \qquad (6\text{-}29)$$

$$20T_2 = 10T_1 + 10T_3 + 1 \qquad (6\text{-}30)$$

节点 3：

$$\left(\frac{k}{\delta x} + \frac{k}{\delta x}\right)T_3 = \frac{k}{\delta x}T_2 + \frac{k}{\delta x}T_4 + S\Delta x \qquad (6\text{-}31)$$

$$20T_3 = 10T_2 + 10T_4 + 1 \qquad (6\text{-}32)$$

节点 4：

$$\left(\frac{k}{\delta x} + \frac{k}{\delta x}\right)T_4 = \frac{k}{\delta x}T_3 + \frac{k}{\delta x}T_5 + S\Delta x \qquad (6\text{-}33)$$

$$20T_4 = 10T_3 + 10T_5 + 1 \qquad (6\text{-}34)$$

对边界节点 1 和节点 5，根据式（6-25）可分别展开成如下形式。

$$\left(k\frac{\text{d}T}{\text{d}x}\right)_e - \left(k\frac{\text{d}T}{\text{d}x}\right)_w + S\Delta x = 0$$

节点 1：

$$k_e\frac{T_2 - T_1}{\delta x} - k_w\frac{T_1 - T_A}{\delta x / 2} + S\Delta x = 0 \qquad (6\text{-}35)$$

$$\left(\frac{k}{\delta x} + \frac{2k}{\delta x}\right)T_1 = \frac{k}{\delta x}T_2 + \frac{2k}{\delta x}T_A + S\Delta x \qquad (6\text{-}36)$$

$$30T_1 = 10T_2 + 20T_A + 1 \qquad (6\text{-}37)$$

对应的标准形式：

$$a_P T_P = a_W T_W + a_E T_E + b \qquad (6\text{-}38)$$

有 $b = \dfrac{2k}{\delta x}T_A + S\Delta x$，$a_W = 0$，$a_E = \dfrac{k}{\delta x}$，$a_P = a_E + a_W - S_P\Delta x$，其中 $S_P\Delta x = -\dfrac{2k}{\delta x}$。

节点 5：

$$k_e\frac{T_B - T_5}{\delta x / 2} - k_w\frac{T_5 - T_4}{\delta x} + S\Delta x = 0 \qquad (6\text{-}39)$$

$$\left(\frac{k}{\delta x} + \frac{2k}{\delta x}\right)T_5 = \frac{k}{\delta x}T_4 + \frac{2k}{\delta x}T_B + S\Delta x \qquad (6\text{-}40)$$

$$30T_5 = 10T_4 + 20T_B + 1 \qquad (6\text{-}41)$$

对应的标准形式：

$$a_P T_P = a_W T_W + a_E T_E + b \tag{6-42}$$

有 $b = \dfrac{2k}{\delta x} T_B + S\Delta x$，$a_W = \dfrac{k}{\delta x}$，$a_E = 0$，$a_P = a_E + a_W - S_P \Delta x$，其中 $S_P \Delta x = -\dfrac{2k}{\delta x}$。

综上得到一组关于 $T_1 \sim T_5$ 的方程组：

$$\begin{cases} 30T_1 = 10T_2 + 20T_A + 1 \\ 20T_2 = 10T_1 + 10T_3 + 1 \\ 20T_3 = 10T_2 + 10T_4 + 1 \\ 20T_4 = 10T_3 + 10T_5 + 1 \\ 30T_5 = 10T_4 + 20T_B + 1 \end{cases}$$

第三步：求解代数方程组。

把 T_A=100，T_B=500 代入上式，使用 MATLAB 可以解出：

$$\begin{cases} T_1 = 140.125 \\ T_2 = 220.275 \\ T_3 = 300.325 \\ T_4 = 380.275 \\ T_5 = 460.125 \end{cases}$$

此题的解析解 $T = \left[\dfrac{T_B - T_A}{0.5} + \dfrac{S}{2k}(0.5 - x) \right] x + T_A$，各节点的解析解分别为：$T_1 = 140.125$，$T_2 = 220.2625$，$T_3 = 300.3125$，$T_4 = 380.2625$，$T_5 = 460.1125$。可以看出，数值解和解析解吻合得很好，满足工程精度，证明数值解在工程上是可行的。

6.2 二维稳态扩散问题（导热问题）的有限体积法

本节讨论有内热源二维稳态导热情形。首先写出流体流动控制方程的通用形式：

$$\frac{\partial(\rho\phi)}{\partial t} + \mathrm{div}(\rho V\phi) = \mathrm{div}(\Gamma\,\mathbf{grad}\,\phi) + S \tag{6-43}$$

因为是稳态导热，所以可以去除非稳态项 $\dfrac{\partial(\rho\phi)}{\partial t}$；因为不涉及对流，所以去除对流项 $\mathrm{div}(\rho V\phi)$，又因为是二维情形，所以上式可写成

$$\frac{\partial}{\partial x}\left(\Gamma_x \frac{\partial\phi}{\partial x}\right) + \frac{\partial}{\partial y}\left(\Gamma_y \frac{\partial\phi}{\partial y}\right) + S = 0$$

方便起见，假设物体是各向同性的，即扩散系数 $\Gamma_x = \Gamma_y = \Gamma = k$。根据传热学中的写法，用温度 T 代替变量 ϕ。上式化为

$$\frac{\partial}{\partial x}\left(k \frac{\partial T}{\partial x}\right) + \frac{\partial}{\partial y}\left(k \frac{\partial T}{\partial y}\right) + S = 0 \tag{6-44}$$

下面分 3 步来解决有内热源二维稳态导热问题。

第一步：对求解区域进行离散化（画网格）。

二维网格如图 6-6 所示，图中灰色阴影区域为节点 P 的控制容积，Δx 可以与 Δy 相等也可以不相等（为了简洁，这里按照 $\Delta x = \Delta y$ 处理）。 P 点西侧相邻节点为 W，东侧相邻节点为 E，北侧相邻节点为 N，南侧相邻节点为 S。W 点到 P 点的距离定义为 δx_{WP}，P 点到 E 点的距离定义为 δx_{PE}，S 点到 P 点的距离定义为 δy_{SP}，P 点到 N 点的距离定义为 δy_{PN}，P 点所在控制容积的西侧界面为 w，东侧界面为 e，控制容积横向长度为 δx_{we}，P 点所在控制容积的南侧界面为 s，北侧界面为 n，控制容积纵向长度为 δy_{sn}。

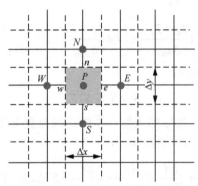

图 6-6　二维问题有限体积法的计算网格

第二步：控制方程的离散化。在节点 P 的控制容积内，对式（6-44）进行积分可得

$$\int_{\Delta V} \frac{\partial}{\partial x}\left(k\frac{\partial T}{\partial x}\right)dV + \int_{\Delta V} \frac{\partial}{\partial y}\left(k\frac{\partial T}{\partial y}\right)dV + \int_{\Delta V} SdV = 0 \tag{6-45}$$

对于该二维稳态，可将 z 轴方向的厚度当作单位厚度来处理，即图 6-6 所示的控制容积的体积为 $\Delta V = \Delta x \times \Delta y \times 1$，则式（6-45）化为

$$\int_{\Delta V} \frac{\partial}{\partial x}\left(k\frac{\partial T}{\partial x}\right)dxdy + \int_{\Delta V} \frac{\partial}{\partial y}\left(k\frac{\partial T}{\partial y}\right)dxdy + \int_{\Delta V} Sdxdy = 0 \tag{6-46}$$

使用高斯定理，将体积分化成面积分，则上式可写成

$$\left[\left(kA\frac{dT}{dx}\right)_e - \left(kA\frac{dT}{dx}\right)_w\right] + \left[\left(kA\frac{dT}{dy}\right)_n - \left(kA\frac{dT}{dy}\right)_s\right] + \overline{S}\Delta V = 0 \tag{6-47}$$

由图 6-6 所示的网格可知 $A_e = A_w = \Delta y = A_n = A_s = \Delta x = A$。$\overline{S}$ 为源项在节点 P 控制容积中的平均值，$\Delta V = \Delta x \Delta y$ 为控制容积的大小。

和一维稳态导热问题类似，要想求解上式，必须知道 $\left(\dfrac{dT}{dx}\right)_e$、$\left(\dfrac{dT}{dx}\right)_w$、$\left(\dfrac{dT}{dy}\right)_n$ 和 $\left(\dfrac{dT}{dy}\right)_s$，而现在只知道节点上的值（给定初始值），并不知道界面上的温度梯度，所以需要<u>用节点上的值来近似界面上的温度梯度</u>。依旧采用线性插值来计算上式。

$$\left(kA\frac{dT}{dx}\right)_e \approx kA\frac{\Delta T}{\Delta x}|_e = kA\frac{T_E-T_P}{\delta x_{PE}}$$

$$\left(kA\frac{dT}{dx}\right)_w \approx A\frac{\Delta T}{\Delta x}|_w = kA\frac{T_P-T_W}{\delta x_{WP}}$$

$$\left(kA\frac{dT}{dy}\right)_s \approx kA\frac{\Delta T}{\Delta y}|_s = kA\frac{T_P-T_S}{\delta y_{SP}}$$

$$\left(kA\frac{dT}{dy}\right)_n \approx kA\frac{\Delta T}{\Delta y}|_n = kA\frac{T_N-T_P}{\delta y_{PN}}$$

(6-48)

将式（6-48）代入（6-47），得

$$\left[kA\frac{T_E-T_P}{\delta x_{PE}}-kA\frac{T_P-T_W}{\delta x_{WP}}\right]+\left[kA\frac{T_N-T_P}{\delta y_{PN}}-kA\frac{T_P-T_S}{\delta y_{SP}}\right]+\overline{S}\Delta V=0 \quad (6\text{-}49)$$

对源项按照一阶线性化处理得

$$\overline{S}=S_u+S_P T_P \quad (6\text{-}50)$$

式中，S_u 为常数部分；S_P 为 T_P 的系数。$\overline{S}$ 随空间位置变化时，下标 P 相应变化。

将式（6-50）代入式（6-49），整理得

$$\left[\frac{kA}{\delta x_{WP}}+\frac{kA}{\delta x_{PE}}+\frac{kA}{\delta y_{SP}}+\frac{kA}{\delta y_{PN}}-S_P\Delta x\Delta y\right]T_P$$

$$=\frac{kA}{\delta x_{WP}}T_W+\frac{kA}{\delta x_{PE}}T_E+\frac{kA}{\delta y_{SP}}T_S+\frac{kA}{\delta y_{PN}}T_N+S_u\Delta x\Delta y$$

(6-51)

令 $a_W=\dfrac{kA}{\delta x_{WP}}$，$a_E=\dfrac{kA}{\delta x_{PE}}$，$a_S=\dfrac{kA}{\delta y_{SP}}$，$a_N=\dfrac{kA}{\delta y_{PN}}$，$a_P=a_W+a_E+a_S+a_N-S_P\Delta x\Delta y$，$b=S_u\Delta x\Delta y$。

则式（6-51）可写为

$$a_P T_P=a_W T_W+a_E T_E+a_S T_S+a_N T_N+b \quad (6\text{-}52)$$

式（6-52）就是式（6-44）所示二维稳态扩散方程的离散方程，至此，将微分方程转换成了代数方程。

第三步：求解代数方程组。我们对每一个节点均建立一个代数方程，进而会得到一个代数方程组。用线性代数的相关求解方法来求解代数方程组。

6.3 三维稳态扩散问题（导热问题）的有限体积法

三维稳态导热问题满足的控制方程为

$$\frac{\partial}{\partial x}\left(\varGamma\frac{\partial T}{\partial x}\right)+\frac{\partial}{\partial y}\left(\varGamma\frac{\partial T}{\partial y}\right)+\frac{\partial}{\partial z}\left(\varGamma\frac{\partial T}{\partial z}\right)+S=0 \quad (6\text{-}53)$$

三维网格典型的控制容积如图 6-7 所示。节点 P 有 6 个相邻节点，分别位于东 E、西 W、南 S、北 N、上 T、下 B 共 6 个方位。同时用小写字母 e、w、s、n、t、b 分别表示控制容积

的东侧、西侧、南侧、北侧、上侧和下侧边界表面。

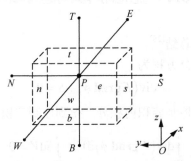

图 6-7　三维网格中典型的控制容积

在控制容积内对式（6-53）所示的控制方程进行积分（积分的法向为坐标轴的正方向）并利用高斯定理，有

$$\left[\left(\Gamma A \frac{\partial T}{\partial x}\right)_e - \left(\Gamma A \frac{\partial T}{\partial x}\right)_w\right] + \left[\left(\Gamma A \frac{\partial T}{\partial y}\right)_n - \left(\Gamma A \frac{\partial T}{\partial y}\right)_s\right]$$
$$+ \left[\left(\Gamma A \frac{\partial T}{\partial z}\right)_t - \left(\Gamma A \frac{\partial T}{\partial z}\right)_b\right] + \bar{S}\Delta V = 0 \tag{6-54}$$

采用线性插值来计算式（6-54），有

$$\left[(\Gamma A)_e \frac{T_E - T_P}{\delta x_{PE}} - (\Gamma A)_w \frac{T_P - T_W}{\delta x_{WP}}\right]$$
$$+ \left[(\Gamma A)_n \frac{T_N - T_P}{\delta y_{PN}} - (\Gamma A)_s \frac{T_P - T_S}{\delta y_{SP}}\right] \tag{6-55}$$
$$+ \left[(\Gamma A)_t \frac{T_T - T_P}{\delta z_{PT}} - (\Gamma A)_b \frac{T_P - T_B}{\delta z_{BP}}\right] + (S_u + S_P T_P)\Delta x \Delta y \Delta z = 0$$

整理可得

$$\left[\frac{(\Gamma A)_e}{\delta x_{PE}} + \frac{(\Gamma A)_w}{\delta x_{WP}} + \frac{(\Gamma A)_n}{\delta y_{PN}} + \frac{(\Gamma A)_s}{\delta y_{SP}} + \frac{(\Gamma A)_t}{\delta z_{PT}} + \frac{(\Gamma A)_b}{\delta z_{BP}} - S_P \Delta x \Delta y \Delta z\right] T_P$$
$$= \frac{(\Gamma A)_e}{\delta x_{PE}} T_E + \frac{(\Gamma A)_w}{\delta x_{WP}} T_W + \frac{(\Gamma A)_n}{\delta y_{PN}} T_N + \frac{(\Gamma A)_s}{\delta y_{SP}} T_S + \frac{(\Gamma A)_t}{\delta z_{PT}} T_T \tag{6-56}$$
$$+ \frac{(\Gamma A)_b}{\delta z_{BP}} T_B + S_u \Delta x \Delta y \Delta z$$

再次整理，得其通用形式：

$$a_P T_P = a_E T_E + a_W T_W + a_N T_N + a_S T_S + a_T T_T + a_B T_B + S_u \Delta x \Delta y \Delta z \tag{6-57}$$

其中

$$a_E = \frac{(\Gamma A)_e}{\delta x_{PE}}, \quad a_W = \frac{(\Gamma A)_w}{\delta x_{WP}}, \quad a_N = \frac{(\Gamma A)_n}{\delta y_{PN}}, \quad a_S = \frac{(\Gamma A)_s}{\delta y_{SP}}, \quad a_T = \frac{(\Gamma A)_t}{\delta z_{PT}}, \quad a_B = \frac{(\Gamma A)_b}{\delta z_{BP}},$$
$$a_P = a_E + a_W + a_N + a_S + a_T + a_B - S_P \Delta x \Delta y \Delta z$$

6.4　稳态扩散问题小结

本节对稳态扩散问题进行总结[28]。

对于稳态扩散问题，其微分方程为

$$\mathrm{div}(\varGamma\,\mathbf{grad}\,\phi) + S = 0 \tag{6-58}$$

有限体积法在离散网格的控制容积内积分，得到控制容积的扩散通量平衡式：

$$\int_{\Delta V}\mathrm{div}(\varGamma\,\mathbf{grad}\,\phi)\mathrm{d}V + \int_{\Delta V}S\mathrm{d}V = 0 \tag{6-59}$$

对于稳态扩散问题的有限体积法离散方程形式，一维、二维和三维扩散问题的离散方程可以写成统一的形式：

$$a_P\phi_P = \sum a_{nb}\phi_{nb} + b \tag{6-60}$$

式（6-60）是关于一般节点 P 的离散方程通用表达式。式中 $\sum$ 表示所有与 P 点相邻节点 (nb) 上对应参数之和。a_{nb} 表示相邻节点系数，对于一维稳态问题，a_{nb} 为 a_W、a_E；对于二维稳态问题，a_{nb} 为 a_W、a_E、a_S、a_N；对于三维稳态问题，a_{nb} 为 a_W、a_E、a_S、a_N、a_T、a_B；ϕ_{nb} 为场变量 ϕ 在 P 点相邻节点的值。

节点 P 的离散方程系数 a_P 满足下式：

$$a_P = \sum a_{nb} - S_P\Delta V$$

离散方程中与 P 点相邻节点的系数如表 6-1 所示。

表 6-1　　　　　　扩散问题离散方程中与 P 点相邻节点的系数

维数	a_W	a_E	a_S	a_N	a_B	a_T
一维	$\dfrac{(\varGamma A)_w}{\delta x_{WP}}$	$\dfrac{(\varGamma A)_e}{\delta x_{PE}}$	—	—	—	—
二维	$\dfrac{(\varGamma A)_w}{\delta x_{WP}}$	$\dfrac{(\varGamma A)_e}{\delta x_{PE}}$	$\dfrac{(\varGamma A)_s}{\delta y_{SP}}$	$\dfrac{(\varGamma A)_n}{\delta y_{PN}}$	—	—
三维	$\dfrac{(\varGamma A)_w}{\delta x_{WP}}$	$\dfrac{(\varGamma A)_e}{\delta x_{PE}}$	$\dfrac{(\varGamma A)_s}{\delta y_{SP}}$	$\dfrac{(\varGamma A)_n}{\delta y_{PN}}$	$\dfrac{(\varGamma A)_b}{\delta z_{BP}}$	$\dfrac{(\varGamma A)_t}{\delta z_{PT}}$

源项在积分中按照线性插值处理，即

$$\overline{S} = S_u + S_P\phi_P \tag{6-61}$$

扩散问题的边界条件处理是通过使相应边界的对应节点系数为零，并用额外的等效源项加入离散方程中表示的。

6.5　典型非稳态扩散问题的有限体积法

与稳态问题相比，非稳态问题多了与时间相关的非稳态项（也叫时间项、瞬态项）。非稳态问题的微分控制方程为

$$\frac{\partial(\rho\phi)}{\partial t} + \mathrm{div}(\rho V\phi) = \mathrm{div}(\Gamma\,\mathbf{grad}\,\phi) + S \tag{6-62}$$

采用有限体积法对式（6-62）进行离散（对控制方程不仅需要在控制容积内做积分，还要在一定时间段内对其做积分），并对散度项应用高斯定理，即得到我们在 4.3.2 节推导过的通用非稳态微分方程的积分形式：

$$\int_{\Delta t}\frac{\partial}{\partial t}\left(\int_{\Delta V}(\rho\phi)\mathrm{d}V\right)\mathrm{d}t + \iint_{\Delta tA}\boldsymbol{n}\cdot(\rho V\phi)\mathrm{d}A\mathrm{d}t = \iint_{\Delta tA}\boldsymbol{n}\cdot(\Gamma\,\mathbf{grad}\,\phi)\mathrm{d}A\mathrm{d}t + \iint_{\Delta t\Delta V}S\mathrm{d}V\mathrm{d}t \tag{6-63}$$

对于非稳态扩散问题，不考虑对流，需要去掉上式中的对流项，得到：

$$\int_{\Delta t}\frac{\partial}{\partial t}\left(\int_{\Delta V}(\rho\phi)\mathrm{d}V\right)\mathrm{d}t = \iint_{\Delta tA}\boldsymbol{n}\cdot(\Gamma\,\mathbf{grad}\,\phi)\mathrm{d}A\mathrm{d}t + \iint_{\Delta t\Delta V}S\mathrm{d}V\mathrm{d}t \tag{6-64}$$

对空间的积分方法可参考 6.1～6.3 节的内容。本节首先以一维非稳态扩散问题为例，介绍对非稳态项积分的处理方法，然后简单介绍二维非稳态扩散问题，最后介绍三维非稳态扩散问题。

6.5.1 一维非稳态扩散问题（导热问题）

导热问题属于扩散问题，一维非稳态导热问题的控制方程为[19, 30]：

$$\rho c\frac{\partial T}{\partial t} = \frac{\partial}{\partial x}\left(k\frac{\partial T}{\partial x}\right) + S \tag{6-65}$$

和稳态问题一样，画出形象的网格，如图 6-8 所示。

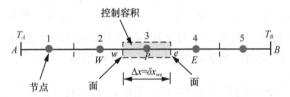

图 6-8　一维非稳态导热问题有限体积法计算网格

在时间段 $t\sim t+\Delta t$ 之间和节点 P 的控制容积内对式（6-56）进行积分可得

$$\int_w^e\left(\int_t^{t+\Delta t}\rho c\frac{\partial T}{\partial t}\mathrm{d}t\right)\mathrm{d}x = \int_t^{t+\Delta t}\left[\int_w^e\frac{\partial}{\partial x}\left(k\frac{\partial T}{\partial x}\right)\mathrm{d}x\right]\mathrm{d}t + \int_t^{t+\Delta t}\left(\int_w^e S\mathrm{d}x\right)\mathrm{d}t \tag{6-66}$$

下面分别对式（6-66）中的各项进行积分运算。

假定在节点处的温度 T_P 能代表整个控制容积的温度，对非稳态项进行如下处理：

$$\frac{\partial T}{\partial t} = \frac{T_P - T_P^0}{\Delta t} \tag{6-67}$$

其中，T_P^0 表示 t 时刻的温度；T_P 表示 $t+\Delta t$ 时刻的温度。

于是非稳态项在控制容积上的积分可写为（假设 ρ 和 c 为常数）

$$\int_w^e\left(\int_t^{t+\Delta t}\rho c\frac{\partial T}{\partial t}\mathrm{d}t\right)\mathrm{d}x = \int_w^e\left[\rho c\left(T_P - T_P^0\right)\right]\mathrm{d}x = \rho c\left(T_P - T_P^0\right)\Delta x \tag{6-68}$$

对扩散项处理如下：

$$\int_{t}^{t+\Delta t}\left[\int_{w}^{e}\frac{\partial}{\partial x}\left(k\frac{\partial T}{\partial x}\right)\mathrm{d}x\right]\mathrm{d}t=\int_{t}^{t+\Delta t}\left(k_e\frac{T_E-T_P}{\delta x_{PE}}-k_w\frac{T_P-T_W}{\delta x_{WP}}\right)\mathrm{d}t$$

$$=\int_{t}^{t+\Delta t}\left[\frac{k_e}{\delta x_{PE}}\left(T_E-T_P\right)-\frac{k_w}{\delta x_{WP}}\left(T_P-T_W\right)\right]\mathrm{d}t$$

$$=\int_{t}^{t+\Delta t}\left[D_e\left(T_E-T_P\right)-D_w\left(T_P-T_W\right)\right]\mathrm{d}t \tag{6-69}$$

$$=\int_{t}^{t+\Delta t}\left[-\left(D_w+D_e\right)T_P+D_wT_W+D_eT_E\right]\mathrm{d}t$$

在式（6-69）中，

$$D_e=\frac{k_e}{\delta x_{PE}},\quad D_w=\frac{k_w}{\delta x_{WP}}$$

对源项处理如下：

$$\int_{t}^{t+\Delta t}\left(\int_{w}^{e}S\mathrm{d}x\right)\mathrm{d}t=\int_{t}^{t+\Delta t}\overline{S}\Delta x\mathrm{d}t \tag{6-70}$$

令 $\overline{S}=\left(S_u+S_PT_P\right)$，上式变为

$$\int_{t}^{t+\Delta t}\left(\int_{w}^{e}S\mathrm{d}x\right)\mathrm{d}t=\int_{t}^{t+\Delta t}\overline{S}\Delta x\mathrm{d}t=\int_{t}^{t+\Delta t}\left(S_u+S_PT_P\right)\Delta x\mathrm{d}t \tag{6-71}$$

接下来如何计算扩散项和源项中的时间积分项？早期的 CFD 学者们发明了很多处理时间积分项的方法。例如，统一取上一时刻（t）的值或统一取下一时刻（$t+\Delta t$）的值，又例如取前后两个时刻的平均值。但更多时候是用 t 时刻和 $t+\Delta t$ 时刻值的线性组合来计算。假设 T 在 $t\sim t+\Delta t$ 之间呈线性分布，则 T 对时间的积分可表示为

$$\int_{t}^{t+\Delta t}T\mathrm{d}t=\left[fT^{t+\Delta t}+\left(1-f\right)T^{t}\right]\Delta t=\left[fT+\left(1-f\right)T^{0}\right]\Delta t \tag{6-72}$$

为了书写方便，式（6-72）第二个等号右侧去掉了上角标 $t+\Delta t$，上角标 t 用 0 代替。f 是在 0 与 1 之间的加权因子。当 $f=0$ 时，意味着使用 t 时刻的值进行时间积分；当 $f=1$ 时，意味着使用 $t+\Delta t$ 时刻的值进行时间积分；当 $f=0.5$ 时，意味着两个时刻值的权重一样。

于是，把式（6-72）应用于式（6-69）可得到以下结果。

扩散项如下：

$$\int_{t}^{t+\Delta t}\left[\int_{w}^{e}\frac{\partial}{\partial x}\left(k\frac{\partial T}{\partial x}\right)\mathrm{d}x\right]\mathrm{d}t$$

$$=\int_{t}^{t+\Delta t}\left[-\left(D_w+D_e\right)T_P+D_wT_W+D_eT_E\right]\mathrm{d}t \tag{6-73}$$

$$=\left\{f\left[-\left(D_w+D_e\right)T_P+D_wT_W+D_eT_E\right]+\left(1-f\right)\left[-\left(D_w+D_e\right)T_P^0+D_wT_W^0+D_eT_E^0\right]\right\}\Delta t$$

$$=f\left[-\left(D_w+D_e\right)T_P+D_wT_W+D_eT_E\right]\Delta t+\left(1-f\right)\left[-\left(D_w+D_e\right)T_P^0+D_wT_W^0+D_eT_E^0\right]\Delta t$$

源项如下：

$$\int_t^{t+\Delta t}\left(\int_w^e S\mathrm{d}x\right)\mathrm{d}t = \left[f\left(S_u + S_P T_P\right)+\left(1-f\right)\left(S_u + S_P T_P^0\right)\right]\Delta x\Delta t \tag{6-74}$$

把式（6-68）、式（6-73）和式（6-74）代入式（6-66），则得到一维非稳态导热微分方程所对应的离散方程：

$$\begin{aligned}\rho c\left(T_P - T_P^0\right)\Delta x = &\ f\left[-\left(D_w + D_e\right)T_P + D_w T_W + D_e T_E\right]\Delta t\\ &+\left(1-f\right)\left[-\left(D_w + D_e\right)T_P^0 + D_w T_W^0 + D_e T_E^0\right]\Delta t\\ &+\left[f\left(S_u + S_P T_P\right)+\left(1-f\right)\left(S_u + S_P T_P^0\right)\right]\Delta x\Delta t\end{aligned} \tag{6-75}$$

整理得

$$\begin{aligned}&\left[\rho c\frac{\Delta x}{\Delta t}+f\left(D_w + D_e - S_P\Delta x\right)\right]T_P\\ =&\ D_w\left[fT_W +\left(1-f\right)T_W^0\right]+D_e\left[fT_E +\left(1-f\right)T_E^0\right]\\ &+\left[\rho c\frac{\Delta x}{\Delta t}-\left(1-f\right)\left(D_w + D_e - S_P\Delta x\right)\right]T_P^0 + S_u\Delta x\end{aligned}$$

写成标准形式为

$$\begin{aligned}a_P T_P = &\ f\left(a_W T_W + a_E T_E\right)+\left(1-f\right)\left(a_W T_W^0 + a_E T_E^0\right)\\ &+\left[a_P^0 -\left(1-f\right)\left(a_W + a_E - S_P\Delta x\right)\right]T_P^0 + b\end{aligned} \tag{6-76}$$

其中

$$\begin{cases}a_P = a_P^0 + f\left(a_W + a_E - S_P\Delta x\right)\\ b = S_u\Delta x\\ a_P^0 = \rho c\dfrac{\Delta x}{\Delta t}\\ a_W = D_w = \dfrac{k_w}{\delta x_{WP}},\ a_E = D_e = \dfrac{k_e}{\delta x_{PE}}\end{cases} \tag{6-77}$$

当 f 取不同的值时，从式（6-76）可得到不同性质的离散方程。当 $f=0$ 时，得到显式格式；$f\neq 0$ 的任何格式都是隐式格式。其中当 $f=1$ 时，得到全隐式格式；当 $f=0.5$ 时，得到 C-N 格式（Crank-Nicolsonscheme，克兰克-尼科尔森格式）。注意显式格式、隐式格式都是针对非稳态而言的。下面逐一讲解这些格式。

6.5.1.1 显式格式

当 $f=0$ 时，即形成了非稳态项的显式格式。当我们把 $f=0$ 代入式（6-72），可以得到

$$\int_t^{t+\Delta t}T\mathrm{d}t = \left[fT +\left(1-f\right)T^0\right]\Delta t = T^0\Delta t \tag{6-78}$$

从数学的角度可以看出，显式格式本质是用 T^0 代替了 $t\sim t+\Delta t$ 内的温度值。当 $f=0$ 时，式（6-76）变为

$$a_P T_P =\left(a_W T_W^0 + a_E T_E^0\right)+\left[a_P^0 -\left(a_W + a_E - S_P\Delta x\right)\right]T_P^0 + b \tag{6-79}$$

结合式（6-77）可以得出

$$\begin{cases} a_P = a_P^0 \\ b = S_u \Delta x \\ a_P^0 = \rho c \dfrac{\Delta x}{\Delta t} \\ a_W = \dfrac{k_w}{\delta x_{WP}}, a_E = \dfrac{k_e}{\delta x_{PE}} \end{cases} \tag{6-80}$$

式（6-79）在计算中心节点温度 T_P 时，只用到了上一时刻的温度值 T_W^0、T_E^0、T_P^0 （还有源项），该式属于显式格式，可直接由初始温度分布计算出其他时刻的温度分布。物理稳定性要求所有节点前的系数均非负（大于或等于零）。这在 CFD 中被称为正系数法则，因此，T_P^0 前的系数必须大于或等于零，有

$$a_P^0 - (a_W + a_E - S_P \Delta x) \geqslant 0$$

因为

$$S_P \overset{①}{<} 0, \ \Delta x > 0, \ -S_P \Delta x > 0$$

所以

$$a_P^0 - (a_W + a_E) > 0$$

当 $k_w = k_e = k$ 为常数且采用均匀网格时，$\delta x_{WP} = \delta x_{PE} = \Delta x$。因此，有

$$\rho c \frac{\Delta x}{\Delta t} - \frac{k}{\Delta x} - \frac{k}{\Delta x} > 0$$

可得

$$\Delta t < \rho c \frac{(\Delta x)^2}{2k} \tag{6-81}$$

式（6-81）即显式格式的稳定性条件，如果违背了这个条件，就可能出现物理意义上的不真实解。这是因为如果 T_P^0 前的系数是负值，由一个较高的 T_P^0 可能会得到一个较低的 T_P，这显然是不符合实际物理情况的（就像一直给物体加热，上一时刻物体温度是高温，下一时刻物体突然变成低温，这不符合物理常识）。同时，如果希望用较小的空间步长得到更加精确的模拟结果，则同时需要时间步长非常小，时间步长越小，模拟计算时间越长，有时候会得不偿失，所以一般不推荐使用显式格式。

小结

显式格式：用上一时刻的温度来表示下一时刻的温度；有条件稳定；网格越小，所需时间步长越小，模拟计算时间越长。

6.5.1.2　全隐式格式

当 $f = 1$ 时，称为非稳态项的全隐式格式。把 $f = 1$ 代入式（6-72），可以得到

$$\int_t^{t+\Delta t} T \mathrm{d}t = \left[fT + (1-f)T^0 \right] \Delta t = T \Delta t \tag{6-82}$$

---

① 关于 $S_P < 0$ 的讲解可参见 7.2.2.2 节。

从数学的角度可以看出，全隐式格式本质是用 T 代替了 $t \sim t + \Delta t$ 内的温度值。当 $f = 1$ 时，式（6-76）变为

$$a_P T_P = a_W T_W + a_E T_E + a_P^0 T_P^0 + b \qquad (6\text{-}83)$$

把 $a_P^0 T_P^0$ 并入 b 中，重新整理，得

$$a_P T_P = a_W T_W + a_E T_E + b \qquad (6\text{-}84)$$

上式中的 b 值已经发生变化。

结合式（6-77）可以得出

$$\begin{cases} a_P = a_P^0 + a_W + a_E - S_P \Delta x \\ b = a_P^0 T_P^0 + S_u \Delta x \\ a_P^0 = \rho c \dfrac{\Delta x}{\Delta t} \\ a_W = \dfrac{k_w}{\delta x_{WP}}, a_E = \dfrac{k_e}{\delta x_{PE}} \end{cases} \qquad (6\text{-}85)$$

式（6-84）中出现了 T_P、T_W、T_E、T_P^0，其中 T_P、T_W、T_E 均未知，这时不能像显式格式那样将已知时刻的值代入离散方程直接得到待求时刻的值。全隐式格式求解需要联立代数方程组才能获得解，代数方程组求解的难度增加。但全隐式格式也有其优点，<u>其所有节点前的系数皆为正值，因此全隐式格式是无条件稳定的。全隐式格式一般被推荐作为非稳态问题的求解格式。</u>

6.5.1.3 C- N 格式（Crank-Nicolson 格式）

当 $f = 0.5$ 时，称为非稳态项离散的 C−N 格式。把 $f = 0.5$ 代入式（6-72），可以得到

$$\int_{t}^{t+\Delta t} T \mathrm{d}t = \left[fT + (1-f)T^0 \right] \Delta t = \frac{1}{2}\left(T + T^0\right)\Delta t \qquad (6\text{-}86)$$

从数学的角度可以看出，C−N 格式本质是用 $t \sim t + \Delta t$ 内温度的算术平均值来近似。当 $f = 0.5$，式（6-76）变为

$$a_P T_P = a_W \left(\frac{1}{2}T_W + \frac{1}{2}T_W^0\right) + a_E \left(\frac{1}{2}T_E + \frac{1}{2}T_E^0\right) + \left[a_P^0 - \frac{1}{2}\left(a_W + a_E - S_P \Delta x\right)\right]T_P^0 + b \qquad (6\text{-}87)$$

整理得

$$a_P T_P = \frac{1}{2}a_W T_W + \frac{1}{2}a_E T_E + b \qquad (6\text{-}88)^{①}$$

其中

$$\begin{cases} a_P = a_P^0 + \dfrac{1}{2}\left(a_W + a_E\right) \\ b = \left[a_P^0 - \dfrac{1}{2}\left(a_W + a_E - S_P \Delta x\right)\right]T_P^0 + \dfrac{1}{2}a_E T_E^0 + \dfrac{1}{2}a_W T_W^0 \\ a_P^0 = \rho c \dfrac{\Delta x}{\Delta t} \\ a_W = \dfrac{k_w}{\delta x_{WP}}, a_E = \dfrac{k_e}{\delta x_{PE}} \end{cases} \qquad (6\text{-}89)$$

---

① 式（6-88）中的 b 的值已发生变化。

虽然一些图书把 C-N 格式描述成无条件稳定的，认为不管多大的时间步长，总是可以得到符合物理意义的解，但还是有一些 CFD 学者发现 C-N 格式会产生解的震荡，这是因为数学上的"稳定性"只能确保解的震荡最终会消失，但并不能保证过程中一定会有合乎物理意义的解[32]。

我们要求节点前的系数为正值，但当 $f=0.5$ ，式（6-87）T_P^0 前的系数为 $a_P^0-\dfrac{1}{2}$ $(a_W+a_E-S_P\Delta x)$ 。在导热系数为常数、网格均匀的情况下，该系数可化为 $\rho c\dfrac{\Delta x}{\Delta t}-\dfrac{1}{2}\left(\dfrac{k}{\Delta x}+\right.$ $\left.\dfrac{k}{\Delta x}-S_P\Delta x\right)=\rho c\dfrac{\Delta x}{\Delta t}-\dfrac{k}{\Delta x}+\dfrac{1}{2}S_P\Delta x$ 。这时，如果时间步长 Δt 不够小，这个系数就可能变为负值，从而有可能产生不符合物理意义的解。

当忽略内热源，$S_P=0$ 。为了保证 T_P^0 前的系数为正，仍需要满足

$$\rho c\frac{\Delta x}{\Delta t}-\frac{k}{\delta x}>0$$

即

$$\Delta t<\rho c\frac{(\Delta x)^2}{k} \tag{6-90}$$

如果要求 T_P^0 前的系数永不为负，f 的值只能为1（对于权重而言，$f>1$ 没有数学意义）。于是全隐式格式（$f=1$）就能够满足既简单而又符合物理意义的要求，所以很多模拟算例采用全隐式格式。全隐式格式算法性能稳定，在非稳态问题中，得到了广泛的使用。

在此背景下，提出一种结合全隐式格式和 C-N 格式的新格式是令人期待的，比如帕坦卡和巴利加提出了指数格式，但遗憾的是这种格式较复杂，用得较少[32]。想象一下，如果正在看书的你有机会开发出既满足数学意义又满足物理意义的格式，一定会大受欢迎的。也许将来的你会在这方面有所成就！

6.5.1.4　圆柱内的一维非稳态导热问题[28, 30, 32]

下面分别用显式格式、全隐式格式和 C-N 格式求解圆柱内的一维非稳态导热问题，并对 3 种格式进行比较。

【例题 6-3】如图 6-9 所示，一长为 0.02m，导热系数 $k=10\text{W}/(\text{m}\cdot\text{K})$ ，$\rho c=10\times10^6\text{J}/(\text{m}^3\cdot\text{K})$ 的圆柱。初始时刻圆柱温度均匀，保持在 200℃。在 $t=0\text{ s}$ 时刻，圆柱右端的温度突然降低为 0℃，左端绝热良好。用显式格式求解此非稳态导热问题，并与 40s、80s 及 120s 时的解析解进行对比。

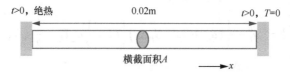

图 6-9　圆柱内的一维非稳态导热示意图

一维非稳态导热问题的微分方程为

$$\rho c\frac{\partial T}{\partial t}=\frac{\partial}{\partial x}\left(k\frac{\partial T}{\partial x}\right)$$

定解条件如下。

初始条件：$t=0$s，$T=200℃$。

边界条件：$t>0$，$x=0$，$\dfrac{\partial T}{\partial x}=0$；$t>0$，$x=L$，$T=100℃$。

该偏微分方程的解析解（不要求掌握）为

$$\frac{T(x,t)}{200}=\frac{4}{\pi}\sum_{n=1}^{\infty}\frac{(-1)^{n+1}}{2n-1}\exp\left(-a\lambda_n^2 t\right)\cos\left(\lambda_n x\right)$$

其中，特征值 $\lambda_n=\dfrac{(2n-1)\pi}{2L}$，$a=\dfrac{k}{\rho c}$。

将圆柱分为 5 个控制容积，如图 6-10 所示，可得 $\Delta x=0.004$m。

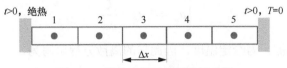

图 6-10　圆柱内的网格划分示意图

以下采用显式格式进行求解，节点 2～节点 4 是内部节点，可直接套用公式（6-91），节点 1 和节点 5 为边界节点，需要进行特殊处理。

$$a_P T_P=\left(a_W T_W^0+a_E T_E^0\right)+\left[a_P^0-\left(a_W+a_E-S_P\Delta x\right)\right]T_P^0+b \tag{6-91}$$

式[①]中：

$$\begin{cases}a_P=a_P^0\\ b=S_u\Delta x\\ a_P^0=\rho c\dfrac{\Delta x}{\Delta t}\\ a_W=\dfrac{k}{\Delta x},a_E=\dfrac{k}{\Delta x}\end{cases}$$

此时，由于无内热源，因此 $S_P=0$，$S_u=0$，$b=0$。

式（6-91）化为

$$a_P T_P=\left(a_W T_W^0+a_E T_E^0\right)+\left[a_P^0-\left(a_W+a_E\right)\right]T_P^0 \tag{6-92}$$

对节点 1，其左侧为绝热条件，因此它的离散方程可写为

$$\rho c\Delta x\frac{T_P-T_P^0}{\Delta t}=\frac{k}{\Delta x}\left(T_E^0-T_P^0\right)-0 \tag{6-93}$$

上式等号右边的 0 相当于"绝热"，可认为最左侧和节点 1 之间没有温差，没有热量传递，这是 CFD 中常用的处理方法，即"绝热"代表两点之间的温差为零。

上式可改写成

$$\frac{\rho c\Delta x}{\Delta t}T_P=\frac{k}{\Delta x}T_E^0+\left(\frac{\rho c\Delta x}{\Delta t}-\frac{k}{\Delta x}\right)T_P^0 \tag{6-94}$$

写成节点形式为

① P 表示当前点（Point），E 表示东侧（East）的点，W 表示西侧（West）的点，b 为常量。

$$\frac{\rho c \Delta x}{\Delta t} T_1 = \frac{k}{\Delta x} T_2^0 + \left(\frac{\rho c \Delta x}{\Delta t} - \frac{k}{\Delta x} \right) T_1^0 \tag{6-95}$$

对应标准形式：

$$a_P T_P = a_E T_E^0 + a_W T_W^0 + \left[a_P^0 - \left(a_W + a_E \right) \right] T_P^0 + b \tag{6-96}$$

有

$$\begin{cases} a_P = a_P^0 \\ b = 0 \\ a_P^0 = \rho c \dfrac{\Delta x}{\Delta t} \\ a_W = 0, a_E = \dfrac{k}{\Delta x} \end{cases} \tag{6-97}$$

对节点 5，其右侧（东侧）为给定温度，因此它的离散方程可写为

$$\rho c \Delta x \frac{T_P - T_P^0}{\Delta t} = \frac{k}{\frac{\Delta x}{2}} \left(0 - T_P^0 \right) + \frac{k}{\Delta x} \left(T_W^0 - T_P^0 \right) \tag{6-98}$$

上式可写成

$$\frac{\rho c \Delta x}{\Delta t} T_P = 0 T_E^0 + \frac{k}{\Delta x} T_W^0 + \left(\frac{\rho c \Delta x}{\Delta t} - \frac{k}{\frac{\Delta x}{2}} - \frac{k}{\Delta x} \right) T_P^0 \tag{6-99}$$

写成节点形式为

$$\frac{\rho c \Delta x}{\Delta t} T_5 = 0 T_B^0 + \frac{k}{\Delta x} T_4^0 + \left(\frac{\rho c \Delta x}{\Delta t} - \frac{k}{\frac{\Delta x}{2}} - \frac{k}{\Delta x} \right) T_5^0 \tag{6-100}$$

对应标准形式

$$a_P T_P = a_E T_E^0 + a_W T_W^0 + \left[a_P^0 - \left(a_W + a_E \right) \right] T_P^0 + b \tag{6-101}$$

有

$$\begin{cases} a_P = a_P^0 \\ b = -\dfrac{2k}{\Delta x} T_P^0 \\ a_P^0 = \rho c \dfrac{\Delta x}{\Delta t} \\ a_W = \dfrac{k}{\Delta x}, a_E = 0 \end{cases} \tag{6-102}$$

结合显示格式的式（6-91），可得各节点的系数，如表 6-2 所示。

表 6-2		离散方程各系数（显示格式）	
节点	a_W	a_E	a_P
1	0	$\dfrac{k}{\Delta x}$	$\rho c \dfrac{\Delta x}{\Delta t}$
2～4	$\dfrac{k}{\Delta x}$	$\dfrac{k}{\Delta x}$	$\rho c \dfrac{\Delta x}{\Delta t}$
5	$\dfrac{k}{\Delta x}$	0	$\rho c \dfrac{\Delta x}{\Delta t}$

由前文可知，Δx=0.004m，并且显式格式有条件稳定，时间步长应满足式（6-90）。即

$$\Delta t < \rho c \frac{(\Delta x)^2}{2k} = \frac{10 \times 10^6 \times (0.004)^2}{2 \times 10} = 8\text{s}$$

为了满足稳定性，我们取的时间步长必须小于 8s。

我们取时间步长 $\Delta t = 2\text{s}$，则 $\dfrac{k}{\Delta x} = 2500\text{W} / (\text{m}^2 \cdot \text{K})$，$\rho c \dfrac{\Delta x}{\Delta t} = 20000\text{J} / (\text{m} \cdot \text{W})$，$T_P^0 = 200\text{℃}$，相关数据如表 6-3 所示。

表 6-3		离散方程各系数值（$\Delta t = 2\text{s}$）	
节点	a_W	a_E	a_P
1	0	2500	20000
2～4	2500	2500	20000
5	2500	0	20000

节点 1：

$$20000T_P = 2500T_E^0 + 17500T_P^0$$

节点 2～节点 4：

$$20000T_P = 2500T_W^0 + 2500T_E^0 + 15000T_P^0$$

节点 5：

$$20000T_P = 2500T_W^0 + 12500T_P^0$$

即

$$\begin{cases} 20000T_1 = 2500T_2^0 + 17500T_1^0 \\ 20000T_2 = 2500T_1^0 + 2500T_3^0 + 15000T_2^0 \\ 20000T_3 = 2500T_2^0 + 2500T_4^0 + 15000T_3^0 \\ 20000T_4 = 2500T_3^0 + 2500T_5^0 + 15000T_4^0 \\ 20000T_5 = 2500T_4^0 + 12500T_5^0 \end{cases}$$

化简上式可得

$$\begin{cases} 200T_1 = 25T_2^0 + 175T_1^0 \\ 200T_2 = 25T_1^0 + 25T_3^0 + 150T_2^0 \\ 200T_3 = 25T_2^0 + 25T_4^0 + 150T_3^0 \\ 200T_4 = 25T_3^0 + 25T_5^0 + 150T_4^0 \\ 200T_5 = 25T_4^0 + 125T_5^0 \end{cases}$$

求解上述方程组即可得到想要的结果。前 3 个时间步的各节点计算结果如表 6-4 所示。

表 6-4　　　　　　　　　　　　前 3 个时间步的各节点计算结果

节点	$t = 0\text{s}$	$t = 2\text{s}$	$t = 4\text{s}$
1	$T_1^0 = 200$	$200T_1^1 = 25 \times 200 + 175 \times 200$ 得出：$T_1^1 = 200$	$200T_1^2 = 25 \times 200 + 175 \times 200$ 得出：$T_1^2 = 200$
2	$T_2^0 = 200$	$200T_2^1 = 25 \times 200 + 25 \times 200 + 150 \times 200$ 得出：$T_2^1 = 200$	$200T_2^2 = 25 \times 200 + 25 \times 200 + 150 \times 200$ 得出：$T_2^2 = 200$
3	$T_3^0 = 200$	$200T_3^1 = 25 \times 200 + 25 \times 200 + 150 \times 200$ 得出：$T_3^1 = 200$	$200T_3^2 = 25 \times 200 + 25 \times 200 + 150 \times 200$ 得出：$T_3^2 = 200$
4	$T_4^0 = 200$	$200T_4^1 = 25 \times 200 + 25 \times 200 + 150 \times 200$ 得出：$T_4^1 = 200$	$200T_4^2 = 25 \times 200 + 25 \times 150 + 150 \times 200$ 得出：$T_4^2 = 193.75$
5	$T_5^0 = 200$	$200T_5^1 = 25 \times 200 + 125 \times 200$ 得出：$T_5^1 = 150$	$200T_5^2 = 25 \times 200 + 125 \times 150$ 得出：$T_5^2 = 118.75$

前 10 个时间步的计算过程可通过 MATLAB 代码（ex_6_3_1.m）实现。

```
clc;clear all;close all
T1 = 200; T2 = 200; T3 = 200; T4 = 200; T5 = 200;% 初始值
max_iter = 40; % 迭代次数
tolerance = 1e-2; %容差

for iter = 1:max_iter
    % 保存上一次的值
    T1_old = T1;        T2_old = T2;        T3_old = T3;        T4_old = T4;
    T5_old = T5;

    % 更新每个温度值
    T1 = (25*T2_old + 175*T1_old) / 200;
    T2 = (25*T1_old + 25*T3_old + 150*T2_old) / 200;
    T3 = (25*T2_old + 25*T4_old + 150*T3_old) / 200;
    T4 = (25*T3_old + 25*T5_old + 150*T4_old) / 200;
    T5 = (25*T4_old + 125*T5_old) / 200;

    % 判断是否达到收敛
    if abs(T1 - T1_old) < tolerance && abs(T2 - T2_old) < tolerance && ...
```

```
            abs(T3 - T3_old) < tolerance && abs(T4 - T4_old) < tolerance
&& ...
            abs(T5 - T5_old) < tolerance
        break;
    end
    disp(['第',num2str(iter),'次迭代'])
    disp([T1,T2,T3,T4,T5])
end
```

计算结果如表 6-5 所示。

表 6-5 前 10 个时间步的计算结果[28]

步数	时间/s	节点/位置						
		西侧	1	2	3	4	5	东侧
		$x = 0.0$	$x = 0.002$	$x = 0.006$	$x = 0.01$	$x = 0.014$	$x = 0.016$	$x = 0.02$
0	0	200	200	200	200	200	200	200
1	2	200	200	200	200	200	150	0
2	4	200	200	200	200	193.75	118.75	0
3	6	200	200	200	199.21	185.16	98.43	0
4	8	200	200	199.90	197.55	176.07	84.66	0
5	10	199.98	199.98	199.62	195.16	167.33	74.92	0
6	12	199.94	199.94	199.11	192.24	159.26	67.74	0
7	14	199.83	199.83	198.35	188.98	151.94	62.24	0
8	16	199.65	199.65	197.36	185.52	145.36	57.89	0
9	18	199.37	199.37	196.17	181.98	139.45	54.35	0
10	20	198.97	198.97	194.79	178.44	134.12	51.40	0

使用 MATLAB 代码（ex_6_3_2）将解析解与数值解进行对比，如下所示。

```
clc;clear all;close all;
% 参数设置
L = 0.02;      % 系统的长度
k = 10;        % 导热系数
rho = 10000000;  % 密度
c = 1;         % 比热容
x =[0 0.002 0.006 0.010 0.014 0.018 0.02];    % 求解位置范围
%——————————% 计算 40s 级数和——————————
syms n
t1 = 40;           % 时间
T1 =4/pi*200*symsum((-1)^(n+1) / (2*n-1) * exp(-(k/(rho*c)) * ...
(((2*n - 1) * pi / (2 * L))^2) * t1) * cos(((2*n - 1) * pi / (2 * L)) * x),
n,1,Inf);
%——————————% 计算 80s 级数和——————————
t2 = 80;           % 时间
T2 =4/pi*200*symsum((-1)^(n+1) / (2*n-1) * exp(-(k/(rho*c)) * ...
(((2*n - 1) * pi / (2 * L))^2) * t2) * cos(((2*n - 1) * pi / (2 * L)) * x),
n,1,Inf);
```

```
%————————————% 计算120s 级数和———————————————
t3 = 120;              % 时间
T3 =4/pi*200*symsum((-1)^(n+1) / (2*n-1) * exp(-(k/(rho*c)) * ...
(((2*n - 1) * pi / (2 * L))^2) * t3) * cos(((2*n - 1) * pi / (2 * L)) * x),
n,1,Inf);
    %———%根据 ex6_3_1 代码计算的 40s、80s 和 120s 时刻对应的数值温度值—————
    x_2=[0.002 0.006 0.010 0.014 0.018];
    T_40=[188.6386   176.4132   148.2926   100.7597   35.9418];
    T_80=[153.3272   139.0536   111.2984   72.0653   24.9615];
    T_120=[120.5392   108.8235   86.4702   55.5862   19.1684];
% 绘制温度分布曲线
plot(x, T1,x, T2,x, T3,x_2,T_40,'ro',x_2,T_80,'ks',x_2,T_120,'bp');
xlabel('距离/m');  ylabel('温度/^oC');
legend('40s 解析解','80s 解析解','120s 解析解','40s 数值解','80s 数值解','120s 数
值解')
    text(0.004,190,'t=40s');text(0.004,150,'t=80s');text(0.004,115,'t=120s');
    text(0.005,40,' 时 间 步 长 Δt=2s'); title(' 解 析 解 和 数 值 解 对 比 ','FontSize',
12, 'FontWeight', 'bold');
```

结果如图 6-11 所示。

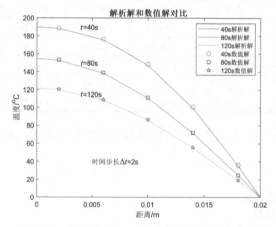

图 6-11　时间步长 $\Delta t = 2$s 时解析解与数值解比较

由初值 $t = 0$，$T_1^0 \sim T_5^0$ 均为 200℃，可以开始计算各节点在不同时刻的温度。$T = 40$s、80s、120s 时的计算结果如表 6-6 所示。

表 6-6　　　　　　　　　数值解与解析解对比（显示格式）

节点	$t = 40$s			$t = 80$s			$t = 120$s		
	数值解	解析解	误差/%	数值解	解析解	误差/%	数值解	解析解	误差/%
1	188.64	188.39	−0.13	153.33	152.65	−0.45	120.53	119.87	−0.55
2	176.41	175.76	−0.37	139.05	138.36	−0.50	108.82	108.21	−0.56
3	148.29	147.13	−0.79	111.29	110.63	−0.60	86.47	85.96	−0.60
4	100.76	99.50	−1.27	72.06	71.56	−0.70	55.58	55.25	−0.60
5	35.94	35.38	−1.58	24.96	24.77	−0.75	19.16	19.05	−0.58

取时间步长 $\Delta t = 8\text{s}$ ，则 $\dfrac{k}{\Delta x} = 2500\text{W} / (\text{m}^2 \cdot \text{K})$ ， $\rho c \dfrac{\Delta x}{\Delta t} = 5000\text{J} / (\text{m} \cdot \text{W})$ ， $T_P^0 = 200℃$ ，相关数据如表 6-7 所示。

表 6-7　　　　　　　　　节点 1~节点 5 各系数值（ $\Delta t = 85$ ）

节点	a_W	a_E	a_P
1	0	2500	5000
2～4	2500	2500	5000
5	2500	0	5000

节点 1：

$$50T_P = 25T_E^0 + 25T_P^0$$

节点 2～节点 4：

$$50T_P = 25T_W^0 + 25T_E^0$$

节点 5：

$$50T_P = 25T_W^0 - 25T_P^0$$

写成方程组形式有

$$\begin{cases} 50T_1 = 25T_2^0 + 25T_1^0 \\ 50T_2 = 25T_1^0 + 25T_3^0 \\ 50T_3 = 25T_2^0 + 25T_4^0 \\ 50T_4 = 25T_3^0 + 25T_5^0 \\ 50T_5 = 25T_4^0 - 25T_5^0 \end{cases}$$

其 MATLAB 求解代码（ex_6_3_3.m）如下：

```
clc; clear all; close all;
T1 = 200; T2 = 200; T3 = 200; T4 = 200; T5 = 200; % 初始值
max_iter = 5; % 迭代次数
tolerance = 1e-2; % 容差

for iter = 1:max_iter
    % 保存上一次的值
    T1_old = T1; T2_old = T2; T3_old = T3; T4_old = T4; T5_old = T5;

    % 更新每个温度值
    T1 = (25*T2_old + 25*T1_old) / 50;
    T2 = (25*T1_old + 25*T3_old) / 50;
    T3 = (25*T2_old + 25*T4_old) / 50;
    T4 = (25*T3_old + 25*T5_old) / 50;
    T5 = (25*T4_old - 25*T5_old) / 50;

    % 判断是否达到收敛
    if abs(T1 - T1_old) < tolerance && abs(T2 - T2_old) < tolerance && ...
            abs(T3 - T3_old) < tolerance && abs(T4 - T4_old) < tolerance
&& abs(T5 - T5_old) < tolerance
        break;
    end
```

```
    disp(['第', num2str(iter),'次迭代']);
    disp([T1, T2, T3, T4, T5]);
end
```

对比 $t = 40s$ 的解析解、$\Delta t = 8s$ 的数值解、$\Delta t = 2s$ 的数值解的求解代码（ex_6_3_4.m）如下：

```
clc;clear all;close all;
% 参数设置
L = 0.02;    % 系统的长度
k = 10;       % 导热系数
rho = 10000000; % 密度
c = 1;        % 比热容
x =[0 0.002 0.006 0.010 0.014 0.018 0.02];    % 求解位置范围
%————————————% 计算 40s 级数和————————————
syms n
t1 = 40;             % 时间
T1 =4/pi*200*symsum((-1)^(n+1) / (2*n-1) * exp(-(k/(rho*c)) * ...
(((2*n - 1) * pi / (2 * L))^2) * t1) * cos(((2*n - 1) * pi / (2 * L)) * x),
n,1,Inf);

%根据 ex6_3_1 代码计算的 40s 时刻对应的数值温度值,根据 ex6_3_3 代码计算的 80s 时刻对应的
数值温度值——
x_2=[0.002 0.006 0.010 0.014 0.018];
T_40=[188.6386  176.4132  148.2926  100.7597   35.9418];
T_80=[187.5000  187.5000  125.0000  125.0000 0];

% 绘制温度分布曲线
plot(x, T1,x_2,T_40,'ro',x_2,T_80,'-ks');
xlabel('距离/m');  ylabel('温度/^oC');
legend('t=40s 解析解','\Deltat=2s 数值解','\Deltat=8s 数值解')
text(0.0033,177,'\Deltat=2s \rightarrow');text(0.0073,126,'\Deltat=8s \rightarrow ');
text(0.0105,110,'解析解 \rightarrow ');
text(0.005,60,'t=40s'); title('解析解和数值解对比','FontSize',12, 'FontWeight', '
bold');
```

其结果如图 6-12 所示。

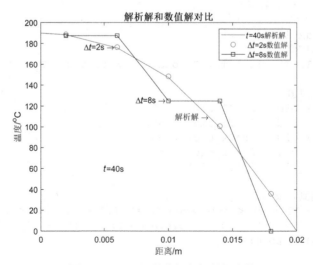

图 6-12　$t = 40s$ 数值解与解析解比较

可以看出 $\Delta t = 8s$ 的数值计算结果精确度很差，并产生震荡。因此，减小时间步长可有效地提高数值计算结果的精度。

提示

　　这里需要说明 3 个时间概念，一个是时间步长，另一个是非稳态计算时间，还有一个是计算机运行时间。时间步长就是这里的 Δt；非稳态计算时间就是题干中的第 40s 或 80s 或 120s；而计算机运行时间，就是计算机算完我们规定的计算时间的用时。这个计算机用时一般和我们题干给的时间不一样，本题较简单，计算机用时也较少。科学研究中，有些复杂算例，比如一个大型发动机的精细化燃烧流场计算，在当前的高性能计算机算力下，为了模拟几十秒内的流动变化细节，高性能计算机可能要算几千天。所以现在学术界热门研究各种降阶技术，将机器学习、深度学习与 CFD 结合，目的之一就是加快计算。

【**例题 6-4**】如图 6-13 所示，一长为 0.02m、导热系数 $k = 10 \text{W} / (\text{m} \cdot \text{k})$、$\rho c = 10 \times 10^6 \text{J} / (\text{m}^3 \cdot \text{K})$ 的圆柱。初始时刻圆柱温度均匀，保持在 200℃。在 $t = 0s$ 时刻，圆柱右端的温度突然降低至 0℃，左端绝热良好。用全隐式格式求解此非稳态导热问题，并与 40s、80s 及 120s 时的解析解进行对比。

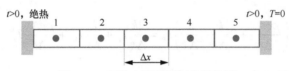

图 6-13　圆柱内的网格划分示意图

首先，网格划分过程同【例题 6-3】。

接下来，对内部节点 2～节点 4 套用式（6-84），即

$$a_P T_P = a_W T_W + a_E T_E + b$$

其中

$$\begin{cases} a_P = a_P^0 + a_W + a_E - S_P \Delta x \\ b = a_P^0 T_P^0 + S_u \Delta x \\ a_P^0 = \rho c \dfrac{\Delta x}{\Delta t} \\ a_W = \dfrac{k_w}{\Delta x}, a_E = \dfrac{k_e}{\Delta x} \end{cases} \tag{6-103}$$

因此，无内热源，所以 $S_P = 0$，$S_u = 0$。当 $f = 1$ 时，整理得

$$\left(\frac{\rho c \Delta x}{\Delta t} + \frac{k}{\Delta x} + \frac{k}{\Delta x} \right) T_P = \frac{k}{\Delta x} T_W + \frac{k}{\Delta x} T_E + \frac{\rho c \Delta x}{\Delta t} T_P^0 \tag{6-104}$$

边界节点 1 和节点 5 需要单独处理。

对节点 1，其西侧为绝热边界条件，即 $\dfrac{\partial T}{\partial x} = 0$，因此取 $k \dfrac{T_P - T_W}{\Delta x} = 0$，得

$$\rho c \Delta x \frac{T_P - T_P^0}{\Delta t} = k \frac{T_E - T_P}{\Delta x} - 0 \tag{6-105}$$

整理得

$$\left(\frac{\rho c\Delta x}{\Delta t}+\frac{k}{\Delta x}\right)T_P=\frac{k}{\Delta x}T_E+\frac{\rho c\Delta x}{\Delta t}T_P^0 \tag{6-106}$$

写成节点形式为

$$\left(\frac{\rho c\Delta x}{\Delta t}+\frac{k}{\Delta x}\right)T_1=\frac{k}{\Delta x}T_2+\frac{\rho c\Delta x}{\Delta t}T_1^0 \tag{6-107}$$

对节点 5，其东侧为给定温度边界条件 $T_B=0\text{℃}$，可得

$$\rho c\Delta x\frac{T_P-T_P^0}{\Delta t}=k\frac{T_B-T_P}{\dfrac{\Delta x}{2}}+k\frac{T_W-T_P}{\Delta x} \tag{6-108}$$

整理得

$$\left(\frac{\rho c\Delta x}{\Delta t}+2\frac{k}{\Delta x}+\frac{k}{\Delta x}\right)T_P=\frac{2k}{\Delta x}T_B+\frac{k}{\Delta x}T_W+\frac{\rho c\Delta x}{\Delta t}T_P^0 \tag{6-109}$$

代入 $T_B=0\text{℃}$，化简成写成节点形式为

$$\left(\frac{\rho c\Delta x}{\Delta t}+2\frac{k}{\Delta x}+\frac{k}{\Delta x}\right)T_5=\frac{k}{\Delta x}T_4+\frac{\rho c\Delta x}{\Delta t}T_5^0 \tag{6-110}$$

确定各节点的系数，如表 6-8 所示。

表 6-8　　　　　　　　　　　　离散方程的各系数（全隐式格式）

节点	a_W	a_E	a_P	a_P^0
1	0	$k/\Delta x$	$\left(\dfrac{\rho c\Delta x}{\Delta t}+\dfrac{k}{\Delta x}\right)$	$\dfrac{\rho c\Delta x}{\Delta t}$
2~4	$k/\Delta x$	$k/\Delta x$	$\left(\dfrac{\rho c\Delta x}{\Delta t}+\dfrac{k}{\Delta x}+\dfrac{k}{\Delta x}\right)$	$\dfrac{\rho c\Delta x}{\Delta t}$
5	$k/\Delta x$	0	$\left(\dfrac{\rho c\Delta x}{\Delta t}+2\dfrac{k}{\Delta x}+\dfrac{k}{\Delta x}\right)$	$\dfrac{\rho c\Delta x}{\Delta t}$

　　全隐式格式对任意时间步长都是无条件稳定的，但为了保证计算精度，仍采用尽可能小的时间步长 $\Delta t=2\text{s}$，则有

$$\frac{k}{\Delta x}=\frac{10}{0.004}=2500\text{W}/(\text{m}^2\cdot\text{K}),\quad \rho c\frac{\Delta x}{\Delta t}=10\times10^6\times\frac{0.004}{2}=20000\text{J}/(\text{m}\cdot\text{W})$$

各具体数值如表 6-9 所示。

表 6-9 各系数值

节点	a_W	a_E	a_P	a_P^0
1	0	2500	22500	20000
2～4	2500	2500	25000	20000
5	2500	0	27500	20000

可得下列各节点的离散方程。

节点 1：

$$225T_P = 25T_E + 200T_P^0$$

节点 2～节点 4：

$$250T_P = 25T_W + 25T_E + 200T_P^0$$

节点 5：

$$275T_P = 25T_W + 200T_P^0$$

即：

$$\begin{cases} 225T_1 = 25T_2 + 200T_1^0 \\ 250T_2 = 25T_1 + 25T_3 + 200T_2^0 \\ 250T_3 = 25T_2 + 25T_4 + 200T_3^0 \\ 250T_4 = 25T_3 + 25T_5 + 200T_4^0 \\ 275T_5 = 25T_4 + 200T_5^0 \end{cases}$$

写成矩阵的形式为

$$\begin{bmatrix} 225 & -25 & 0 & 0 & 0 \\ -25 & 250 & -25 & 0 & 0 \\ 0 & -25 & 250 & -25 & 0 \\ 0 & 0 & -25 & 250 & -25 \\ 0 & 0 & 0 & -25 & 275 \end{bmatrix} \begin{bmatrix} T_1 \\ T_2 \\ T_3 \\ T_4 \\ T_5 \end{bmatrix} = \begin{bmatrix} 200T_1^0 \\ 200T_2^0 \\ 200T_3^0 \\ 200T_4^0 \\ 200T_5^0 \end{bmatrix}$$

求解此方程组的 MATLAB 代码（ex_6_4_1.m）如下：

```
clc;clear all;close all
T1 = 200; T2 = 200; T3 = 200; T4 = 200; T5 = 0;% 初始值
max_iter = 60; % 迭代次数
tolerance = 1e-2; %容差

for iter = 1:max_iter
    % 保存上一次的值
    T1_old = T1;      T2_old = T2;      T3_old = T3;      T4_old = T4;
    T5_old = T5;

    % 更新每个温度值
```

```
T1 = (25*T2 + 200*T1_old) / 225;
T2 = (25*T1 + 25*T3 + 200*T2_old) / 250;
T3 = (25*T2 + 25*T4 + 200*T3_old) / 250;
T4 = (25*T3 + 25*T5 + 200*T4_old) / 250;
T5 = (25*T4 + 200*T5_old) / 275;

% 判断是否达到收敛
if abs(T1 - T1_old) < tolerance && abs(T2 - T2_old) < tolerance && ...
        abs(T3 - T3_old) < tolerance && abs(T4 - T4_old) < tolerance && ...
        abs(T5 - T5_old) < tolerance
    break;
end
disp(['第',num2str(iter),'次迭代'])
disp([T1,T2,T3,T4,T5])
end
```

当取 $\Delta t = 2\text{s}$ 时的计算结果，如表 6-10 所示。

表 6-10　数值解与解析解对比（全隐式格式）

节点	$t = 40\text{s}$			$t = 80\text{s}$			$t = 120\text{s}$		
	数值解	解析解	误差/%	数值解	解析解	误差/%	数值解	解析解	误差/%
1	187.22	188.39	0.62	154.99	152.65	−1.53	124.89	119.87	−4.19
2	174.14	175.76	0.92	140.43	138.36	−1.50	112.60	108.21	−4.06
3	144.47	147.13	1.81	112.15	110.63	−1.37	89.30	85.96	−3.89
4	96.30	99.50	3.21	72.36	71.56	−1.12	57.20	55.25	−3.53
5	33.81	35.38	4.44	24.98	24.77	−0.85	19.40	19.05	−1.84

使用 MATLAB 将解析解与数值解进行对比，代码（ex6_4_2.m）如下：

```
clc;clear all;close all;
% 参数设置
L = 0.02;     % 系统的长度
k = 10;       % 导热系数
rho = 10000000;   % 密度
c = 1;        % 比热容
x =[0 0.002 0.006 0.010 0.014 0.018 0.02];    % 求解位置范围
%————————————% 计算 40s 级数和————————————
syms n
t1 = 40;            % 时间
T1 =4/pi*200*symsum((-1)^(n+1) / (2*n-1) * exp(-(k/(rho*c)) * ...
(((2*n - 1) * pi / (2 * L))^2) * t1) * cos(((2*n - 1) * pi / (2 * L)) * x),
n,1,Inf);
%————————————% 计算 80s 级数和————————————
t2 = 80;            % 时间
T2 =4/pi*200*symsum((-1)^(n+1) / (2*n-1) * exp(-(k/(rho*c)) * ...
(((2*n - 1) * pi / (2 * L))^2) * t2) * cos(((2*n - 1) * pi / (2 * L)) * x),
n,1,Inf);
```

```
%————————————% 计算120s级数和————————————————
t3 = 120;                % 时间
T3 =4/pi*200*symsum((-1)^(n+1) / (2*n-1) * exp(-(k/(rho*c)) * ...
(((2*n - 1) * pi / (2 * L))^2) * t3) * cos(((2*n - 1) * pi / (2 * L)) * x),
n,1,Inf);
%————根据ex6_4_1代码计算的40s、80s和120s时刻对应的数值温度值————————
x_2=[0.002 0.006 0.010 0.014 0.018];
T_40=[187.2188  174.1399  144.4719   96.3030   33.8100];
T_80=[154.9897  140.4263  112.1502   72.3608   24.9838];
T_120=[124.8862  112.5970   89.2590   57.1967   19.6703];
% 绘制温度分布曲线
plot(x, T1,x, T2,x, T3,x_2,T_40,'ro',x_2,T_80,'ks',x_2,T_120,'bp');
xlabel('距离/m');  ylabel('温度/^℃');
text(0.004,185,'t=40s');text(0.004,148,'t=80s');text(0.004,115,'t=120s');
text(0.015,180,'时间步长 Δt=2s'); title('解析解和数值解对比','Fontsize',12,
'Fontweight','bold');
```

结果如图 6-14 所示。

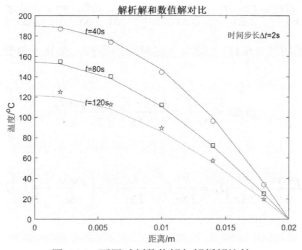

图 6-14　不同时刻数值解与解析解比较

全隐式格式必须联立当前时刻温度值的代数方程组求解,上一时刻的温度值只用于计算方程组等号右端项,因此求解过程更费时。

【例题 6-5】如图 6-15 所示,一长为 0.02m,导热系数 k=10W/(m·k),ρc=10×10^6 J/(m³·K) 的圆柱。初始时刻圆柱温度均匀,保持在 200℃。在 t=0s 时刻,圆柱右端的温度 T_b 突然降低为 0℃,左端绝热良好。用 C-N 格式求解此非稳态导热问题,并与 40s、80s 及 120s 时的解析解进行对比。

解:网格划分过程参考【例题 6-3】。

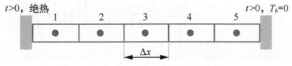

图 6-15　圆柱内的网格划分示意图

对内部节点 2～节点 4 套用式（6-88），即

$$a_P T_P = \frac{1}{2} a_W T_W + \frac{1}{2} a_E T_E + b$$

其中：

$$
\begin{cases}
a_P = a_P^0 + \dfrac{1}{2}\left(a_W + a_E\right) \\[2mm]
b = \left[a_P^0 - \dfrac{1}{2}\left(a_W + a_E\right)\right]T_P^0 + \dfrac{1}{2} a_E T_E^0 + \dfrac{1}{2} a_W T_W^0 \\[2mm]
a_P^0 = \rho c \dfrac{\Delta x}{\Delta t} \\[2mm]
a_W = \dfrac{k_w}{\delta x_{WP}}, a_E = \dfrac{k_e}{\delta x_{PE}}
\end{cases}
\tag{6-111}
$$

即

$$\left(\rho c\frac{\Delta x}{\Delta t} + \frac{k}{\Delta x}\right)T_P = \frac{1}{2}\frac{k}{\Delta x}T_W + \frac{1}{2}\frac{k}{\Delta x}T_E + \left[\rho c\frac{\Delta x}{\Delta t} - \frac{k}{\Delta x}\right]T_P^0 + \frac{1}{2}\frac{k}{\Delta x}T_E^0 + \frac{1}{2}\frac{k}{\Delta x}T_W^0 \tag{6-112}$$

对内节点 2～节点 4 套用式（6-112）即可写出对应的方程，此处不再赘述。

对节点 1 有

$$\rho c\Delta x\frac{T_P - T_P^0}{\Delta t} = \frac{k}{2}\frac{T_E - T_P}{\Delta x} + \frac{k}{2}\frac{T_E^0 - T_P^0}{\Delta x} \tag{6-113}$$

整理得

$$\left(\frac{\rho c\Delta x}{\Delta t} + \frac{k}{2\Delta x}\right)T_P = \frac{k}{2\Delta x}T_E + \frac{k}{2\Delta x}T_E^0 + \left(\frac{\rho c\Delta x}{\Delta t} - \frac{k}{2\Delta x}\right)T_P^0 \tag{6-114}$$

写成节点形式有

$$\left(\frac{\rho c\Delta x}{\Delta t} + \frac{k}{2\Delta x}\right)T_1 = \frac{k}{2\Delta x}T_2 + \left(\frac{\rho c\Delta x}{\Delta t} - \frac{k}{2\Delta x}\right)T_1^0 + \frac{k}{2\Delta x}T_2^0 \tag{6-115}$$

对节点 5 有

$$
\begin{aligned}
\rho c\Delta x\frac{\left(T_P - T_P^0\right)}{\Delta t} = {} & \frac{1}{2}\left[k\left(\frac{T_B - T_P}{\dfrac{\Delta x}{2}}\right)\right] - \frac{1}{2}\left[k\left(\frac{T_P - T_W}{\Delta x}\right)\right] \\[2mm]
& + \frac{1}{2}\left[k\left(\frac{T_B - T_P^0}{\dfrac{\Delta x}{2}}\right)\right] - \frac{1}{2}\left[k\left(\frac{T_P^0 - T_W^0}{\Delta x}\right)\right]
\end{aligned}
\tag{6-116}
$$

整理得

$$\left(\frac{\rho c \Delta x}{\Delta t} + \frac{k}{\Delta x} + \frac{1}{2}\frac{k}{\Delta x}\right)T_P$$

$$= \frac{1}{2}\frac{k}{\Delta x}T_W + \frac{1}{2}0T_E + \left(\frac{\rho c \Delta x}{\Delta t} - \frac{k}{\Delta x} - \frac{1}{2}\frac{k}{\Delta x}\right)T_P^0 + \frac{2k}{\Delta x}T_B + \frac{1}{2}\frac{k}{\Delta x}T_W^0 \tag{6-117}$$

写成节点形式有

$$\left(\frac{\rho c \Delta x}{\Delta t} + \frac{k}{\Delta x} + \frac{1}{2}\frac{k}{\Delta x}\right)T_5$$

$$= \frac{1}{2}\frac{k}{\Delta x}T_4 + \frac{1}{2}0T_b + \left(\frac{\rho c \Delta x}{\Delta t} - \frac{k}{\Delta x} - \frac{1}{2}\frac{k}{\Delta x}\right)T_5^0 + \frac{2k}{\Delta x}T_B + \frac{1}{2}\frac{k}{\Delta x}T_4^0 \tag{6-118}$$

其中 $T_B = 0$。

确定各节点的系数，如表 6-11 所示。

表 6-11 离散方程的各系数（C-N 格式）

节点	$\frac{1}{2}a_W$	$\frac{1}{2}a_E$	S_u	a_P
1	0	$\frac{1}{2}\frac{k}{\Delta x}$	$\left(\frac{\rho c \Delta x}{\Delta t} - \frac{k}{2\Delta x}\right)T_P^0 + \frac{k}{2\Delta x}T_E^0$	$\frac{\rho c \Delta x}{\Delta t} + \frac{k}{2\Delta x}$
2~4	$\frac{1}{2}\frac{k}{\Delta x}$	$\frac{1}{2}\frac{k}{\Delta x}$	$\left[\rho c \frac{\Delta x}{\Delta t} - \frac{k}{\Delta x}\right]T_P^0 + \frac{1}{2}\frac{k}{\Delta x}T_E^0 + \frac{1}{2}\frac{k}{\Delta x}T_W^0$	$\rho c \frac{\Delta x}{\Delta t} + \frac{k}{\Delta x}$
5	$\frac{1}{2}\frac{k}{\Delta x}$	0	$\left(\frac{\rho c \Delta x}{\Delta t} - \frac{k}{\Delta x} - \frac{1}{2}\frac{k}{\Delta x}\right)T_P^0 + \frac{1}{2}\frac{k}{\Delta x}T_W^0$	$\frac{\rho c \Delta x}{\Delta t} + \frac{k}{\Delta x} + \frac{1}{2}\frac{k}{\Delta x}$

代入数值，得到系数值，如表 6-12 所示（令 $S_u = b$，$\Delta t = 2\text{s}$）。

表 6-12 系数值（初次化简）

节点	$\frac{1}{2}a_W$	$\frac{1}{2}a_E$	b	a_P
1	0	1250	$18750T_1^0 + 1250T_2^0$	21250
2~4	1250	1250	$17500T_P^0 + 1250T_E^0 + 1250T_W^0$	22500
5	1250	0	$16250T_5^0 + 1250T_4^0$	23750

再次化简得到系数值如表 6-13 所示。

表 6-13 系数值（再次化简）

节点	$\frac{1}{2}a_W$	$\frac{1}{2}a_E$	b	a_P
1	0	1	$15T_1^0 + T_2^0$	17
2~4	1	1	$14T_P^0 + T_E^0 + T_W^0$	18
5	1	0	$13T_5^0 + T_4^0$	19

即

$$\begin{cases} 17T_1 = T_2 + 15T_1^0 + T_2^0 \\ 18T_2 = T_1 + T_3 + 14T_2^0 + T_3^0 + T_1^0 \\ 18T_3 = T_2 + T_4 + 14T_3^0 + T_4^0 + T_2^0 \\ 18T_4 = T_3 + T_5 + 14T_4^0 + T_5^0 + T_3^0 \\ 19T_5 = T_4 + 13T_5^0 + T_4^0 \end{cases}$$

写成矩阵的形式为

$$\begin{bmatrix} 17 & -1 & 0 & 0 & 0 \\ -1 & 18 & -1 & 0 & 0 \\ 0 & -1 & 18 & -1 & 0 \\ 0 & 0 & -1 & 18 & -1 \\ 0 & 0 & 0 & -1 & 19 \end{bmatrix} \begin{bmatrix} T_1 \\ T_2 \\ T_3 \\ T_4 \\ T_5 \end{bmatrix} = \begin{bmatrix} 15T_1^0 + T_2^0 \\ 14T_2^0 + T_3^0 + T_1^0 \\ 14T_3^0 + T_4^0 + T_2^0 \\ 14T_4^0 + T_5^0 + T_3^0 \\ 13T_5^0 + T_4^0 \end{bmatrix}$$

求解此方程组的 MATLAB 代码（ex_6_5_1.m）如下：

```
clc;clear all;close all
T1 = 200; T2 = 200; T3 = 200; T4 = 200; T5 = 0;% 初始值
max_iter = 60; % 迭代次数
tolerance = 1e-2; %容差

for iter = 1:max_iter
    % 保存上一次的值
    T1_old = T1;      T2_old = T2;      T3_old = T3;      T4_old = T4;
    T5_old = T5;

    % 更新每个温度值
    T1 = ( T2 + 15*T1_old +  T2_old) / 17;
    T2 = ( T1 +  T3 + 14*T2_old + T3_old + T1_old) / 18;
    T3 = ( T2 +  T4 + 14*T3_old + T4_old + T2_old) / 18;
    T4 = ( T3 +  T5 + 14*T4_old + T5_old + T3_old) / 18;
    T5 = ( T4 + 13*T5_old + T4_old) / 19;

    % 判断是否达到收敛
    if abs(T1 - T1_old) < tolerance && abs(T2 - T2_old) < tolerance && ...
            abs(T3 - T3_old) < tolerance && abs(T4 - T4_old) < tolerance
&& ...
            abs(T5 - T5_old) < tolerance
        break;
    end
    disp(['第',num2str(iter),'次迭代'])
    disp([T1,T2,T3,T4,T5])
end
```

当取 $\Delta t = 2s$ 时的计算结果如表 6-14 所示。

表6-14 数值解与解析解对比（C-N 格式）

节点	t =40s			t =80s			t =120s		
	数值解	解析解	误差/%	数值解	解析解	误差/%	数值解	解析解	误差/%
1	185.05	188.39	1.77	150.78	152.65	1.23	119.94	119.87	−0.06
2	171.44	175.76	2.46	136.52	138.36	1.33	108.19	108.21	0.02
3	141.63	147.13	3.74	108.96	110.63	1.51	85.83	85.96	0.15
4	94.30	99.50	5.23	70.30	71.56	1.76	55.07	55.25	0.33
5	33.16	35.38	6.27	24.29	24.77	1.94	18.96	19.05	0.47

使用 MATLAB 将解析解与数值解进行对比，代码（ex_6_5_2.m）如下：

```
clc;clear all;close all;
% 参数设置
L = 0.02;    % 系统的长度
k = 10;      % 导热系数
rho = 10000000;   % 密度
c = 1;       % 比热容
x =[0 0.002 0.006 0.010 0.014 0.018 0.02];    % 求解位置范围
%————————% 计算40s 级数和————————
syms n
t1 = 40;          % 时间
T1 =4/pi*200*symsum((-1)^(n+1) / (2*n-1) * exp(-(k/(rho*c)) * ...
(((2*n - 1) * pi / (2 * L))^2) * t1) * cos(((2*n - 1) * pi / (2 * L)) * x),
n,1,Inf);
%————————% 计算80s 级数和————————
t2 = 80;          % 时间
T2 =4/pi*200*symsum((-1)^(n+1) / (2*n-1) * exp(-(k/(rho*c)) * ...
(((2*n - 1) * pi / (2 * L))^2) * t2) * cos(((2*n - 1) * pi / (2 * L)) * x),
n,1,Inf);
%————————% 计算120s 级数和————————
t3 = 120;         % 时间
T3 =4/pi*200*symsum((-1)^(n+1) / (2*n-1) * exp(-(k/(rho*c)) * ...
(((2*n - 1) * pi / (2 * L))^2) * t3) * cos(((2*n - 1) * pi / (2 * L)) * x),
n,1,Inf);
%————根据ex6_4_1代码计算的 40s、80s 和120s 时刻对应的数值温度值————
x_2=[0.002 0.006 0.010 0.014 0.018];
T_40=[185.0526  171.4381  141.6261  94.3011  33.1611];
T_80=[150.7830  136.5229  108.9574  70.3032  24.2868];
T_120=[119.9447  108.1888  85.8335  55.0689  18.9598];
% 绘制温度分布曲线
plot(x, T1,x, T2,x, T3,x_2,T_40,'ro',x_2,T_80,'ks',x_2,T_120,'bp');
xlabel('距离/m');   ylabel('温度/^℃');
text(0.004,185,'t=40s');text(0.004,148,'t=80s');text(0.004,115,'t=120s');
text(0.005,60,'时间步长Δt=2 s'); title('解析解和数值解对比');
```

结果如图 6-16 所示。

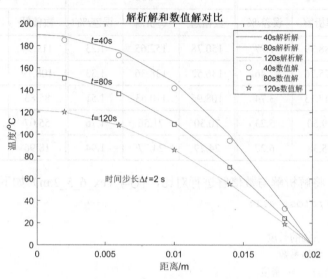

图 6-16　不同时刻解析解与数值解比较

6.5.2　二维非稳态扩散问题（导热问题）

二维非稳态导热问题属于扩散问题[19, 30]。二维非稳态导热微分方程为

$$\rho c \frac{\partial T}{\partial t} = \frac{\partial}{\partial x}\left(k \frac{\partial T}{\partial x} \right) + \frac{\partial}{\partial y}\left(k \frac{\partial T}{\partial y} \right) + S \tag{6-119}$$

结合 6.2 节的二维稳态导热问题的有限体积法离散方程（6-52），以及 6.5.1 节的一维非稳态导热问题的有限体积法离散方程（6-76），可得二维非稳态情况下导热微分方程的离散方程为

$$
\begin{aligned}
\rho c \frac{\Delta x \Delta y}{\Delta t}\left(T_P - T_P^0 \right) =\ & f\left[-\left(a_W + a_E + a_S + a_N - S_P \Delta x \Delta y \right) \right] T_P \\
& + f\left(a_W T_W + a_E T_E + a_S T_S + a_N T_N + S_u \Delta x \Delta y \right) \\
& + (1-f)\left[-\left(a_W + a_E + a_S + a_N - S_P \Delta x \Delta y \right) \right] T_P^0 \\
& + (1-f)\left(a_W T_W^0 + a_E T_E^0 + a_S T_S^0 + a_N T_N^0 + S_u \Delta x \Delta y \right)
\end{aligned}
\tag{6-120}
$$

整理得

$$
\begin{aligned}
& \left[\rho c \frac{\Delta x \Delta y}{\Delta t} + f\left(a_W + a_E + a_S + a_N - S_P \Delta x \Delta y \right) \right] T_P \\
={}& a_W\left[f T_W + (1-f) T_W^0 \right] + a_E\left[f T_E + (1-f) T_E^0 \right] \\
& + a_S\left[f T_S + (1-f) T_S^0 \right] + a_N\left[f T_N + (1-f) T_N^0 \right] \\
& + \left[\rho c \frac{\Delta x \Delta y}{\Delta t} - (1-f)\left(a_W + a_E + a_S + a_N - S_P \Delta x \Delta y \right) \right] T_P^0 + S_u \Delta x \Delta y
\end{aligned}
\tag{6-121}
$$

写成离散方程的通用形式为

$$a_P T_P = f\left(a_W T_W + a_E T_E + a_S T_S + a_N T_N\right)$$
$$+ (1-f)\left(a_W T_W^0 + a_E T_E^0 + a_S T_S^0 + a_N T_N^0\right) \qquad (6\text{-}122)$$
$$+ \left[a_P^0 + (1-f)\left(a_W + a_E + a_S + a_N - S_P \Delta x \Delta y\right)\right] T_P^0 + b$$

其中

$$\begin{cases} a_P = a_P^0 + f\left(a_W + a_E + a_S + a_N - S_P \Delta x \Delta y\right) \\ b = S_u \Delta x \Delta y \\ a_P^0 = \rho c \dfrac{\Delta x \Delta y}{\Delta t} \\ a_W = \dfrac{k_w \Delta y}{\delta x_{WP}},\ a_E = \dfrac{k_e \Delta y}{\delta x_{PE}} \\ a_S = \dfrac{k_s \Delta x}{\delta y_{SP}},\ a_N = \dfrac{k_n \Delta x}{\delta y_{PN}} \end{cases}$$

对于全隐式格式，$f=1$，可得：

$$a_P T_P = a_W T_W + a_E T_E + a_S T_S + a_N T_N + a_P^0 T_P^0 + b \qquad (6\text{-}123)$$

6.5.3 三维非稳态扩散问题（导热问题）

三维非稳态导热问题也属于扩散问题[19, 30]。三维非稳态导热微分方程为

$$\rho c \frac{\partial T}{\partial t} = \frac{\partial}{\partial x}\left(k \frac{\partial T}{\partial x}\right) + \frac{\partial}{\partial y}\left(k \frac{\partial T}{\partial y}\right) + \frac{\partial}{\partial z}\left(k \frac{\partial T}{\partial z}\right) + S \qquad (6\text{-}124)$$

已知 6.3 节的三维稳态导热问题的有限体积法离散方程：

$$a_P T_P = a_W T_W + a_E T_E + a_S T_S + a_N T_N + a_B T_B + a_T T_T + S_u \Delta x \Delta y \Delta z$$

式中

$$a_W = \frac{(\Gamma A)_w}{\delta x_{WP}},\ a_E = \frac{(\Gamma A)_e}{\delta x_{PE}},\ a_S = \frac{(\Gamma A)_s}{\delta y_{SP}},\ a_N = \frac{(\Gamma A)_n}{\delta y_{PN}},\ a_B = \frac{(\Gamma A)_b}{\delta z_{BP}},$$

$$a_T = \frac{(\Gamma A)_t}{\delta z_{PT}},\ a_P = a_W + a_E + a_E + a_N + a_B + a_T - S_P \Delta x \Delta y \Delta z$$

同理，写出三维非稳态情况下导热微分方程的离散方程：

$$\rho c \frac{\Delta x \Delta y \Delta z}{\Delta t}\left(T_P - T_P^0\right)$$
$$= f\left[-\left(a_W + a_E + a_S + a_N + a_B + a_T - S_P \Delta x \Delta y \Delta z\right)\right] T_P$$
$$+ f\left(a_W T_W + a_E T_E + a_S T_S + a_N T_N + a_B T_B + a_T T_T + S_u \Delta x \Delta y \Delta z\right)$$
$$+ (1-f)\left[-\left(a_W + a_E + a_S + a_N + a_B + a_T - S_P \Delta x \Delta y \Delta z\right)\right] T_P^0 \qquad (6\text{-}125)$$
$$+ (1-f)\left(\begin{matrix} a_W T_W^0 + a_E T_E^0 + a_S T_S^0 + a_N T_N^0 + a_B T_B^0 + a_T T_T^0 \\ + S_u \Delta x \Delta y \Delta z \end{matrix}\right)$$

整理得

$$
\left[\rho c \frac{\Delta x \Delta y \Delta z}{\Delta t}+f\left(a_W+a_E+a_S+a_N+a_B+a_T-S_P \Delta x \Delta y \Delta z\right)\right] T_P
$$
$$
\begin{aligned}
= & a_W\left[fT_W+(1-f)T_W^0\right]+a_E\left[fT_E+(1-f)T_E^0\right] \\
& +a_S\left[fT_S+(1-f)T_S^0\right]+a_N\left[fT_N+(1-f)T_N^0\right] \\
& +a_B\left[fT_B+(1-f)T_B^0\right]+a_T\left[fT_T+(1-f)T_T^0\right] \\
& +\left[\rho c \frac{\Delta x \Delta y \Delta z}{\Delta t}-(1-f)\left(a_W+a_E+a_S+a_N+a_B+a_T-S_P \Delta x \Delta y \Delta z\right)\right] T_P^0+S_u \Delta x \Delta y \Delta z
\end{aligned}
\tag{6-126}
$$

写成离散方程的通用形式为

$$
\begin{aligned}
a_P T_P= & f\left(a_W T_W+a_E T_E+a_S T_S+a_N T_N+a_B T_B+a_T T_T\right) \\
& +(1-f)\left(a_W T_W^0+a_E T_E^0+a_S T_S^0+a_N T_N^0+a_B T_B^0+a_T T_T^0\right) \\
& +\left[a_P^0+(1-f)\left(a_W+a_E+a_S+a_N+a_B+a_T-S_P \Delta x \Delta y \Delta z\right)\right] T_P^0+b
\end{aligned}
\tag{6-127}
$$

其中

$$
\begin{cases}
a_P=a_P^0+f\left(a_W+a_E+a_S+a_N+a_B+a_T-S_P \Delta x \Delta y \Delta z\right) \\
b=S_u \Delta x \Delta y \Delta z \\
a_P^0=\rho c \dfrac{\Delta x \Delta y \Delta z}{\Delta t} \\
a_W=\dfrac{k_w \Delta y \Delta z}{\delta x_{WP}}, a_E=\dfrac{k_e \Delta y \Delta z}{\delta x_{PE}} \\
a_S=\dfrac{k_s \Delta x \Delta z}{\delta y_{SP}}, a_N=\dfrac{k_n \Delta x \Delta z}{\delta y_{PN}} \\
a_B=\dfrac{k_b \Delta x \Delta y}{\delta z_{BP}}, a_T=\dfrac{k_t \Delta x \Delta y}{\delta z_{PT}}
\end{cases}
$$

令 $f=0$，可以得到显式格式的离散方程；令 $f=1$，可以得到全隐式格式的离散方程。

第7章 对流-扩散问题的有限体积法

第 6 章讨论了扩散问题的有限体积法，本章的内容是在扩散问题的基础上添加对流项（div($\rho V\phi$)），即研究对流-扩散问题的有限体积法。

描述对流-扩散问题控制方程的通用形式为：

$$\frac{\partial(\rho\phi)}{\partial t} + \text{div}(\rho V\phi) = \text{div}(\Gamma\ \textbf{grad}\ \phi) + S \tag{7-1}$$

式（7-1）适用于求解非稳态问题。如果是稳态问题，去掉非稳态项，式（7-1）化为：

$$\text{div}(\rho V\phi) = \text{div}(\Gamma\ \textbf{grad}\ \phi) + S \tag{7-2}$$

相比扩散问题，虽然数学表达式中只是简单多出了一项 div($\rho V\phi$)，但在实际操作中，处理难度却陡然上升。例如，处理扩散问题（以导热为例）只需求解一个导热微分方程即可，而在处理对流-扩散问题时，由于包含流动，往往需要将连续性方程和动量方程同时求解。本章的任务是在假设已知流场（速度、密度）的情况下，计算 ϕ（ϕ 为非速度的其他变量，如温度、浓度、焓等）。

对流项产生于流体的流动，即涉及运动的流体，故本章才算真正进入 CFD 的核心领域。本章的内容布局和第 6 章的一样，先讨论一维稳态对流-扩散问题的有限体积法，再讨论二维和三维非稳态对流-扩散问题的有限体积法，然后将问题上升到高维进行处理。

7.1 一维稳态对流-扩散问题的有限体积法

在式（7-2）的基础上，写出一维无源项的稳态对流-扩散问题的控制微分方程[19, 28]：

$$\frac{\text{d}}{\text{d}x}(\rho u\phi) = \frac{\text{d}}{\text{d}x}\left(\Gamma\frac{\text{d}\phi}{\text{d}x}\right) \tag{7-3}$$

在式（7-3）中，u 为流体在 x 轴方向的流动速度，ρ 为流体密度，这里假设 u 和 ρ 是已知的；流动是连续的，需要满足一维连续性方程：

$$\frac{\text{d}}{\text{d}x}(\rho u) = 0$$

$$或\ \rho u = C，其中 C 为常数 \tag{7-4}$$

一维稳态对流-扩散问题的控制容积如图 7-1 所示，当前节点为 P，其相邻接点为 W 和 E，控制容积两侧界面为 w 和 e。需要说明的是网格不必均匀划分，但为了简洁清晰，这里将其划成均匀网格。

在控制容积上对式（7-3）积分，有

$$\int_{\Delta V}\frac{\text{d}}{\text{d}x}(\rho u\phi)\text{d}x = \int_{\Delta V}\frac{\text{d}}{\text{d}x}\left(\Gamma\frac{\text{d}\phi}{\text{d}x}\right)\text{d}x \tag{7-5}$$

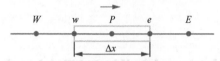

图 7-1　一维稳态对流-扩散问题网格示意图

在控制容积上对式（7-4）积分，有

$$\int_{\Delta V} \frac{\mathrm{d}}{\mathrm{d}x}(\rho u)\mathrm{d}x = 0 \tag{7-6}$$

由高斯定理，式（7-5）可写成

$$\int_A \boldsymbol{n} \cdot (\rho u \phi)\mathrm{d}A = \int_A \boldsymbol{n} \cdot \left(\varGamma \frac{\mathrm{d}\phi}{\mathrm{d}x} \right)\mathrm{d}A \tag{7-7}$$

A 为控制容积的边界面积。沿着流动方向（从左到右），对式（7-7）积分得

$$(\rho u \phi A)_e - (\rho u \phi A)_w = \left(\varGamma A \frac{\mathrm{d}\phi}{\mathrm{d}x} \right)_e - \left(\varGamma A \frac{\mathrm{d}\phi}{\mathrm{d}x} \right)_w \tag{7-8}$$

假设 $A_e = A_w = A$，且对等号右边扩散项采用和导热问题类似的离散方式，有

$$(\rho u \phi)_e - (\rho u \phi)_w = \frac{\varGamma_e}{\delta x_{PE}}(\phi_E - \phi_P) - \frac{\varGamma_w}{\delta x_{WP}}(\phi_P - \phi_W) \tag{7-9}$$

简单起见，记为

$$F = \rho u, \quad D = \frac{\varGamma}{\delta x} \tag{7-10}$$

在式（7-10）中，F 为对流强度，表示通过单位控制容积界面的对流流量；D 为扩散传导系数（简称"扩导"），表示单位界面上扩散阻力的倒数。显然 D 始终是正值，而 F 与 u 的方向有关，既可以取正值也可以取负值。

由式（7-9）的下标 w 和 e 可知，需要知道控制容积边界处的值。针对控制容积界面，有

$$F_e = (\rho u)_e, \quad F_w = (\rho u)_w, \quad D_e = \frac{\varGamma_e}{\delta x_{PE}}, \quad D_w = \frac{\varGamma_w}{\delta x_{WP}} \tag{7-11}$$

将式（7-11）代入式（7-9），得

$$F_e \phi_e - F_w \phi_w = D_e(\phi_E - \phi_P) - D_w(\phi_P - \phi_W) \tag{7-12}$$

类似地，式（7-6）可写成

$$\int_A \boldsymbol{n} \cdot (\rho u)\mathrm{d}A = 0 \tag{7-13}$$

沿着流动方向，对式（7-13）积分，并利用 $A_e = A_w = A$，得

$$(\rho u)_e - (\rho u)_w = 0 \tag{7-14}$$

整理得

$$F_e - F_w = 0 \tag{7-15}$$

为求解式（7-12），需要计算输运变量 ϕ 在界面 e 和 w 上的值，离散对流项的主要困难是计算控

制容积界面上的 ϕ 值，以及如何计算通过界面的对流量。早期的学者想到用节点上的值（ϕ_P、ϕ_W、ϕ_E）来表示界面上的值（ϕ_e 和 ϕ_w）。这就需要对界面上值的变化规律做出假设，不同的假设形成了不同的离散格式。不同离散格式的区别主要体现在控制容积界面函数的选取及其导数的构造方法上。

7.2　常用离散格式及其特性

采用不同离散格式的目的只有一个，即计算出控制容积界面处的参数近似值。在后面要讲到的中心差分格式、一阶迎（上）风格式、混合格式、指数格式和乘方格式中，仅涉及界面上的值与界面两侧相邻节点的值，即这种格式仅与所研究的节点（节点 P）和其相邻的节点（节点 W 和节点 E）有关，因此被称为单个方向上的 3 点格式。本节还将讨论的 QUICK 格式涉及节点（节点 P）和其相邻的 4 个节点（节点 WW、节点 W、节点 E 和节点 EE），因此被称为单个方向上的 5 点格式。

7.2.1　中心差分格式

7.2.1.1　中心差分格式数学描述

对于扩散项，如果没有特殊说明，很多教材都默认采用中心差分格式[3]。因此早期的 CFD 学者们会自然想到使用中心差分格式来处理对流项。所谓中心差分格式，即用节点物理量的算术平均值来代替界面处的值。对于一维问题，可参见图 7-1 所示的均匀网格。有

$$\phi_e = \frac{\phi_P + \phi_E}{2}, \quad \phi_w = \frac{\phi_W + \phi_P}{2} \tag{7-16}$$

这样就实现了用节点值来表示界面值。系数 1/2 由界面位于 2 个相邻节点中心的假设得来，这也是这种离散格式被称为中心差分格式的缘由。

将式（7-16）代入式（7-12），即

$$F_e\phi_e - F_w\phi_w = D_e\left(\phi_E - \phi_P\right) - D_w\left(\phi_P - \phi_W\right)$$

离散方程化为

$$F_e\frac{\phi_P + \phi_E}{2} - F_w\frac{\phi_W + \phi_P}{2} = D_e\left(\phi_E - \phi_P\right) - D_w\left(\phi_P - \phi_W\right) \tag{7-17}$$

式（7-17）中的 ϕ 都是节点值，没有出现界面值，整理成节点形式，得

$$\left[\left(D_w - \frac{F_w}{2}\right) + \left(D_e + \frac{F_e}{2}\right)\right]\phi_P = \left(D_w + \frac{F_w}{2}\right)\phi_W + \left(D_e - \frac{F_e}{2}\right)\phi_E \tag{7-18}$$

由连续性方程 $F_e - F_w = 0$ 知，式（7-18）等号左边系数可改写成

$$\left[\left(D_w - \frac{F_w}{2}\right) + \left(D_e + \frac{F_e}{2}\right)\right] = \left[\left(D_w + \frac{F_w}{2}\right) + \left(D_e - \frac{F_e}{2}\right) + \left(F_e - F_w\right)\right]$$

所以式（7-18）可化为

$$\left[\left(D_w+\frac{F_w}{2}\right)+\left(D_e-\frac{F_e}{2}\right)+\left(F_e-F_w\right)\right]\phi_P=\left(D_w+\frac{F_w}{2}\right)\phi_W+\left(D_e-\frac{F_e}{2}\right)\phi_E \qquad (7\text{-}19)$$

将式（7-19）中 ϕ_P、ϕ_W 和 ϕ_E 前的系数分别用 a_P、a_W 和 a_E 表示，可得到中心差分格式的对流-扩散问题的离散方程。该方程具有与扩散问题离散方程相同的标准形式

$$a_P\phi_P=a_W\phi_W+a_E\phi_E \qquad (7\text{-}20)$$

在式（7-20）中

$$a_W=\left(D_w+\frac{F_w}{2}\right),\quad a_E=\left(D_e-\frac{F_e}{2}\right),\quad a_P=a_W+a_E+\left(F_e-F_w\right)$$

从式中可以看出纯扩散问题离散方程中的系数仅与扩散系数有关，而对流-扩散问题离散方程中的系数同时与扩散、对流有关。

在离散区域内的所有内部节点都可以利用式（7-20）写出对流-扩散问题的离散方程。这将得到与扩散问题一样形式的三对角方程组，引入边界条件后就可解出各节点处场变量 ϕ 的值，用节点的值来近似表示控制容积内的值，就能得到最终的数值解。

7.2.1.2　中心差分格式的问题

中心差分格式应用于扩散问题，其精度较高，收敛性也较好。但当涉及对流时，中心差分格式在一定条件下会出现不合理的结果。下面通过一个例题来说明。

【例题 7-1】[30, 32]对于图 7-2 所示的一维稳态对流-扩散过程，控制方程为 $\dfrac{\mathrm{d}}{\mathrm{d}x}\left(\rho u\phi\right)=\dfrac{\mathrm{d}}{\mathrm{d}x}\left(\varGamma\dfrac{\mathrm{d}\phi}{\mathrm{d}x}\right)$。边界条件为 $x=0$，$\phi_A=1$；$x=L$，$\phi_B=0$。其解析解为

$$\frac{\phi-\phi_A}{\phi_B-\phi_A}=\frac{\exp\left(\dfrac{\rho ux}{\varGamma}\right)-1}{\exp\left(\dfrac{\rho uL}{\varGamma}\right)-1}$$

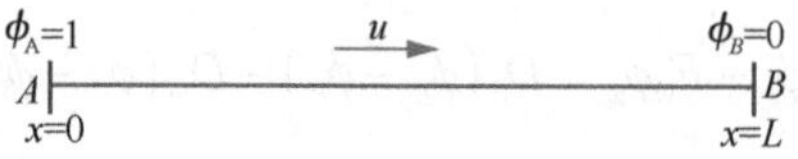

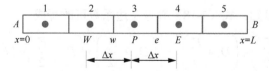

图 7-2　一维稳态对流-扩散过程示意图

已知 $\rho=1.0\mathrm{kg/m^3}$，$\varGamma=0.1\mathrm{kg/(m\cdot s)}$，$L=1.0\mathrm{m}$。采用 5 个均匀网格进行离散化并用中心差分格式对以下工况进行求解：（1）$u=0.1\mathrm{m/s}$；（2）$u=2.5\mathrm{m/s}$；（3）采用 20 个均匀网格重新计算工况（2）。

解：将控制域分成 5 个控制容积，如图 7-3 所示。由 $L=1.0\mathrm{m}$，可得 $\Delta x=0.2\mathrm{m}$。

图 7-3　一维稳态对流-扩散问题中心差分格式的网格划分

对内部节点 2～节点 4，可套用式（7-20），即

$$a_P\phi_P = a_W\phi_W + a_E\phi_E$$

在上式中

$$a_W = \left(D_w + \frac{F_w}{2}\right), \quad a_E = \left(D_e - \frac{F_e}{2}\right), \quad a_P = a_W + a_E + \left(F_e - F_w\right)$$

$$F_w = F_e = \rho u, \quad D_w = D_e = \frac{\Gamma}{\Delta x}$$

节点 1 和节点 5 为边界节点，需要特殊处理。将控制方程在控制容积边界上积分，并对扩散项和对流项均采用中心差分格式。对边界界面的 ϕ 值做如下处理。
对节点 1 所在的控制容积积分可得

$$\int_{\Delta V}\frac{\mathrm{d}}{\mathrm{d}x}(\rho u\phi)\mathrm{d}x = \int_{\Delta V}\frac{\mathrm{d}}{\mathrm{d}x}\left(\Gamma\frac{\mathrm{d}\phi}{\mathrm{d}x}\right)\mathrm{d}x \tag{7-21}$$

有

$$\left(\rho u\phi\right)_e - \left(\rho u\phi\right)_w = \left(\Gamma\frac{\mathrm{d}\phi}{\mathrm{d}x}\right)_e - \left(\Gamma\frac{\mathrm{d}\phi}{\mathrm{d}x}\right)_w \tag{7-22}$$

对于节点 1 东侧界面，正常计算即可，对于节点 1 的西侧界面，因为是边界，需要特殊处理，有

$$\phi_w = \phi_A = 1, \quad \left(\frac{\mathrm{d}\phi}{\mathrm{d}x}\right)_w = \frac{\phi_P - \phi_A}{\Delta\frac{x}{2}}, \quad \phi_e = \frac{\phi_P + \phi_E}{2}$$

$$F_e = F_w = F_A = F = \rho u, \quad D_w = D_A = \frac{\Gamma}{0.5\Delta x} = 2D, \quad D_e = \frac{\Gamma}{\Delta x} = D$$

则节点 1 的离散方程式（7-22）化为

$$\frac{F_e}{2}\left(\phi_E + \phi_P\right) - F_A\phi_A = D_e\left(\phi_E - \phi_P\right) - D_A\left(\phi_P - \phi_A\right) \tag{7-23}$$

整理成节点形式，得

$$\left[\left(D + \frac{F}{2}\right) + 2D\right]\phi_P = 0\times\phi_W + \left(D - \frac{F}{2}\right)\phi_E + \left(2D + F\right)\phi_A \tag{7-24}$$

即

$$a_P\phi_P = 0\times\phi_W + a_E\phi_E + b \tag{7-25}$$

在式（7-25）中

$$a_W = 0, \quad a_E = \left(D - \frac{F}{2}\right), \quad a_P = \left(3D + \frac{F}{2}\right), \quad b = \left(2D + F\right)\phi_A$$

对节点 5 所在的控制容积积分可得

$$\int_{\Delta V}\frac{\mathrm{d}}{\mathrm{d}x}(\rho u\phi)\mathrm{d}x = \int_{\Delta V}\frac{\mathrm{d}}{\mathrm{d}x}\left(\Gamma\frac{\mathrm{d}\phi}{\mathrm{d}x}\right)\mathrm{d}x \tag{7-26}$$

有

$$\left(\rho u\phi\right)_e - \left(\rho u\phi\right)_w = \left(\Gamma\frac{\mathrm{d}\phi}{\mathrm{d}x}\right)_e - \left(\Gamma\frac{\mathrm{d}\phi}{\mathrm{d}x}\right)_w \tag{7-27}$$

在式（7-27）中

$$\phi_e = \phi_B = 0 , \quad \phi_w = \frac{\phi_W + \phi_P}{2}, \quad F_e = F_B = F = F_w$$

$$D_e = D_B = \frac{\Gamma}{0.5\Delta x} = 2D, \quad D_w = \frac{\Gamma}{\Delta x} = D$$

则节点 5 的离散方程为

$$F_B\phi_B - \frac{F_w}{2}\left(\phi_W + \phi_P\right) = D_B\left(\phi_B - \phi_P\right) - D_w\left(\phi_P - \phi_W\right) \tag{7-28}$$

整理成节点形式可得

$$\left(3D - \frac{F}{2}\right)\phi_P = \left(D + \frac{F}{2}\right)\phi_W + \left(2D - F\right)\phi_B \tag{7-29}$$

在式（7-29）中

$$a_P = \left(3D - \frac{F}{2}\right), \quad a_W = \left(D + \frac{F}{2}\right), \quad a_E = 0, \quad b = \left(2D - F\right)\phi_B = 0$$

将所有节点离散方程写成通用形式为

$$a_P\phi_P = a_W\phi_W + a_E\phi_E + b \tag{7-30}$$

式（7-30）中各节点离散方程系数如表 7-1 所示。

表 7-1　　　　　　　　　　　　各节点离散方程系数表达式

节点	a_W	a_E	a_P	b
1	0	$D - \dfrac{F}{2}$	$3D + \dfrac{F}{2}$	$(2D + F)\phi_A$
2~4	$D + \dfrac{F}{2}$	$D - \dfrac{F}{2}$	$2D$	0
5	$D + \dfrac{F}{2}$	0	$3D - \dfrac{F}{2}$	0

（1）$u = 0.1\mathrm{m/s}$，$F = \rho u = 1\dfrac{kg}{m^3} \times 0.1\dfrac{m}{s} = 0.1\dfrac{\mathrm{kg}}{\mathrm{m}^2 \cdot \mathrm{s}}$，$D = \dfrac{\Gamma}{\Delta x} = (0.1/0.2) = 0.5\dfrac{\mathrm{kg}}{\mathrm{m}^2 \cdot \mathrm{s}}$，各节点离散方程值如表 7-2 所示。

表 7-2　　　　　　　　　　当 $u = 0.1\mathrm{m/s}$ 时，各节点离散方程系数值

节点	a_W	a_E	a_P	b
1	0	0.45	1.55	1.1
2~4	0.55	0.45	1	0
5	0.55	0	1.45	0

代入离散方程，得

$$\begin{bmatrix} 1.55 & -0.45 & 0 & 0 & 0 \\ -0.55 & 1.0 & -0.45 & 0 & 0 \\ 0 & -0.55 & 1.0 & -0.45 & 0 \\ 0 & 0 & -0.55 & 1.0 & -0.45 \\ 0 & 0 & 0 & -0.55 & 1.45 \end{bmatrix} \begin{bmatrix} \phi_1 \\ \phi_2 \\ \phi_3 \\ \phi_4 \\ \phi_5 \end{bmatrix} = \begin{bmatrix} 1.1 \\ 0 \\ 0 \\ 0 \\ 0 \end{bmatrix}$$

调用 MATLAB 代码（ex_7_1_1.m），使用高斯-赛德尔迭代，求解此方程组。

```
clc;clear all;
A=[1.55 -0.45 0 0 0;
   -0.55 1.0 -0.45 0 0;
   0 -0.55 1.0 -0.45 0;
   0 0 -0.55 1.0 -0.45;
   0 0 0 -0.55 1.45];
b=[1.1 0 0 0 0]';
x0=[1 1 1 1 1]';
y=GaussSeidel(A,b,x0);
```

解得

$$\begin{cases} \phi_1 = 0.9421 \\ \phi_2 = 0.8007 \\ \phi_3 = 0.6277 \\ \phi_4 = 0.4163 \\ \phi_5 = 0.1579 \end{cases}$$

计算结果与解析解的对比如表 7-3 所示。

表 7-3   数值解与解析解对比

节点	X	数值解	解析解	绝对误差	相对误差/%
1	0.1	0.9421	0.9387	0.0034	0.36
2	0.3	0.8007	0.7963	0.0044	0.55
3	0.5	0.6277	0.6224	0.0053	0.85
4	0.7	0.4163	0.4100	0.0063	1.54
5	0.9	0.1579	0.1505	0.0074	4.92

使用 MATLAB 代码（ex_7_1_2.m）画出中心差分格式数值解和解析解的图形，代码如下：

```
x0=[0.1 0.3 0.5 0.7 0.9];
y0=[0.9421 0.8007 0.6277 0.4163 0.1579];
x=0:0.025:1;
yA=1;L=1;lamda=0.1;yB=0;rho=1;u=0.1;
y=yA+(yB-yA)*(exp((rho*u*x)./lamda)-1)./(exp((rho*u*L)/lamda)-1);
% plot(x,y,x0,y0)
plot(x,y)
hold on
```

```
plot(x0,y0,'s')
xlabel('x/m');ylabel('y');
title('解析解和数值解对比','FontSize',12, 'FontWeight', 'bold');
axis([0 1 0 1]);
legend('解析解','数值解')
set(gca,'Fontsize',10);
txt = {'U=0.1 m/s'};
text(0.2,0.5,txt);
```

图 7-4 表明解析解和数值解非常接近。

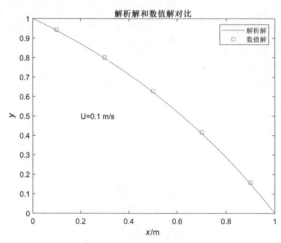

图 7-4　中心差分格式解析解与数值解对比

（2）$u = 2.5\text{m}/\text{s}$，$F = \rho u = 1\dfrac{\text{kg}}{\text{m}^3} \times 2.5\dfrac{\text{m}}{\text{s}} = 2.5\dfrac{\text{kg}}{\text{m}^2 \cdot \text{s}}$，$D = \dfrac{\Gamma}{\Delta x} = \dfrac{0.1}{0.2} = 0.5\dfrac{\text{kg}}{\text{m}^2 \cdot \text{s}}$

表 7-4 展示了各节点离散方程系数表达式。

表 7-4　　　　　　　　　各节点离散方程系数表达式（ u=2.5m/s ）

节点	a_W	a_E	a_P	b
1	0	$D-\dfrac{F}{2}$	$3D+\dfrac{F}{2}$	$(2D+F)\phi_A$
2~4	$D+\dfrac{F}{2}$	$D-\dfrac{F}{2}$	$2D$	0
5	$D+\dfrac{F}{2}$	0	$3D-\dfrac{F}{2}$	0

各节点离散方程系数值如表 7-5 所示。

表 7-5　　　　　　　　　u=2.5m/s 时各节点离散方程系数值

节点	a_W	a_E	a_P	b
1	0	−0.75	2.75	3.5
2~4	1.75	−0.75	1	0
5	1.75	0	0.25	0

代入离散方程，得

$$
\begin{bmatrix}
2.75 & 0.75 & 0 & 0 & 0 \\
-1.75 & 1.0 & 0.75 & 0 & 0 \\
0 & -1.75 & 1.0 & 0.75 & 0 \\
0 & 0 & -1.75 & 1.0 & 0.75 \\
0 & 0 & 0 & -1.75 & 0.25
\end{bmatrix}
\begin{bmatrix}
\phi_1 \\ \phi_2 \\ \phi_3 \\ \phi_4 \\ \phi_5
\end{bmatrix}
=
\begin{bmatrix}
3.5 \\ 0 \\ 0 \\ 0 \\ 0
\end{bmatrix}
$$

调用 MATLAB（ex_7_1_3.m），使用高斯-赛德尔迭代求解此方程组，代码如下：

```
clc;clear all;
A=[2.75 0.75 0 0 0;
   -1.75 1.0 0.75 0 0;
   0 -1.75 1.0 0.75 0;
   0 0 -1.75 1.0 0.75;
   0 0 0 -1.75 0.25];
b=[3.5 0 0 0 0]';
x0=[1 1 1 1 1]';
y=GaussSeidel(A,b,x0);
```

解得：

$$
\begin{cases}
\phi_1 = \text{NaN} \\
\phi_2 = \text{NaN} \\
\phi_3 = \text{NaN} \\
\phi_4 = \text{Inf} \\
\phi_5 = \text{Inf}
\end{cases}
$$

NaN，是 Not a Number 的意思，表示结果发散。Inf 表示无穷大。可以发现，当流速增大时，中心差分格式的数值解误差很大。

（3）当节点数增加，如节点划分为 20 个，重新计算 $u = 2.5\text{m}/\text{s}$ 时的中心差分格式的数值解。各节点离散方程系数表达式如表 7-6 所示。

表 7-6 　　　　　　　　　　　　　各节点离散方程系数表达式

节点	a_W	a_E	a_P	b
1	0	$D - \dfrac{F}{2}$	$3D + \dfrac{F}{2}$	$(2D+F)\phi_A$
2～19	$D + \dfrac{F}{2}$	$D - \dfrac{F}{2}$	$2D$	0
20	$D + \dfrac{F}{2}$	0	$3D - \dfrac{F}{2}$	0

此时，$\Delta x = 0.05\text{m}$，$F = \rho u = 1\dfrac{\text{kg}}{\text{m}^3} \times 2.5\dfrac{\text{m}}{\text{s}} = 2.5\dfrac{\text{kg}}{\text{m}^2 \cdot \text{s}}$，$D = \dfrac{\Gamma}{\Delta x} = (0.1/0.05) = 2\dfrac{\text{kg}}{\text{m}^2 \cdot \text{s}}$，各节点离散方程系数值如表 7-7 所示。

表 7-7　　　　　　　　20 个网格时各节点离散方程系数值

节点	a_W	a_E	a_P	b
1	0	0.75	7.25	6.5
2~19	3.25	0.75	4	0
20	3.25	0	4.75	0

代入离散方程，得

$$\begin{bmatrix} 7.25 & -0.75 & 0 & 0 & 0 & 0 & 0 & 0 & \cdots & 0 \\ -3.25 & 4 & -0.75 & 0 & 0 & 0 & 0 & 0 & \cdots & 0 \\ 0 & -3.25 & 4 & -0.75 & 0 & 0 & 0 & 0 & \cdots & 0 \\ 0 & 0 & -3.25 & 4 & -0.75 & 0 & 0 & 0 & \cdots & \vdots \\ 0 & 0 & 0 & \ddots & \ddots & \ddots & 0 & 0 & \ddots & 0 \\ 0 & 0 & 0 & 0 & \ddots & \ddots & \ddots & 0 & \ddots & 0 \\ \vdots & \vdots & \vdots & \vdots & \vdots & \ddots & \ddots & \ddots & \ddots & 0 \\ \vdots & \vdots & \vdots & \vdots & \vdots & \vdots & \ddots & \ddots & \ddots & 0 \\ 0 & 0 & 0 & 0 & \cdots & 0 & 0 & 0 & -3.25 & 4.75 \end{bmatrix} \begin{bmatrix} \phi_1 \\ \phi_2 \\ \phi_3 \\ \phi_4 \\ \phi_5 \\ \vdots \\ \vdots \\ \vdots \\ \phi_{20} \end{bmatrix} = \begin{bmatrix} 6.5 \\ 0 \\ 0 \\ 0 \\ 0 \\ \vdots \\ \vdots \\ \vdots \\ 0 \end{bmatrix}$$

调用 MATLAB(ex_7_1_4.m)，使用高斯-赛德尔迭代求解，代码如下：

```
clc;clear all;
A=[ 7.25 -0.75 0 0 0 0 0 0 0 0 0 0 0 0 0 0 0 0 0 0;
    -3.25 4 -0.75 0 0 0 0 0 0 0 0 0 0 0 0 0 0 0 0 0;
    0 -3.25 4 -0.75 0 0 0 0 0 0 0 0 0 0 0 0 0 0 0 0;
    0 0 -3.25 4 -0.75 0 0 0 0 0 0 0 0 0 0 0 0 0 0 0;
    0 0 0 -3.25 4 -0.75 0 0 0 0 0 0 0 0 0 0 0 0 0 0;
    0 0 0 0 -3.25 4 -0.75 0 0 0 0 0 0 0 0 0 0 0 0 0;
    0 0 0 0 0 -3.25 4 -0.75 0 0 0 0 0 0 0 0 0 0 0 0;
    0 0 0 0 0 0 -3.25 4 -0.75 0 0 0 0 0 0 0 0 0 0 0;
    0 0 0 0 0 0 0 -3.25 4 -0.75 0 0 0 0 0 0 0 0 0 0;
    0 0 0 0 0 0 0 0 -3.25 4 -0.75 0 0 0 0 0 0 0 0 0;
    0 0 0 0 0 0 0 0 0 -3.25 4 -0.75 0 0 0 0 0 0 0 0;
    0 0 0 0 0 0 0 0 0 0 -3.25 4 -0.75 0 0 0 0 0 0 0;
    0 0 0 0 0 0 0 0 0 0 0 -3.25 4 -0.75 0 0 0 0 0 0;
    0 0 0 0 0 0 0 0 0 0 0 0 -3.25 4 -0.75 0 0 0 0 0;
    0 0 0 0 0 0 0 0 0 0 0 0 0 -3.25 4 -0.75 0 0 0 0;
    0 0 0 0 0 0 0 0 0 0 0 0 0 0 -3.25 4 -0.75 0 0 0;
    0 0 0 0 0 0 0 0 0 0 0 0 0 0 0 -3.25 4 -0.75 0 0;
    0 0 0 0 0 0 0 0 0 0 0 0 0 0 0 0 -3.25 4 -0.75 0;
    0 0 0 0 0 0 0 0 0 0 0 0 0 0 0 0 0 -3.25 4 -0.75;
    0 0 0 0 0 0 0 0 0 0 0 0 0 0 0 0 0 0 -3.25 4.75];
b=[6.5 0 0 0 0 0 0 0 0 0 0 0 0 0 0 0 0 0 0 0]';
x0=[1 1 1 1 1 1 1 1 1 1 1 1 1 1 1 1 1 1 1 1]';
y=GaussSeidel(A,b,x0);
```

求解此方程组，结果为

$$
\begin{cases}
\phi_1 = 1 \\
\phi_2 = 1 \\
\phi_3 = 1 \\
\phi_4 = 1 \\
\phi_5 = 1 \\
\phi_6 = 1 \\
\phi_7 = 1 \\
\phi_8 = 1 \\
\phi_9 = 1 \\
\phi_{10} = 1 \\
\phi_{11} = 1 \\
\phi_{12} = 1 \\
\phi_{13} = 1 \\
\phi_{14} = 0.9999 \\
\phi_{15} = 0.9998 \\
\phi_{16} = 0.9990 \\
\phi_{17} = 0.9954 \\
\phi_{18} = 0.9801 \\
\phi_{19} = 0.9135 \\
\phi_{20} = 0.6250
\end{cases}
$$

使用 MATLAB（ex_7_1_5.m）画出数值解和解析解的对比图，代码如下：

```
x0=[0 0.025 0.0525 0.1025 0.1525 0.2025 0.2525 0.3025 0.3525 0.4025 0.4525
...
    0.5025 0.5525 0.6025 0.6525 0.7025 0.7525 0.8025 0.8525 0.9025 0.9525 1];
y0=[1 1 1 1 1 1 1 1 1 1 1 1 1 0.9999 0.9998 0.9990 0.9954 0.9801 0.9135
0.6250 0];
x=0:0.025:1;
yA=1;L=1;lamda=0.1;yB=0;rho=1;u=2.5;
y=yA+(yB-yA)*(exp((rho*u*x)./lamda)-1)./(exp((rho*u*L)/lamda)-1);
% plot(x,y,x0,y0)
plot(x,y)
hold on
plot(x0,y0,'s')
xlabel('x/m');ylabel('y');
title('解析解和数值解对比','FontSize',12, 'FontWeight', 'bold');
axis([0 1.1 0 1.2])
legend('解析解','数值解')
set(gca,'Fontsize',10);
txt = {'U=2.5 m/s','节点增加到 20 个'};
text(0.2,0.5,txt);
```

解析解与数值解的计算结果如图 7-5 所示。

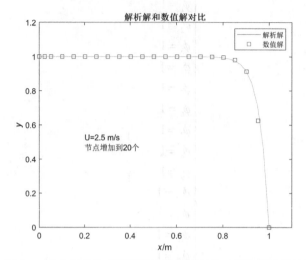

图 7-5 中心差分格式解析解与数值解对比（增加网格数目）

从图 7-5 中可看出，当网格数目从 5 个增加到 20 个时，解析解与数值解两者吻合得很好。第（2）步中遇到的问题得到了解决。这是因为当网格从 5 个增加到 20 个时，F/D 从 5 减小到了 1.25，可见网格加密可有效地改善数值解的计算精度。当采用中心差分格式时，计算精度与 F/D 有关，所以定义一维控制容积的佩克莱数 Pe 为

$$Pe = \frac{F}{D} = \frac{\rho u}{\dfrac{\Gamma}{\delta x}} \tag{7-31}$$

Pe 表示对流与扩散的强度之比。可以看出，当 Pe 为零时，可以理解成分子 F 为零，对流-扩散问题变为纯扩散问题，即流场中没有流动，只有扩散；当 Pe 趋于无穷大时，可以看成分母 D 趋于无穷小，扩散的作用可忽略不计，对流-扩散问题变为纯对流问题；当 Pe > 0 时，流体沿 x 轴正方向流动；当 Pe < 0 时，流体沿 x 轴负方向流动。关于 $Pe = \dfrac{F}{D}$ 的物理意义，我们将在 7.3 节进一步讨论。

7.2.2 离散格式的性质

从【例题 7-1】可以看出，当对流项的离散采用中心差分格式时，在速度较大、网格较稀的情况下，会出现发散现象，所以有必要对离散格式的物理特性做进一步分析。理论上，只要网格量足够大，无论采用什么格式，都可以得到逼近解析解的数值解。但计算资源不允许我们有无穷大的网格量，只能用有限的网格来尽可能地逼近解析解。实践证明，当离散格式满足守恒性、有界性和输运性时，只用有限的网格就可以逼近解析解。下面分别讨论离散格式的这 3 个物理特性，本节我们主要援引龙天渝等老师的研究内容[19, 30]。

7.2.2.1 守恒性（Conservativeness）

如果对一个离散方程在定义域的任意有限空间内做求和的运算，当所得到的表达式满足

该区域上物理量守恒的关系时，则称该离散方程具有守恒性[19]。离散方程的守恒性主要体现在界面的连续性上，即通过控制容积间公共面的通量相等。为保证在整个求解域的每个控制容积上的通量守恒，通过相同的界面时该通量的表达式应有相同的形式。

以一维稳态、无内热源导热问题为例说明守恒性的概念。如图 7-6 所示，简单起见，以 5 个节点为例，取整个物体为研究对象，规定物体得到能量为正，失去能量为负，则该物体的总通量为 $q_1 - q_5$，它应该和所有控制容积上通量的总和相等（注：通量表示流经单位面积的能量）。

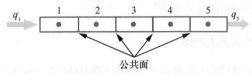

图 7-6　一维稳态、无内热源导热问题示意图[30]

对控制容积 1，其得到的能量为 q_1，按照傅里叶导热定律，其失去的能量为 $-\Gamma_{1e}\dfrac{T_2-T_1}{\delta x}$，则其通量为

$$q_1 - \left(-\Gamma_{1e}\frac{T_2-T_1}{\delta x}\right)$$

注意，从控制容积 1 的 e 界面流出的通量等于流入控制容积 2 的 w 界面的通量，即 $-\Gamma_{1e}\dfrac{T_2-T_1}{\delta x} = -\Gamma_{2w}\dfrac{T_2-T_1}{\delta x}$。
对控制容积 2，其通量为

$$-\Gamma_{2w}\frac{T_2-T_1}{\delta x} - \left(-\Gamma_{2e}\frac{T_3-T_2}{\delta x}\right)$$

对控制容积 3，其通量为

$$-\Gamma_{3w}\frac{T_3-T_2}{\delta x} - \left(-\Gamma_{3e}\frac{T_4-T_3}{\delta x}\right)$$

对控制容积 4，其通量为

$$-\Gamma_{4w}\frac{T_4-T_3}{\delta x} - \left(-\Gamma_{4e}\frac{T_5-T_4}{\delta x}\right)$$

对控制容积 5，其通量为

$$-\Gamma_{5w}\frac{T_5-T_4}{\delta x} - q_5$$

以上对扩散项都采用了中心差分格式。

把 5 个控制容积上的通量相加，得到总的平衡关系，再利用公共面通量相等，且材料是均质的，导热系数处处相等，有

$$\left[q_1 - \left(-\Gamma_{1e}\frac{T_2-T_1}{\delta x}\right)\right] + \left[-\Gamma_{2w}\frac{T_2-T_1}{\delta x} - \left(-\Gamma_{2e}\frac{T_3-T_2}{\delta x}\right)\right]$$

$$+ \left[-\Gamma_{3w}\frac{T_3-T_2}{\delta x} - \left(-\Gamma_{3e}\frac{T_4-T_3}{\delta x}\right)\right] + \left[-\Gamma_{4w}\frac{T_4-T_3}{\delta x} - \left(-\Gamma_{4e}\frac{T_5-T_4}{\delta x}\right)\right] + \left[-\Gamma_{5w}\frac{T_5-T_4}{\delta x} - q_5\right] = q_1 - q_5$$

可见，当对控制容积公共面的能量都以相同的表达式来计算时，则在所有控制容积上求和时进出公共面的能量可互相抵消，总的平衡关系式和该物体的总通量在物理上守恒。

当用有限体积法建立离散方程时，以下是满足守恒性的必要条件。

- 微分方程具有守恒形式（这也是我们前面推导守恒型方程的原因）。
- 在同一界面上各物理量及其一阶导数连续。此处的连续是指从公共面两侧的两个控制容积写出的该界面上某量的值相等。例如，前文中流出控制容积 $1e$ 界面的通量等于流入控制容积 $2w$ 界面的通量[30]。

7.2.2.2　有界性（Boundedness）

有界性指的是，当采用对流项离散格式对物理量的场进行纯对流数值模拟时，数值计算的结果不会超出物理本身所规定的物理量的上限和下限[19]。不满足有界性的情况分两种表现形式：一种是越界性，另一种是迭代不收敛。对于越界性，大家可以这样理解：假设有一个温度不均匀的房间，我们已经知道房间在物理上的最低温度是 25℃，最高温度是 30℃，如果通过模拟得到房间中某个点的温度是 100℃，这远超实际温度，显然是"越界"了。要想通过迭代实现收敛，就需要满足以下充分条件：

$$\frac{\sum |a_{nb}|}{|a'_P|} \leqslant 1 \text{（在所有节点）}$$

$$\frac{\sum |a_{nb}|}{|a'_P|} < 1 \text{（至少在一个节点）}$$

上式中的 a'_P 是节点 P 的净系数，是扣除源项后方程组的主系数，即 $a'_P = \sum |a_{nb}| - S_P \Delta V$，$\sum |a_{nb}|$ 代表 P 点所有相邻节点的系数之和[3,30]。

当无源项时，内部节点的 $a'_P = \sum |a_{nb}|$，此时该收敛条件取"＝"；当有源项时，内部节点和边界节点的 $a'_P = \sum |a_{nb}| - S_P \Delta V$，此时该收敛条件取"＜"。

如果差分格式所产生的系数满足上述条件，则系数矩阵必然是主对角占优的[36]，从而保证能收敛。为保证节点系数矩阵主对角占优，对源项的线性化处理应保证 S_P 取负值（当 S_P 取负值，则 $a'_P = \sum |a_{nb}| - S_P \Delta V > \sum |a_{nb}|$，从而保证了在边界节点满足收敛条件取"＜"）。

主对角占优是满足有界性的一个特征。对于有界性的必要条件是离散方程的各系数应具有相同的正负号，一般取正值。如果离散格式不能满足有界性条件，则其解可能会不收敛；若收敛，也极大可能会发生振荡现象[30]。

7.2.2.3　输运性/迁移性（Transportiveness）

扩散和对流是两种不同的物理现象。

扩散（Diffusion）是由于分子的不规则热运动（或浓度差）所致。分子朝空间不同方向不规则热运动的概率都是一样的，因为扩散过程可以把某一点上扰动的影响向各个方向传递。比如把一滴墨水滴到静止的水盆里，墨水会向四周均匀地散开，这就是纯扩散现象[30]。

对流（Convection）是流体微团宏观的定向运动。带有强烈的方向性，在对流作用下，发生在某一点上的扰动只能向下游传播而不会逆向传播[19]。比如,同样是墨水,我们把它滴到流动的水槽中,则墨水主要沿流动方向(向下游)散开,流速越大,墨水向下游散得越快,同时上游受到的影响越小。这就是对流的影响,也叫作迁移性。对流过程只能把发生在某一点的扰动向下游方向传递,而不能向上游传递[30]。对流和扩散有本质区别,这就使得在处理对流项的时候,不能完全照搬扩散项的处理方法。

由前文已知佩克莱数 Pe 为

$$Pe = \frac{F}{D} = \frac{\rho u}{\frac{\Gamma}{\delta x}} \tag{7-32}$$

如图 7-7 所示,我们讨论 3 种情况。

- Pe = 0,可以理解成分子 F 为零,对流-扩散问题变为纯扩散问题,即流场中没有流动,只有扩散;此时,某个物理量 ϕ 在各个方向均匀扩散(像水的涟漪,等值线为圆形),P 点的 ϕ 同时受 W 点和 E 点的 ϕ 的影响。

- Pe → ∞,可以看成分母 D 趋于无穷小,扩散的作用可忽略不计,对流-扩散问题变为纯对流问题;此时,由 P 点发出的 ϕ 依靠流体微团的宏观移动(对流)沿流动方向向点 E 传输,节点 E 处的 ϕ 只受到上游节点 P 的 ϕ 的影响,且 $\phi_P = \phi_E$。在 Pe 值较大的条件下,对控制容积界面的 ϕ 的处理应该取其上游节点处的值,而不应该取其上、下游节点值的某种平均。这是 7.2.3 节要讨论的内容。

- 当 Pe 为有限值时,对流和扩散同时影响一个节点的上、下游相邻节点。随着 Pe 的增大,下游受到的影响逐渐增大,而上游受到的影响逐渐减小。

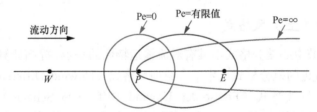

图 7-7　不同 Pe 下,对流-扩散相对大小示意图

7.2.2.4　中心差分格式的特点、适用性及物理特性评价

(1)守恒性

中心差分格式的离散方程是用守恒型微分方程离散得到的,具有守恒性特点。

(2)有界性

按有界性的充分、必要条件进行如下分析。

离散方程内部节点满足下式:

$$a_P\phi_P = a_W\phi_W + a_E\phi_E \tag{7-33}$$

在上式中

$$a_W = \left(D_w + \frac{F_w}{2}\right), \quad a_E = \left(D_e - \frac{F_e}{2}\right), \quad a_P = a_W + a_E + \left(F_e - F_w\right)$$

由连续性方程知，$F_e = F_w$，因此 $a_P = a_W + a_E = \sum |a_{nb}|$，在所有内部节点处都满足收敛条件。

由必要条件可知，假设 $F_e > 0$，$F_w > 0$，如果系数 $a_E = D_e - \frac{F_e}{2} > 0$，则可保证所有节点系数都为正值（同号），从而满足有界性的必要条件。由此得到：$D_e - \frac{F_e}{2} > 0 \rightarrow \frac{F_e}{D_e} = \mathrm{Pe} < 2$。

对于中心差分格式，如果 $\mathrm{Pe} > 2$，则 a_E 为负值，不符合有界性的必要条件。

（3）输运性/迁移性

由于中心差分格式在计算 P 点的对流和扩散通量时，将各个方向上相邻节点的影响都考虑在内，但没有分别考虑对流和扩散的相对大小，因此，在 Pe 值较大时不满足输运性的要求[3]。

（4）物理特性的评价

实践证明，当 $\mathrm{Pe} < 2$ 时，中心差分格式的计算结果与解析解基本吻合。但当 $\mathrm{Pe} > 2$ 时，中心差分格式所得的解就完全失去了物理意义。从离散方程的系数来说，这是由于当 $\mathrm{Pe} > 2$ 时，系数 $a_E < 0$。已知系数 a_E 和 a_W 代表了相邻节点 E 和 W 处的物理量通过对流及扩散作用对 P 点产生影响的大小，当离散方程写成 $a_P\phi_P = a_W\phi_W + a_E\phi_E$ 的形式时，a_E、a_W 和 a_P 都必须大于零，负的系数会导致物理上不真实的解。另外，正系数的要求也是出于对方程组迭代求解的考虑。

对于给定的 ρ 与 Γ，要满足 $\mathrm{Pe} < 2$，需要速度 u 很小或者网格间距很小。基于此限制，中心差分格式不能作为一般流动问题的离散格式，必须提出其他更合适的离散格式。

7.2.3　一阶迎（上）风格式

为了克服 7.2.1 节中心差分格式不具有对流输运特性的缺点、提高计算精度，早期的 CFD 学者们提出了各种改进的差分格式。本节介绍迎风格式（Upwind Difference Scheme），常见的迎风格式有一阶迎风格式（First-order Upwind Difference Scheme）和二阶迎风格式（Second-order Upwind Difference Scheme）。接下来先介绍一阶迎风格式[28]。

7.2.3.1　一阶迎风格式数学描述

中心差分格式在计算控制容积界面上的物理量 ϕ 时取的是上、下游节点值的算术平均值，即

$$\phi_e = \frac{\phi_P + \phi_E}{2}, \quad \phi_w = \frac{\phi_W + \phi_P}{2} \tag{7-34}$$

而一阶迎风格式在计算控制容积界面上的物理量 ϕ 时取的是上下游节点处的值。由 7.1 节的式（7-12）可知，无源项对流-扩散问题离散方程可写成下式：

$$F_e\phi_e - F_w\phi_w = D_e\left(\phi_E - \phi_P\right) - D_w\left(\phi_P - \phi_W\right)$$

当流动方向为 x 轴正方向时，$u_e > 0$，$u_w > 0$（$F_e > 0$，$F_w > 0$），一阶迎风格式界面值分别取：

$$\phi_w = \phi_W, \quad \phi_e = \phi_P \tag{7-35}$$

则式（7-12）变为

$$F_e\phi_P - F_w\phi_W = D_e\left(\phi_E - \phi_P\right) - D_w\left(\phi_P - \phi_W\right) \tag{7-36}$$

整理可得

$$\left(D_w + D_e + F_e\right)\phi_P = \left(D_w + F_w\right)\phi_W + D_e\phi_E \tag{7-37}$$

或写成

$$\left[\left(D_w + F_w\right) + D_e + \left(F_e - F_w\right)\right]\phi_P = \left(D_w + F_w\right)\phi_W + D_e\phi_E \tag{7-38}$$

当流动方向为 x 轴的负方向时，$u_e < 0$，$u_w < 0$（$F_e < 0$，$F_w < 0$），一阶迎风格式界面值分别取：

$$\phi_w = \phi_P, \phi_e = \phi_E \tag{7-39}$$

则式（7-12）变为

$$F_e\phi_E - F_w\phi_P = D_e\left(\phi_E - \phi_P\right) - D_w\left(\phi_P - \phi_W\right) \tag{7-40}$$

或写成

$$\left[D_w + \left(D_e - F_e\right) + \left(F_e - F_w\right)\right]\phi_P = D_w\phi_W + \left(D_e - F_e\right)\phi_E \tag{7-41}$$

将两种流动方向离散方程的系数做归一化处理，可得我们熟悉的通用格式：

$$a_P\phi_P = a_W\phi_W + a_E\phi_E \tag{7-42}$$

在上式中

$$a_W = D_w + \max\left(F_w, 0\right), \quad a_E = D_e + \max\left(0, -F_e\right), \quad a_P = a_W + a_E + \left(F_e - F_w\right)$$

从以上操作可以看出，一阶迎风格式只是改变了对流项的差分格式，使之具有输运特性，而对扩散项的计算仍然采用中心差分格式。

【例题 7-2】[36]对于图 7-8 所示的一维稳态对流-扩散问题,控制方程为 $\dfrac{\mathrm{d}}{\mathrm{d}x}\left(\rho u\phi\right) = \dfrac{\mathrm{d}}{\mathrm{d}x}\left(\Gamma\dfrac{\mathrm{d}\phi}{\mathrm{d}x}\right)$。边界条件为 $x=0$，$\phi_A = 1$；$x = L$，$\phi_B = 0$。其解析解为

$$\frac{\phi - \phi_A}{\phi_B - \phi_A} = \frac{\exp\left(\dfrac{\rho u x}{\Gamma}\right) - 1}{\exp\left(\dfrac{\rho u L}{\Gamma}\right) - 1}$$

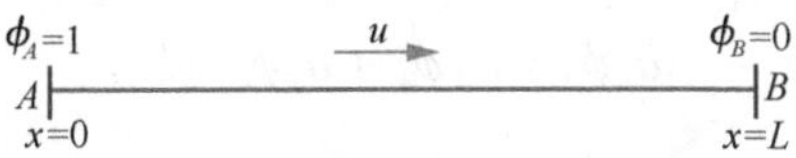

图 7-8　一维稳态对流-扩散问题示意图

已知：$\rho = 1.0\mathrm{kg/m^3}$，$\Gamma = 0.1\mathrm{kg/(m\cdot s)}$，$L = 1.0\mathrm{m}$。采用 5 个均匀网格进行离散化并用一阶迎风格式对以下工况求解：（1）$u = 0.1\mathrm{m/s}$；（2）$u = 2.5\mathrm{m/s}$。

解：将控制域分成 5 个控制容积，如图 7-9 所示。

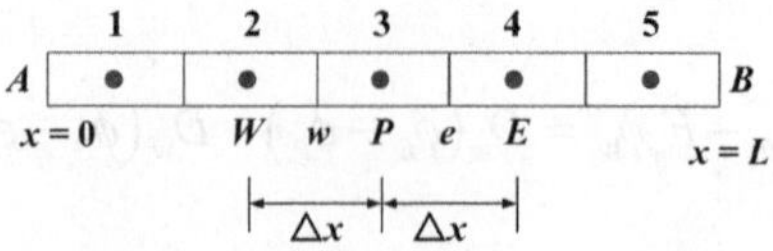

图 7-9 一维稳态对流-扩散问题一阶迎风格式的网格划分

在本例中，每个网格节点都有 $F=F_w=F_e=\rho u=0.1\text{kg}/(\text{m}^2\cdot\text{s})$，$D=D_w=D_e=\dfrac{\Gamma}{\Delta x}=$
$0.5\text{kg}/(\text{m}^2\cdot\text{s})$。

由 $L=1.0\text{m}$，可得 $\Delta x=0.2\text{m}$。对内部节点 2~4，其离散化方程为

$$a_P\phi_P=a_W\phi_W+a_E\phi_E \tag{7-43}$$

在式（7-43）中

$$a_W=D_w+\max(F_w,0),\quad a_E=D_e+\max(0,-F_e),\quad a_P=a_W+a_E+(F_e-F_w)$$

节点 1 和 5 节点为边界节点，要使用一阶迎风格式。

节点 1：

$$F_e\phi_P-F_A\phi_A=D_e(\phi_E-\phi_P)-D_A(\phi_P-\phi_A) \tag{7-44}$$

整理成节点形式为

$$(F_e+D_e+D_A)\phi_P=D_e\phi_E+(D_A+F_A)\phi_A \tag{7-45}$$

将边界条件纳入源项，写成离散方程通用形式：

$$a_P\phi_P=a_W\phi_W+a_E\phi_E+b \tag{7-46}$$

在上式中

$$a_P=(F_e+D_e+D_A),\ a_W=0,\ a_E=D_e,\ b=(D_A+F_A)\phi_A$$

节点 5：

$$F_B\phi_P-F_w\phi_W=D_B(\phi_B-\phi_P)-D_w(\phi_P-\phi_W) \tag{7-47}$$

整理成节点形式为

$$(F_B+D_B+D_w)\phi_P=(D_w+F_w)\phi_W+D_B\phi_B \tag{7-48}$$

将边界条件纳入源项，写成离散方程通用形式为：

$$a_P\phi_P=a_W\phi_W+a_E\phi_E+b \tag{7-49}$$

在上式中

$$a_P=(F_B+D_B+D_w),\quad a_W=(D_w+F_w),\quad a_E=0,\quad b=D_B\phi_B$$

对子边界节点，有

$$D_A=D_B=\frac{\Gamma}{\Delta x/2}=2D$$

$$F_A=F_B=F$$

代入系数表达式，得各节点离散方程的系数，如表 7-8 所示。

表 7-8 各节点离散方程系数表达式

节点	a_W	a_E	a_P	b
1	0	D	$3D+F$	$2D+F$
2~4	$D+F$	D	$2D+F$	0
5	$D+F$	0	$3D+F$	0

（1）u=0.1m/s，$F = \rho u = 1\dfrac{\text{kg}}{\text{m}^3} \times 0.1\dfrac{\text{m}}{\text{s}} = 0.1\dfrac{\text{kg}}{\text{m}^2 \cdot \text{s}}$，$D = \dfrac{\Gamma}{\Delta x} = 0.1\dfrac{\text{kg}}{\text{m} \cdot \text{s}} \div 0.2\text{m} = 0.5\dfrac{\text{kg}}{\text{m}^2 \cdot \text{s}}$，

各节点离散方程系数值如表 7-9 所示。

表 7-9 各节点离散方程系数组（u=0.1m/s）

节点	a_W	a_E	a_P	b
1	0	0.5	1.6	1.1
2~4	0.6	0.5	1.1	0
5	0.6	0	1.6	0

代入离散方程，得

$$\begin{bmatrix} 1.6 & -0.5 & 0 & 0 & 0 \\ -0.6 & 1.1 & -0.5 & 0 & 0 \\ 0 & -0.6 & 1.1 & -0.5 & 0 \\ 0 & 0 & -0.6 & 1.1 & -0.5 \\ 0 & 0 & 0 & -0.6 & 1.6 \end{bmatrix} \begin{bmatrix} \phi_1 \\ \phi_2 \\ \phi_3 \\ \phi_4 \\ \phi_5 \end{bmatrix} = \begin{bmatrix} 1.1 \\ 0 \\ 0 \\ 0 \\ 0 \end{bmatrix}$$

调用 MATLAB 代码（ex_7_2_1.m），使用高斯-赛德尔迭代，代码如下：

```
clc;clear all;
A=[1.6 -0.5 0 0 0;
   -0.6 1.1 -0.5 0 0;
   0 -0.6 1.1 -0.5 0;
   0 0 -0.6 1.1 -0.5;
   0 0 0 -0.6 1.6];
b=[1.1 0 0 0 0]';
x0=[1 1 1 1 1 ]';
y=GaussSeidel(A,b,x0);
```

求解此方程组，结果为

$$\begin{cases} \phi_1 = 0.9338 \\ \phi_2 = 0.7881 \\ \phi_3 = 0.6131 \\ \phi_4 = 0.4032 \\ \phi_5 = 0.1512 \end{cases}$$

计算结果与解析解的对比如表 7-10 所示。

表 7-10　　　　　　　　　　　数值解与解析解的对比（ u=0.1m/s ）

节点	x	数值解	解析解	绝对误差	相对误差/%
1	0.1	0.9338	0.9387	0.0049	0.52
2	0.3	0.7881	0.7963	0.0082	1.03
3	0.5	0.6131	0.6224	0.0093	1.49
4	0.7	0.4032	0.4100	0.0068	1.66
5	0.9	0.1512	0.1505	0.0007	0.47

（2） u=2.5m/s， $F = \rho u = 1\dfrac{\text{kg}}{\text{m}^3} \times 2.5\dfrac{\text{m}}{\text{s}} = 2.5\dfrac{\text{kg}}{\text{m}^2 \cdot \text{s}}$，　 $D = \dfrac{\Gamma}{\Delta x} = 0.1\dfrac{\text{kg}}{\text{m} \cdot \text{s}} / 0.2 = 0.5\dfrac{\text{kg}}{\text{m}^2 \cdot \text{s}}$，

$\text{Pe} = \dfrac{F}{D} = 5$ 。

各节点离散方程系数值如表 7-11 所示。

表 7-11　　　　　　　　　　各节点离散方程数值解（ u=2.5m/s ）

节点	a_W	a_E	a_P	b
1	0	0.5	4	3.5
2～4	3	0.5	3.5	0
5	3	0	4	0

代入离散方程，得

$$
\begin{bmatrix}
4 & -0.5 & 0 & 0 & 0 \\
-3 & 3.5 & -0.5 & 0 & 0 \\
0 & -3 & 3.5 & -0.5 & 0 \\
0 & 0 & -3 & 3.5 & -0.5 \\
0 & 0 & 0 & -3 & 4
\end{bmatrix}
\begin{bmatrix}
\phi_1 \\ \phi_2 \\ \phi_3 \\ \phi_4 \\ \phi_5
\end{bmatrix}
=
\begin{bmatrix}
3.5 \\ 0 \\ 0 \\ 0 \\ 0
\end{bmatrix}
$$

调用 MATLAB 代码（ex_7_2_2.m），使用高斯-赛德尔迭代，代码如下：

```
clc;clear all;
A=[4 -0.5 0 0 0;
    -3 3.5 -0.5 0 0;
    0 -3 3.5 -0.5 0;
    0 0 -3 3.5 -0.5;
    0 0 0 -3 4];
b=[3.5 0 0 0 0]';
x0=[1 1 1 1 1 ]';
y=GaussSeidel(A,b,x0);
```

求解此方程组，结果为

$$
\begin{cases}
\phi_1 = 0.9998 \\
\phi_2 = 0.9987 \\
\phi_3 = 0.9921 \\
\phi_4 = 0.9525 \\
\phi_5 = 0.7143
\end{cases}
$$

计算结果与解析解的对比如表 7-12 所示

表 7-12 数值解与解析解的对比（ u=2.5m/s ）

节点	x	数值解	解析解	绝对误差	相对误差/%
1	0.1	0.9998	1.0000	0.0002	0.02
2	0.3	0.9987	0.9999	0.0012	0.12
3	0.5	0.9921	0.9999	0.0078	0.78
4	0.7	0.9525	0.9994	0.0469	4.69
5	0.9	0.7143	0.9179	0.2036	22.18

从计算结果可以看出，在【例题 7-1】中，用中心差分格式不能得到合理的结果，但本例用一阶迎风格式得到了较合理的解，这显示了一阶迎风格式在有较强对流输运状况时的计算优势。但其结果在最末尾的节点附近并不是很接近解析解。

7.2.3.2 一阶迎风格式的特点、适用性及物理特性评价

（1）守恒性

一阶迎风格式在计算控制容积界面处的通量时，相邻控制容积公共界面处的通量相等，符合守恒型。

（2）有界性

由 $a_w = D_w + \max(F_w, 0)$， $a_E = D_e + (0, -F_e)$， $a_P = a_w + a_E + (F_e - F_w)$ 可知，一阶迎风格式的系数恒大于零，且系数矩阵满足主对角占优条件，因而在任何条件下都不会引起解的振荡，且总能得到物理上合理的解。一阶迎风格式是一个无条件稳定的格式。

（3）输运性

一阶迎风格式会考虑流动方向的影响，因此考虑了输运性。

（4）物理特性评价

由上文可知，一阶迎风格式的系数恒大于零，因而在任何条件下都不会引起解的振荡，没有中心差分格式中 Pe < 2 的限制。由于简单，一阶迎风格式被广泛应用于早期的 CFD 计算中。当然，一阶迎风格式也有缺点，就是当流动方向与网格线不一致时，计算误差较大，此时其类似于扩散问题，被称为伪（假）扩散[36]。

另外，一阶迎风格式只是简单地按界面上流速是大于还是小于零来取值，但解析解表明，界面上的值还与 Pe 的大小有关。

一阶迎风格式虽然不会出现解的振荡，但所生成的离散方程的精度不高，除非采用非常细密的网格，否则计算结果的误差一般会很大。研究证明，在对流项中心差分的数值解不出现振荡的参数范围内，在相同的网格节点数条件下，中心差分的计算结果要比一阶迎风格式的误差小。因此一阶迎风格式对于精确的流场计算不是很适合，大量的研究在寻求改进的离散格式（比如二阶迎风格式、三阶迎风格式等）[3, 19]。

7.2.4 混合格式

7.2.4.1 混合格式的数学描述

通过前面的介绍我们已经知道，中心差分格式精度较高，但却不具有输运性；一阶迎风

格式具有输运性，但边界处精度却不高，且可能存在伪扩散问题。所以 Spalding 就想能不能把这两种格式结合起来，于是有了混合格式（Hybrid Scheme）。混合格式采用以网格 Pe 为基础的分段公式计算流经每个控制容积表面的净通量。混合格式的操作也非常简单，首先判断 Pe 的大小。当|Pe|<2 时，应用中心差分格式，当|Pe|≥2 时应用一阶迎风格式。

例如 P 点所在的控制容积西侧界面的网格 Pe_w 为：

$$\mathrm{Pe}_w = \frac{F_w}{D_w} = \frac{(\rho u)_w}{\Gamma_w / \delta x_{WP}}$$

在上式中，下标 w 表示西侧界面。

下面给出无源稳态问题的混合格式近似式，通过西侧界面单位面积的物理量的净流量为

$$q_w = \frac{F_w}{2}\left(\phi_W + \phi_P\right) - D_w\left(\phi_P - \phi_W\right) = \left(\frac{F_w}{2} + D_w\right)\phi_W + \left(\frac{F_w}{2} - D_w\right)\phi_P \tag{7-50}$$

根据 Pe_w 的大小分段给出 q_w 的具体值：

$$\text{当} -2 < \mathrm{Pe}_w < 2 \text{时}, \quad q_w = F_w\left[\frac{1}{2}\left(1 + \frac{2}{(\mathrm{Pe})_w}\right)\phi_W + \frac{1}{2}\left(1 - \frac{2}{(\mathrm{Pe})_w}\right)\phi_P\right]$$

$$\text{当} \mathrm{Pe}_w \gg 2 \text{时}, \quad q_w = F_w\phi_W \tag{7-51}$$

$$\text{当} \mathrm{Pe}_w \ll -2 \text{时}, \quad q_w = F_w\phi_P$$

从上式中可以看出，在混合格式中，当网格 Pe 较小时（|Pe|<2），对流-扩散项的近似计算采用中心差分格式；当|Pe|≥2 时，交界面处对流项近似计算采用一阶迎风格式，同时扩散项置为零。

对照可得离散方程的通用形式为

$$a_P\phi_P = a_W\phi_W + a_E\phi_E \tag{7-52}$$

在上式中

$$a_P = a_W + a_E + \left(F_e - F_w\right) \tag{7-53}$$

$$a_W = \max\left[F_w, \left(D_w + \frac{F_w}{2}\right), 0\right] \tag{7-54}$$

$$a_E = \max\left[-F_e, \left(D_e - \frac{F_e}{2}\right), 0\right] \tag{7-55}$$

【例题 7-3】[30, 32, 36]如图 7-10 所示的一维稳态对流-扩散过程，控制方程为 $\frac{\mathrm{d}}{\mathrm{d}x}\left(\rho u\phi\right) = \frac{\mathrm{d}}{\mathrm{d}x}\left(\Gamma\frac{\mathrm{d}\phi}{\mathrm{d}x}\right)$。边界条件为 $x=0$，$\phi_A=1$；$x=L$，$\phi_B=0$。其解析解为

$$\frac{\phi - \phi_A}{\phi_B - \phi_A} = \frac{\exp\left(\dfrac{\rho u x}{\Gamma}\right) - 1}{\exp\left(\dfrac{\rho u L}{\Gamma}\right) - 1}$$

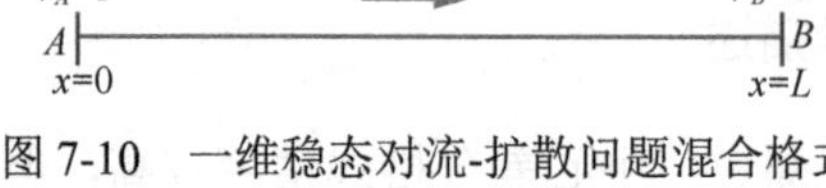

图 7-10 一维稳态对流-扩散问题混合格式

已知 $\rho = 1.0 \text{kg} / \text{m}^3$，$\Gamma = 0.1 \text{kg} / (\text{m} \cdot \text{s})$，$L$=1.0m，$u = 2.5 \text{m} / \text{s}$，要求采用混合格式进行求解，节点个数分别为 5 和 25，并比较两种网格的计算结果。

解：将控制域分成 5 个控制容积，如图 7-11 所示。L=1.0m，可得 $\Delta x = 0.2\text{m}$。

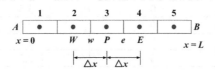

图 7-11 一维稳态对流-扩散问题混合格式网格划分

当 $u = 2.5 \text{m} / \text{s}$ 时，有

$$F = F_e = F_w = \rho u = 2.5 \text{kg} / (\text{m}^2 \cdot \text{s}), \quad D = D_e = D_w = \Gamma / \Delta x = 0.5 \text{kg} / (\text{m}^2 \cdot s)$$

因为 $\text{Pe}_e = \text{Pe}_w = \dfrac{\rho u \Delta x}{\Gamma} = 5 > 2$，所以混合格式会将对流项用一阶迎风格式近似并令扩散项为 0。

内部节点 2～节点 4 的离散方程为

$$a_P \phi_P = a_W \phi_W + a_E \phi_E \tag{7-56}$$

节点 1 和节点 5 的边界条件需要特别处理。

针对节点 1，写出如下形式：

$$F_e \phi_P - F_A \phi_A = 0 - D_A (\phi_P - \phi_A) \tag{7-57}$$

整理成标准节点形式：

$$(F_e + D_A) \phi_P = 0\phi_W + 0\phi_E + (F_A + D_A) \phi_A \tag{7-58}$$

整理成具体节点形式：

$$(F_e + D_A) \phi_1 = 0\phi_W + 0\phi_E + (F_A + D_A) \phi_A \tag{7-59}$$

针对节点 5，写出如下形式：

$$F_B \phi_P - F_w \phi_W = D_B (\phi_B - \phi_P) - 0 \tag{7-60}$$

在边界上，扩散通量从右侧流入且对流通量通过一阶迎风方法给出，于是便有

$$F_A = F_B = F, D_B = \frac{2\Gamma}{\delta x} = 2D = 1 \text{kg} / (\text{m}^2 \cdot \text{s})$$

所以离散方程可以写成下式：

$$a_P \phi_P = a_W \phi_W + a_E \phi_E + b \tag{7-61}$$

其中

$$a_P = a_W + a_E + (F_e - F_w) \tag{7-62}$$

式（7-62）中的各节点离散方程系数表达式如表 7-13 所示。

表 7-13　　　　　　　　　　　　各节点离散方程系数表达式（5 个节点）

节点	a_W	a_E	a_P	b
1	0	0	2D+F	2D+F
2～4	F	0	F	0
5	F	0	2D+F	0

代入已知条件，得各系数值，如表 7-14 所示。

表 7-14　　　　　　　各节点离散方程系数值（5 个节点）

节点	a_W	a_E	a_P	b
1	0	0	3.5	3.5
2	2.5	0	2.5	0
3	2.5	0	2.5	0
4	2.5	0	2.5	0
5	2.5	0	3.5	0

代入离散方程，得

$$\begin{bmatrix} 3.5 & 0 & 0 & 0 & 0 \\ -2.5 & 2.5 & 0 & 0 & 0 \\ 0 & -2.5 & 2.5 & 0 & 0 \\ 0 & 0 & -2.5 & 2.5 & 0 \\ 0 & 0 & 0 & -2.5 & 3.5 \end{bmatrix} \begin{bmatrix} \phi_1 \\ \phi_2 \\ \phi_3 \\ \phi_4 \\ \phi_5 \end{bmatrix} = \begin{bmatrix} 3.5 \\ 0 \\ 0 \\ 0 \\ 0 \end{bmatrix}$$

调用 MATLAB 代码（ex_7_3_1.m），使用高斯-赛德尔迭代，代码如下：

```
clc;clear all;
A=[3.5 0 0 0 0;
    -2.5 2.5 0 0 0;
    0 -2.5 2.5 0 0;
    0 0 -2.5 2.5 0;
    0 0 0 -2.5 3.5];
b=[3.5 0 0 0 0]';
x0=[1 1 1 1 1 ]';
y=GaussSeidel(A,b,x0);
```

求解此方程组，可得

$$\begin{cases} \phi_1 = 1.0 \\ \phi_2 = 1.0 \\ \phi_3 = 1.0 \\ \phi_4 = 1.0 \\ \phi_5 = 0.7143 \end{cases}$$

计算结果与解析解的对比如表 7-15 所示。

表 7-15　　　　　　　数值解与解析解对比（5 个节点）

节点	x	数值解	解析解	绝对误差	相对误差/%
1	0.1	1.0	0.9999	0.0001	0.01
2	0.3	1.0	0.9999	0.0001	0.01
3	0.5	1.0	0.9999	0.0001	0.01
4	0.7	1.0	0.9994	0.0006	0.06
5	0.9	0.7143	0.8946	0.1803	20.15

当节点数为 5 时，通过对比解析解和数值解，可知在 Pe 很大的情况下，混合格式与一阶迎风格式解的情况是一样的。

当节点数为 25 时， $\Delta x = 0.04\text{m}$ ， $F = F_e = F_w = \rho u = 2.5\text{kg}/(\text{m}^2 \cdot \text{s})$, $D = D_e = D_w = \Gamma /$ $\Delta x = 2.5\text{kg}/(\text{m}^2 \cdot \text{s})$ 。 $\text{Pe} = \dfrac{F}{D} = 1 < 2$ 。混合格式中，当 Pe 较小时（ $|\text{Pe}| < 2$ ），对流-扩散项的近似用中心差分格式和混合格式是相同的；套用中心差分格式的系数表达式，得混合格式各节点离散方程系数表达式，得混合格式各节点离散方程系数表达式，如表 7-16 所示。

表 7-16 各节点离散方程系数表达式（25 个节点）

节点	a_W	a_E	a_P	b
1	0	$D - \dfrac{F}{2}$	$3D + \dfrac{F}{2}$	$(2D + F)\phi_A$
2～24	$D + \dfrac{F}{2}$	$D - \dfrac{F}{2}$	$2D$	0
25	$D + \dfrac{F}{2}$	0	$3D - \dfrac{F}{2}$	0

代入相应参数值，得混合格式各节点系数值，如表 7-17 所示。

表 7-17 各节点离散方程系数值（25 个节点）

节点	a_W	a_E	a_P	b
1	0	1.25	8.75	7.5
2～24	3.75	1.25	5	0
25	3.75	0	6.25	0

代入离散方程，可得

$$
\begin{bmatrix}
8.75 & -1.25 & 0 & 0 & 0 & 0 & 0 & 0 & \cdots & 0 \\
-3.75 & 5 & -1.25 & 0 & 0 & 0 & 0 & 0 & \cdots & 0 \\
0 & -3.75 & 5 & -1.25 & 0 & 0 & 0 & 0 & \cdots & 0 \\
0 & 0 & -3.75 & 5 & -1.25 & 0 & 0 & 0 & \cdots & 0 \\
0 & 0 & 0 & -3.75 & 5 & -1.25 & 0 & & \cdots & 0 \\
0 & 0 & 0 & 0 & \ddots & \ddots & \ddots & \ddots & & \vdots \\
0 & 0 & 0 & 0 & 0 & \ddots & \ddots & \ddots & \ddots & \vdots \\
\vdots & \vdots & \vdots & \vdots & \vdots & & \ddots & \ddots & \ddots & \vdots \\
\vdots & \vdots & \vdots & \vdots & \vdots & \vdots & & -3.75 & 5 & -1.25 \\
0 & 0 & 0 & 0 & 0 & 0 & 0 & 0 & -3.75 & 6.25
\end{bmatrix}
\begin{bmatrix}
\phi_1 \\ \phi_2 \\ \phi_3 \\ \phi_4 \\ \phi_5 \\ \vdots \\ \vdots \\ \vdots \\ \phi_{24} \\ \phi_{25}
\end{bmatrix}
=
\begin{bmatrix}
7.5 \\ 0 \\ 0 \\ 0 \\ 0 \\ \vdots \\ \vdots \\ \vdots \\ 0 \\ 0
\end{bmatrix}
$$

调用 MATLAB 代码（ex_7_3_2.m)，使用高斯-赛德尔迭代，代码如下：

```
clc;clear all;
A=    [8.75 -1.25 0 0 0 0 0 0 0 0 0 0 0 0 0 0 0 0 0 0 0 0 0 0 0;
     -3.75 5 -1.25 0 0 0 0 0 0 0 0 0 0 0 0 0 0 0 0 0 0 0 0 0 0;
     0 -3.75 5 -1.25 0 0 0 0 0 0 0 0 0 0 0 0 0 0 0 0 0 0 0 0 0;
     0 0 -3.75 5 -1.25 0 0 0 0 0 0 0 0 0 0 0 0 0 0 0 0 0 0 0 0;
```

```
      0  0  0  -3.75  5  -1.25  0  0  0  0  0  0  0  0  0  0  0  0  0  0  0  0  0  0;
      0  0  0  0  -3.75  5  -1.25  0  0  0  0  0  0  0  0  0  0  0  0  0  0  0  0  0;
      0  0  0  0  0  -3.75  5  -1.25  0  0  0  0  0  0  0  0  0  0  0  0  0  0  0  0;
      0  0  0  0  0  0  -3.75  5  -1.25  0  0  0  0  0  0  0  0  0  0  0  0  0  0  0;
      0  0  0  0  0  0  0  -3.75  5  -1.25  0  0  0  0  0  0  0  0  0  0  0  0  0  0;
      0  0  0  0  0  0  0  0  -3.75  5  -1.25  0  0  0  0  0  0  0  0  0  0  0  0  0;
      0  0  0  0  0  0  0  0  0  -3.75  5  -1.25  0  0  0  0  0  0  0  0  0  0  0  0;
      0  0  0  0  0  0  0  0  0  0  -3.75  5  -1.25  0  0  0  0  0  0  0  0  0  0  0;
      0  0  0  0  0  0  0  0  0  0  0  -3.75  5  -1.25  0  0  0  0  0  0  0  0  0  0;
      0  0  0  0  0  0  0  0  0  0  0  0  -3.75  5  -1.25  0  0  0  0  0  0  0  0  0;
      0  0  0  0  0  0  0  0  0  0  0  0  0  -3.75  5  -1.25  0  0  0  0  0  0  0  0;
      0  0  0  0  0  0  0  0  0  0  0  0  0  0  -3.75  5  -1.25  0  0  0  0  0  0  0;
      0  0  0  0  0  0  0  0  0  0  0  0  0  0  0  -3.75  5  -1.25  0  0  0  0  0  0;
      0  0  0  0  0  0  0  0  0  0  0  0  0  0  0  0  -3.75  5  -1.25  0  0  0  0  0;
      0  0  0  0  0  0  0  0  0  0  0  0  0  0  0  0  0  -3.75  5  -1.25  0  0  0  0;
      0  0  0  0  0  0  0  0  0  0  0  0  0  0  0  0  0  0  -3.75  5  -1.25  0  0  0;
      0  0  0  0  0  0  0  0  0  0  0  0  0  0  0  0  0  0  0  -3.75  5  -1.25  0  0;
      0  0  0  0  0  0  0  0  0  0  0  0  0  0  0  0  0  0  0  0  -3.75  5  -1.25  0;
      0  0  0  0  0  0  0  0  0  0  0  0  0  0  0  0  0  0  0  0  0  -3.75  5  -1.25;
      0  0  0  0  0  0  0  0  0  0  0  0  0  0  0  0  0  0  0  0  0  0  -3.75  6.25];
 b=[7.5  0  0  0  0  0  0  0  0  0  0  0  0  0  0  0  0  0  0  0  0  0  0  0  0]';
 x0=[1  1  1  1  1  1  1  1  1  1  1  1  1  1  1  1  1  1  1  1  1  1  1  1  1 ]';
 y=GaussSeidel(A,b,x0);
```

使用 MATLAB 代码（ex_7_3_3.m）画出不同节点数的混合格式数值解和解析解的图形，代码如下：

```
x0=[0.1 0.3 0.5 0.7 0.9];
y0=[1 1 1 1 0.7143];
x1=[0.02 0.06 0.10 0.14 0.18 0.22 0.26 0.30 0.34 0.38 0.42 0.46 0.50 ...
    0.54 0.58 0.62 0.66 0.70 0.74 0.78 0.82 0.86 0.90 0.94 0.98];
y1=[1 1 1 1 1 1 1 1 1 1 1 1 1 1 1 1 1 1 1 0.9999 0.9993 0.9980 ...
    0.9939 0.9816 0.9446 0.8334 0.5001];
x=0:0.025:1;
yA=1;L=1;lamda=0.1;yB=0;rho=1;u=2.5;
y=yA+(yB-yA)*(exp((rho*u*x)./lamda)-1)./(exp((rho*u*L)/lamda)-1);
% plot(x,y,x0,y0)
plot(x,y)
hold on
plot(x0,y0,'ks')
plot(x1,y1,'ro')
xlabel('x/m');ylabel('y');
title('解析解和数值解对比','FontSize',12, 'FontWeight', 'bold');
axis([0 1.1 0 1.1]);
legend('解析解','5 节点数值解','25 节点数值解')
legend('location','southwest')
set(gca,'Fontsize',10);
```

25 个节点网格和 5 个节点网格的数值计算结果与解析解计算结果如图 7-12 所示。从图中可以看出，当网格更密时，可以得到比较好的数值结果。

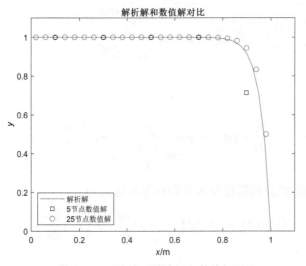

图 7-12 混合格式精确解与数值解对比

7.2.4.2 混合格式的特点、适用性及物理特性评价

混合格式得到的离散方程满足守恒性、有界性和输运性的要求，运算时的稳定性更好。混合格式吸收了中心差分格式和一阶迎风格式的优点，克服了它们的部分缺点。当 Pe 较小时，采用中心差分格式，计算结果精度较高；在 Pe 较大时，采用一阶迎风格式，并将扩散项置为零，可以减缓假扩散的影响。与后面要介绍的高阶离散格式相比，混合格式的计算效率高，总能产生物理上较真实的解，且是高度稳定的。混合格式目前在 CFD 软件中仍被广泛使用，是非常实用的离散格式。但该格式的缺点是计算结果只有一阶精度。

7.2.5 指数格式（选学）

7.2.5.1 指数格式的数学描述

指数格式（Exponential Scheme）是利用式（7-63）的解析解建立的一种离散格式[37]。

$$\frac{\mathrm{d}}{\mathrm{d}x}(\rho u \phi) = \frac{\mathrm{d}}{\mathrm{d}x}\left(\Gamma \frac{\mathrm{d}\phi}{\mathrm{d}x}\right) \tag{7-63}$$

假设 ρ、u 和 Γ 为常数，在边界条件 $x=0$，$\phi=\phi_0$；$x=L$，$\phi=\phi_L$ 下，式 $\dfrac{\mathrm{d}}{\mathrm{d}x}(\rho u\phi)=\dfrac{\mathrm{d}}{\mathrm{d}x}\left(\Gamma\dfrac{\mathrm{d}\phi}{\mathrm{d}x}\right)$ 的解析解为

$$\frac{\phi-\phi_0}{\phi_L-\phi_0} = \frac{\exp\left(\dfrac{\rho u x}{\Gamma}\right)-1}{\exp\left(\dfrac{\rho u L}{\Gamma}\right)-1} = \frac{\exp\left(\mathrm{Pe}\cdot\dfrac{x}{L}\right)-1}{\exp(\mathrm{Pe})-1} \tag{7-64}$$

其中，$\mathrm{Pe}=\dfrac{\rho u L}{\Gamma}$。

式（7-64）可改写为

$$\phi = \phi_0 + \left(\phi_L - \phi_0\right)\frac{\exp\left(\dfrac{\rho u x}{\Gamma}\right) - 1}{\exp\left(\dfrac{\rho u L}{\Gamma}\right) - 1} \tag{7-65}$$

ϕ 对 x 的导数为

$$\frac{d\phi}{dx} = \left(\phi_L - \phi_0\right)\frac{\dfrac{\rho u}{\Gamma}}{\exp\left(\dfrac{\rho u L}{\Gamma}\right) - 1}\exp\left(\frac{\rho u x}{\Gamma}\right) \tag{7-66}$$

由前文得一维稳态对流-扩散问题控制容积的积分表达式为

$$\left(\rho u \phi A\right)_e - \left(\rho u \phi A\right)_w = \left(\Gamma A \frac{d\phi}{dx}\right)_e - \left(\Gamma A \frac{d\phi}{dx}\right)_w \tag{7-67}$$

整理得

$$\left(\rho u \phi A\right)_e - \left(\Gamma A \frac{d\phi}{dx}\right)_e = \left(\rho u \phi A\right)_w - \left(\Gamma A \frac{d\phi}{dx}\right)_w \tag{7-68}$$

或

$$\left(\rho u \phi A - \Gamma A \frac{d\phi}{dx}\right)_e = \left(\rho u \phi A - \Gamma A \frac{d\phi}{dx}\right)_w \tag{7-69}$$

式（7-68）的物理意义是场变量在东侧界面的对流量与扩散量之和等于其在西侧界面的对流量与扩散量之和，如图 7-13 所示，也就是通量平衡。将式（7-65）和式（7-66）代入式（7-69）。

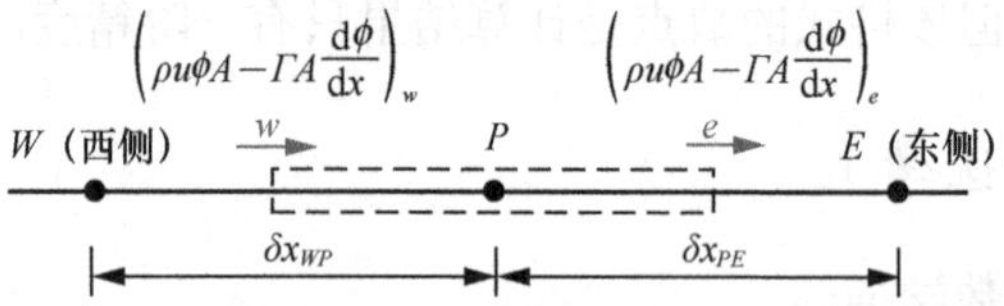

图 7-13　控制容积的通量平衡[28]

此时在控制容积东侧界面，有

$$\phi_0 = \phi_P, \quad \phi_L = \phi_E, \quad L = \delta x_{PE}, \quad F_e = \left(\rho u\right)_e$$

在控制容积西侧界面，有

$$\phi_0 = \phi_W, \quad \phi_L = \phi_P, \quad L = \delta x_{WP}, \quad F_w = \left(\rho u\right)_w$$

则当 $A_w = A_e$ 时，有

$$F_e \phi_P + F_e \frac{\phi_P - \phi_E}{\exp\left(\dfrac{\rho u \delta x_{PE}}{\Gamma}\right) - 1} = F_w \phi_W + F_w \frac{\phi_W - \phi_P}{\exp\left(\dfrac{\rho u \delta x_{WP}}{\Gamma}\right) - 1} \tag{7-70}$$

即

$$F_e\left[\phi_P + \frac{\phi_P - \phi_E}{\exp\left(\mathrm{Pe}_e\right) - 1}\right] = F_w\left[\phi_W + \frac{\phi_W - \phi_P}{\exp\left(\mathrm{Pe}_w\right) - 1}\right] \tag{7-71}$$

按节点整理可得

$$\left[F_e \frac{\exp(\mathrm{Pe}_e)}{\exp(\mathrm{Pe}_e)-1} + F_w \frac{1}{\exp(\mathrm{Pe}_w)-1}\right]\phi_P = \frac{F_e}{\exp(\mathrm{Pe}_e)-1}\phi_E + \frac{F_w \exp(\mathrm{Pe}_w)}{\exp(\mathrm{Pe}_w)-1}\phi_W \qquad (7\text{-}72)$$

令

$$a_E = \frac{F_e}{\exp(\mathrm{Pe}_e)-1}, \quad a_W = \frac{F_w \exp(\mathrm{Pe}_w)}{\exp(\mathrm{Pe}_w)-1}$$

有

$$a_P \phi_P = a_E \phi_E + a_W \phi_W \qquad (7\text{-}73)$$

在式（7-73）中：

$$a_P = a_W + a_E + (F_e - F_w) \qquad (7\text{-}74)$$

7.2.5.2　指数格式的特点、适用性及物理特性评价

指数格式建立在常物性、一维稳态无源对流-扩散问题的解析解基础上，能保证在任意 Pe 及任意数量的网格点条件下均可以得到解析解。但是，因为指数格式系数中包含指数，做数值计算比较费时，经济性差；对于二维或三维问题，以及源项不为零的情形，指数格式依旧存在不够准确的问题，所以指数格式并没有得到广泛应用。

7.2.6　乘方格式

7.2.6.1　乘方格式的数学描述

相关研究表明，在混合格式中，一旦 $|\mathrm{Pe}| \gg 2$ 就把扩散项置为零的做法不够准确，这会使混合格式在 $|\mathrm{Pe}| = 2$ 附近的误差较大。而指数格式的计算精度虽然高，但比较费时[37]。于是 Patankar 提出了一种与指数格式的计算结果非常接近，同时计算量又大大减小的乘方格式（power-law Scheme）。乘方格式规定：当 $|\mathrm{Pe}| \gg 10$ 时，将扩散项置为零；当 $|\mathrm{Pe}| < 10$ 时，单位面积上的通量按 5 次幂的乘方计算。

对于指数格式有

$$F_e \left[\phi_P + \frac{\phi_P - \phi_E}{\exp(\mathrm{Pe}_e)-1}\right] = F_w \left[\phi_W + \frac{\phi_W - \phi_P}{\exp(\mathrm{Pe}_w)-1}\right] \qquad (7\text{-}75)$$

我们将上式改写成

$$F_e\left[\phi_P - \beta_e(\phi_E - \phi_P)\right] = F_w\left[\phi_W - \beta_w(\phi_P - \phi_W)\right] \qquad (7\text{-}76)$$

式中

$$\beta_e = \frac{1}{\exp(\mathrm{Pe}_e)-1}, \quad \beta_w = \frac{1}{\exp(\mathrm{Pe}_w)-1}$$

指数格式的影响主要体现在 β_e 和 β_w 中，因此乘方格式的目标是减小指数格式中计算 $\exp(\mathrm{Pe})$ 的工作量。乘方格式就是用一个幂指数式 β 来近似 β_e 和 β_w。

$$\begin{cases} \beta = (1-0.1|\mathrm{Pe}|)^5 + \max(F,0) & (|\mathrm{Pe}| \leqslant 10) \\ \beta = \max(F,0) & (|\mathrm{Pe}| > 10) \end{cases}$$

将其代入式（7-76），整理可得一维稳态对流-扩散问题采用乘方格式的离散方程：

$$a_P \phi_P = a_W \phi_W + a_E \phi_E \qquad (7\text{-}77)$$

在式（7-77）中：

$$a_P = a_W + a_E + \left(F_e - F_w\right) \tag{7-78}$$

$$a_W = D_w \bullet \max\left[0,\left(1-0.1\left|\mathrm{Pe}_w\right|\right)^5\right] + \max\left(F_w,0\right) \tag{7-79}$$

$$a_E = D_e \bullet \max\left[0,\left(1-0.1\left|\mathrm{Pe}_e\right|\right)^5\right] + \max\left(-F_e,0\right) \tag{7-80}$$

7.2.6.2　指数格式的特点、适用性及物理特性评价

乘方格式精度与指数格式接近，但比指数格式省时。当 $|\mathrm{Pe}| \gg 10$ 时，乘方格式与混合格式一致，而当 $|\mathrm{Pe}| < 10$ 时，乘方格式的计算量稍大于混合格式的，但准确性显著提高，因此乘方格式在许多 CFD 软件中得到了广泛的应用。

7.2.7　各类离散格式的汇总

前面几节讨论的各种离散格式写成相同形式的离散方程：

$$a_P \phi_P = a_W \phi_W + a_E \phi_E \tag{7-81}$$

在式（7-81）中：

$$a_P = a_W + a_E + \left(F_e - F_w\right) \tag{7-82}$$

而系数 a_W 和 a_E 取决于所使用的离散格式。为便于编程计算，将其系数表达式列入表 7-18。

表 7-18　5 种离散格式下系数 a_W 和 a_E 的计算公式

离散格式	a_W	a_E
中心差分格式	$\left(D_w + \dfrac{F_w}{2}\right)$	$\left(D_e - \dfrac{F_e}{2}\right)$
一阶迎风格式	$D_w + \max\left(F_w,0\right)$	$D_e + \max\left(0,-F_e\right)$
混合格式	$\max\left[F_w,\left(D_w + \dfrac{F_w}{2}\right),0\right]$	$\max\left[-F_e,\left(D_e - \dfrac{F_e}{2}\right),0\right]$
指数格式	$\dfrac{F_w \exp(\mathrm{Pe}_w)}{\exp(\mathrm{Pe}_w) - 1}$	$\dfrac{F_e}{\exp(\mathrm{Pe}_e) - 1}$
乘方格式	$D_w \bullet \max\left[0,\left(1-0.1\left|\mathrm{Pe}_w\right|\right)^5\right] + \max\left(F_w,0\right)$	$D_e \bullet \max\left[0,\left(1-0.1\left|\mathrm{Pe}_e\right|\right)^5\right] + \max\left(-F_e,0\right)$

7.2.8　低阶格式中的假扩散与人工黏性

前文介绍的各种离散格式均属于低阶离散格式。任何数值计算的格式都存在误差，由对流-扩散方程中对流项的离散格式的截断误差小于二阶而引起较大数值计算误差的现象称为假扩散（false diffusion）。因为这种离散格式截断误差的首项包含二阶导数，使数值计算结果中扩散的作用被人为地放大了，相当于引入了人工黏性（artificial viscosity）或数值黏性（numerical viscosity）。

就物理过程本身的特性而言，扩散的作用总是使物理量的变化率减小，使整个流场均匀化。在一个离散格式中，假扩散的存在会使数值解的结果偏离解析解的程度加剧。研究发现，

除了非稳定项和对流项的一阶导数离散可以引起伪扩散外，以下两个原因也可引起假扩散：一是流动方向与网格线倾斜交叉（多维问题）；二是建立离散格式时没有考虑到非常数源项的影响。现在一般把由这两种原因引起的数值计算误差都归为伪扩散。为了消除或减轻数值计算中假扩散的影响，可以采用截断误差较高的离散格式，或者应用自适应网格技术以生成与流场相适应的网格。7.2.9 节将介绍可减轻假扩散影响的 QUICK 格式[3]。

7.2.9 QUICK 格式

由前文可知，中心差分格式计算精度较高（二阶截断误差），但不具有输运性；一阶迎风格式和混合格式具有输运性，但计算精度较低（一阶截断误差），同时还可能引起伪扩散问题。针对以上问题，英国学者 Leonard 就思考：能不能把中心差分格式和一阶迎风格式的优点结合起来，在中心差分格式的基础上引进迎风格式，构造出一种精度又高又具有输运性的新格式呢？经过思考与验算，他于 1979 年提出了一种改进离散方程截断误差的格式——QUICK 格式。QUICK 全称是 "Quadratic Upstream Interpolation for Convective Kinematics"，即 "对流项的二次迎风插值"。QUICK 在计算控制容积界面参数时考虑了更多的相关节点，采用了更高次的插值公式。其中，"二次"是相对于线性插值（"一次"）而言的；"迎风"是指曲率修正 C（后文提到）总是用界面两侧的两个节点及迎风方向的另一个节点来表示。

前文中计算控制容积界面的值时，都是借助左右两个节点，而 QUICK 格式是借助控制容积界面两侧的 3 个节点值来进行插值计算。如图 7-14 所示，其中两个节点位于界面的左右两侧，另一个节点位于迎风侧。

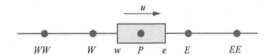

图 7-14　QUICK 格式二次插值使用的 3 节点示意图

（1）当 $u_w > 0$，$u_e > 0$ 时，通过节点 WW、W 和 P 的拟合曲线来计算控制容积 w 界面的值 ϕ_w；而通过节点 W、P 和 E 的拟合曲线来计算控制容积 e 界面的值 ϕ_e。

（2）当 $u_w < 0$，$u_e < 0$ 时，通过节点 W、P 和 E 的拟合曲线来计算控制容积 w 界面的值 ϕ_w；而通过节点 P、E 和 EE 的拟合曲线来计算控制容积 e 界面的值 ϕ_e。

7.2.9.1 QUICK 格式的数学描述

如图 7-15 所示，对于连续介质而言，ϕ 是一个连续的变化曲线，即 $\phi = f(x)$。现在已知节点 WW 的值为 ϕ_{WW}，节点 W 的值为 ϕ_W，节点 P 的值为 ϕ_P，如何求出 w 界面的 ϕ_w 呢？

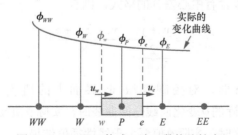

图 7-15　QUICK 格式二次函数构造轮廓

　　已知多项式可以逼近任何连续函数，考虑到 CFD 中的网格一般很小，类似微元体，于是 Leonard 用一个二次多项式来逼近连续函数 ϕ：

$$\phi = a_0 + a_1 x + a_2 x^2 \qquad (7\text{-}83)$$

已知的边界条件是

$$\begin{cases} x = x_W, \phi = \phi_W \\ x = x_P, \phi = \phi_P \\ x = x_E, \phi = \phi_E \end{cases}$$

下面简要说明数值分析里的"二次拉格朗日插值公式"。

　　如图 7-16 所示，已知 3 个点的坐标值为

$$\begin{cases} x = x_0, y = y_0 \\ x = x_1, y = y_1 \\ x = x_2, y = y_2 \end{cases}$$

套用二次拉格朗日插值公式，利用已知的 3 个点得到某一 x 值对应的 y 值。公式如下：

$$y = \frac{(x-x_1)(x-x_2)}{(x_0-x_1)(x_0-x_2)} y_0 + \frac{(x-x_0)(x-x_2)}{(x_1-x_0)(x_1-x_2)} y_1 + \frac{(x-x_0)(x-x_1)}{(x_2-x_0)(x_2-x_1)} y_2 \qquad (7\text{-}84)$$

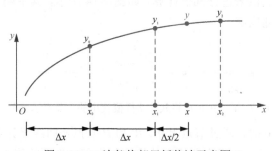

图 7-16　二次拉格朗日插值法示意图

如果 x_0、x_1、x_2 间隔均匀，且 x 处于 x_1、x_2 的正中间，则有 $x = \dfrac{x_1 + x_2}{2}$，把 $x = \dfrac{x_1 + x_2}{2}$ 代入式（7-84），可得

$$y = -\frac{1}{8} y_0 + \frac{3}{4} y_1 + \frac{3}{8} y_2 \qquad (7\text{-}85)$$

如果想把式（7-85）改写成含有中心差分的格式，则有

$$y = \underbrace{\frac{y_1 + y_2}{2}}_{\text{中心差分}} - \frac{y_2 - 2y_1 + y_0}{8} \qquad (7\text{-}86)$$

　　对图 7-17 所示的情形，对控制容积 w 界面上的值 ϕ_w 采用中心差分格式，有 $\phi_w = (\phi_W + \phi_P)/2$。但当实际的 ϕ 变化曲线是凹曲线时，实际 ϕ 值要小于线性插值结果，而当实际的 ϕ 变化曲线是凸曲线时，实际 ϕ 值要大于线性插值结果。

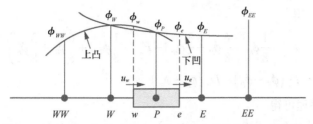

图 7-17　对 QUICK 格式在中心差分格式基础上进行曲率修正

　　Leonard 的处理方法是在中心差分格式的基础上引入一个曲率修正 C，得到 w 界面上的值，套用前文的二次拉格朗日插值公式，得

$$\phi_w = \frac{(\phi_W + \phi_P)}{2} - \frac{1}{8}C_w \tag{7-87}$$

其中，C_w 为曲率修正，其计算方法如下：

$$C_w = \begin{cases} \phi_{WW} - 2\phi_W + \phi_P, u_w > 0 \\ \phi_W - 2\phi_P + \phi_E, u_w < 0 \end{cases} \tag{7-88}$$

整理可得

$$\phi_w = \begin{cases} -\dfrac{1}{8}\phi_{WW} + \dfrac{6}{8}\phi_W + \dfrac{3}{8}\phi_P, \ u_w > 0 \\[3mm] -\dfrac{1}{8}\phi_E + \dfrac{6}{8}\phi_P + \dfrac{3}{8}\phi_W, \ u_w < 0 \end{cases} \tag{7-89}$$

同理，可得 e 界面的值：

$$\phi_e = \frac{(\phi_P + \phi_E)}{2} - \frac{1}{8}C_e \tag{7-90}$$

其中，C_e 为曲率修正，其计算方法如下：

$$C_e = \begin{cases} \phi_W - 2\phi_P + \phi_E, \ u_e > 0 \\ \phi_P - 2\phi_E + \phi_{EE}, \ u_e < 0 \end{cases} \tag{7-91}$$

整理可得

$$\phi_e = \begin{cases} -\dfrac{1}{8}\phi_W + \dfrac{6}{8}\phi_P + \dfrac{3}{8}\phi_E, \ u_e > 0 \\[3mm] -\dfrac{1}{8}\phi_{EE} + \dfrac{6}{8}\phi_E + \dfrac{3}{8}\phi_P, \ u_e < 0 \end{cases} \tag{7-92}$$

此时，对流项采用式（7-89）、式（7-92）离散，扩散项采用中心差分格式离散，则一维稳态对流-扩散稳态的离散方程为

$$F_e\phi_e - F_w\phi_w = D_e(\phi_E - \phi_P) - D_w(\phi_P - \phi_W) \tag{7-93}$$

下面写出 QUICK 格式下的表达式。

（1）当 $u_w > 0$，$u_e > 0$ 时，将

$$\begin{cases} \phi_w = -\dfrac{1}{8}\phi_{WW} + \dfrac{6}{8}\phi_W + \dfrac{3}{8}\phi_P \\[3mm] \phi_e = -\dfrac{1}{8}\phi_W + \dfrac{6}{8}\phi_P + \dfrac{3}{8}\phi_E \end{cases}$$

代入式（7-93），得

$$F_e\left(-\frac{1}{8}\phi_W+\frac{6}{8}\phi_P+\frac{3}{8}\phi_E\right)-F_w\left(-\frac{1}{8}\phi_{WW}+\frac{6}{8}\phi_W+\frac{3}{8}\phi_P\right)$$
$$=D_e\left(\phi_E-\phi_P\right)-D_w\left(\phi_P-\phi_W\right)\tag{7-94}$$

按节点场变量整理可得

$$\left(D_w-\frac{3}{8}F_w+D_e+\frac{6}{8}F_e\right)\phi_P$$
$$=\left(D_w+\frac{6}{8}F_w+\frac{1}{8}F_e\right)\phi_W+\left(D_e-\frac{3}{8}F_e\right)\phi_E-\frac{1}{8}F_w\phi_{WW}\tag{7-95}$$

写成标准离散方程形式有

$$\mathrm{a}_P\phi_P=a_W\phi_W+a\ \phi_E+a_{WW}\phi_{WW}\tag{7-96}$$

在式（7-96）中：

$$\begin{cases}a_W=\left(D_w+\dfrac{6}{8}F_w+\dfrac{1}{8}F_e\right)\\[2mm]a_E=\left(D_e-\dfrac{3}{8}F_e\right)\\[2mm]a_{WW}=-\dfrac{1}{8}F_w\\[2mm]a_P=a_W+a_E+a_{WW}+\left(F_e-F_w\right)\end{cases}$$

（2）当 $u_w<0$，$u_e<0$ 时，将

$$\begin{cases}\phi_w=-\dfrac{1}{8}\phi_E+\dfrac{6}{8}\phi_P+\dfrac{3}{8}\phi_W\\[2mm]\phi_e=-\dfrac{1}{8}\phi_{EE}+\dfrac{6}{8}\phi_E+\dfrac{3}{8}\phi_P\end{cases}$$

代入式（7-93），得

$$F_e\left(-\frac{1}{8}\phi_{EE}+\frac{6}{8}\phi_E+\frac{3}{8}\phi_P\right)-F_w\left(-\frac{1}{8}\phi_E+\frac{6}{8}\phi_P+\frac{3}{8}\phi_W\right)$$
$$=D_e\left(\phi_E-\phi_P\right)-D_w\left(\phi_P-\phi_W\right)\tag{7-97}$$

按节点场变量整理可得

$$\left(D_w-\frac{6}{8}F_w+D_e+\frac{3}{8}F_e\right)\phi_P$$
$$=\left(D_w+\frac{3}{8}F_w\right)\phi_W+\left(D_e-\frac{6}{8}F_e-\frac{1}{8}F_w\right)\phi_E+\frac{1}{8}F_e\phi_{EE}\tag{7-98}$$

写成标准离散方程形式有

$$a_P\phi_P=a_W\phi_W+a_E\phi_E+a_{EE}\phi_{EE}\tag{7-99}$$

在式（7-99）中：

$$\begin{cases} a_W = \left(D_w + \dfrac{3}{8} F_w \right) \\[3mm] a_E = \left(D_e - \dfrac{6}{8} F_e - \dfrac{1}{8} F_w \right) \\[3mm] a_{EE} = \dfrac{1}{8} F_e \\[3mm] a_P = a_W + a_E + a_{EE} + \left(F_e - F_w \right) \end{cases}$$

上述两个流动方向的计算公式写成统一形式，如下所示：

$$\mathrm{a}_P \phi_P = a_W \phi_W + a_E \phi_E + a_{WW} \phi_{WW} + a_{EE} \phi_{EE} \qquad (7\text{-}100)$$

在上式中

$$\begin{cases} a_W = D_w + \dfrac{6}{8} \alpha_w F_w + \dfrac{1}{8} \alpha_e F_e + \dfrac{3}{8} \left(1 - \alpha_w \right) F_w \\[3mm] a_{WW} = -\dfrac{1}{8} \alpha_w F_w \\[3mm] a_E = D_e - \dfrac{3}{8} \alpha_e F_e - \dfrac{6}{8} \left(1 - \alpha_e \right) F_e - \dfrac{1}{8} \left(1 - \alpha_w \right) F_w \\[3mm] a_{EE} = \dfrac{1}{8} \left(1 - \alpha_e \right) F_e \\[3mm] a_P = a_W + a_E + a_{WW} + a_{EE} + \left(F_e - F_w \right) \end{cases}$$

其中：

当 $F_w > 0$ 时，$\alpha_w = 1$；当 $F_e > 0$ 时，$\alpha_e = 1$；

当 $F_w < 0$ 时，$\alpha_w = 0$；当 $F_e < 0$ 时，$\alpha_e = 0$。

【例题 7-4】[28] 如图 7-18 所示的一维稳态对流-扩散过程，控制方程为 $\dfrac{\mathrm{d}}{\mathrm{d}x}(\rho u \phi) = \dfrac{\mathrm{d}}{\mathrm{d}x}\left(\varGamma \dfrac{\mathrm{d}\phi}{\mathrm{d}x} \right)$。边界条件为 $x = 0$，$\phi_A = 1$；$x = L$，$\phi_B = 0$。其解析解为

$$\frac{\phi - \phi_A}{\phi_B - \phi_A} = \frac{\exp\left(\dfrac{\rho u x}{\varGamma} \right) - 1}{\exp\left(\dfrac{\rho u L}{\varGamma} \right) - 1}$$

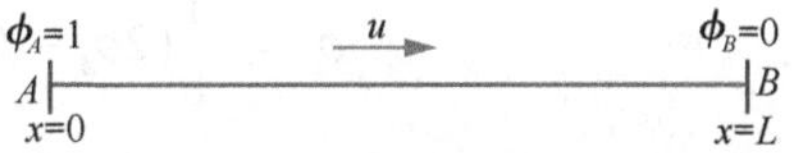

图 7-18　一维稳态对流-扩散问题 QUICK 格式

已知：$\rho = 1.0\,\mathrm{kg/m^3}$，$\varGamma = 0.1\,\mathrm{kg/(m \cdot s)}$，$L = 1.0\,\mathrm{m}$，$u = 0.2\,\mathrm{m/s}$。采用 5 个均匀网格及 QUICK 格式进行离散化，并将 QUICK 格式的数值计算结果与解析解及中心差分格式计算结果进行比较。

解：将控制域分成 5 个控制容积，如图 7-19 所示，可得 $\Delta x = 0.2\,\mathrm{m}$。

当 $u = 0.2\,\mathrm{m/s}$ 时，$F = F_e = F_w = 1.0\,\dfrac{\mathrm{kg}}{\mathrm{m^3}} \times 0.2\,\dfrac{\mathrm{m}}{\mathrm{s}} = 0.2\,\mathrm{kg/(m^2 \cdot s)}$，$D = \dfrac{\varGamma}{\Delta x} = D_e = D_w = 0.1\,\dfrac{\mathrm{kg}}{\mathrm{m \cdot s}} \div 0.2\,\mathrm{m} = 0.5\,\mathrm{kg/(m^2 \cdot s)}$，$\mathrm{Pe}_e = \mathrm{Pe}_w = \dfrac{\rho u \Delta x}{\varGamma} = 0.4$。

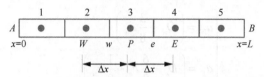

图 7-19　一维稳态对流-扩散问题 QUICK 格式网格划分

对内部节点 3 和节点 4，列出其离散化方程为

$$a_P \phi_P = a_W \phi_W + a_E \phi_E + a_{WW} \phi_{WW} + a_{EE} \phi_{EE} \tag{7-101}$$

边界节点 1 和节点 5，以及节点 2（虽然不是边界节点，但要用到边界条件）需特殊处理。

$$a_W = D_w + \frac{6}{8} F_w + \frac{1}{8} F_e, \quad a_{WW} = -\frac{1}{8} F_w$$

$$a_E = D_e - \frac{3}{8} F_e, \quad a_{EE} = 0, \quad a_P = a_W + a_E + a_{WW} + a_{EE}$$

对于节点 1，控制容积西侧界面 ϕ 值由边界值给出，即 $\phi_w = \phi_A$。控制容积东侧界面值 ϕ_e 可以用公式 $\phi_e = -\frac{1}{8} \phi_W + \frac{6}{8} \phi_P + \frac{3}{8} \phi_E$ 计算。但是 ϕ_W 不存在。

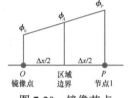

图 7-20　镜像节点

为了解决这个问题，Leonard 使用一种线性外推法在距离区域边界外的 $\Delta x / 2$ 处建立一个镜像节点 O，如图 7-20 所示。其中

$$\phi_A = \frac{\phi_O + \phi_P}{2}$$

得

$$\phi_O = 2\phi_A - \phi_P$$

将求得的 ϕ_O 当作 ϕ_W，从而可得控制容积东侧界面值 $\phi_e = -\frac{1}{8} \phi_W + \frac{6}{8} \phi_P + \frac{3}{8} \phi_E$ 变为

$$\phi_e = -\frac{1}{8}(2\phi_A - \phi_P) + \frac{6}{8} \phi_P + \frac{3}{8} \phi_E = \frac{7}{8} \phi_P + \frac{3}{8} \phi_E - \frac{2}{8} \phi_A \tag{7-102}$$

在边界节点处，梯度必须通过使用与上式一致的表达式进行计算。西侧边界的扩散通量可以由下式计算：

$$\Gamma \frac{\partial \phi}{\partial x}\Big|_A = \frac{D_A}{3}(9\phi_P - 8\phi_A - \phi_E)$$

其他的 CFD 教程一般直接给出结果，这里我们给出详细的证明过程。已知 3 点的二阶连续方程可以写成如下形式：

$$y = \frac{(x - x_1)(x - x_2)}{(x_0 - x_1)(x_0 - x_2)} y_0 + \frac{(x - x_0)(x - x_2)}{(x_1 - x_0)(x_1 - x_2)} y_1 + \frac{(x - x_0)(x - x_1)}{(x_2 - x_0)(x_2 - x_1)} y_2 \tag{7-103}$$

整理式（7-103）的分子后可得

$$y = \frac{x^2 - x_2 x - x_1 x + x_1 x_2}{(x_0 - x_1)(x_0 - x_2)} y_0 + \frac{x^2 - x_2 x - x_0 x + x_0 x_2}{(x_1 - x_0)(x_1 - x_2)} y_1 + \frac{x^2 - x_1 x - x_0 x + x_0 x_1}{(x_2 - x_0)(x_2 - x_1)} y_2 \quad (7\text{-}104)$$

式（7-104）对 x 求导得

$$\frac{dy}{dx} = \frac{2x - x_2 - x_1}{(x_0 - x_1)(x_0 - x_2)} y_0 + \frac{2x - x_2 - x_0}{(x_1 - x_0)(x_1 - x_2)} y_1 + \frac{2x - x_1 - x_0}{(x_2 - x_0)(x_2 - x_1)} y_2 \quad (7\text{-}105)$$

如图 7-21 所示，A 点到 P 点的距离是 $\Delta x / 2$，P 点到 E 点的距离是 Δx。求 A 点的一阶导数，已知 A 点对应的 x 值是 0，即 $x = x_0 = 0$。

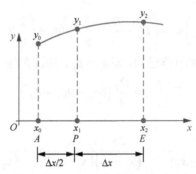

图 7-21　QUICK 格式边界点求导[①]

于是有

$$\frac{dy}{dx}\Big|_{x=x_0} = \frac{2x - x_2 - x_1}{(x_0 - x_1)(x_0 - x_2)} y_0 + \frac{2x - x_2 - x_0}{(x_1 - x_0)(x_1 - x_2)} y_1 + \frac{2x - x_1 - x_0}{(x_2 - x_0)(x_2 - x_1)} y_2$$

$$= \frac{0 - \frac{3}{2}\Delta x - \frac{1}{2}\Delta x}{\left(0 - \frac{1}{2}\Delta x\right)\left(0 - \frac{3}{2}\Delta x\right)} y_0 + \frac{0 - \frac{3}{2}\Delta x - 0}{\left(\frac{1}{2}\Delta x - 0\right)\left(\frac{1}{2}\Delta x - \frac{3}{2}\Delta x\right)} y_1 + \frac{0 - \frac{1}{2}\Delta x - 0}{\left(\frac{3}{2}\Delta x - 0\right)\left(\frac{3}{2}\Delta x - \frac{1}{2}\Delta x\right)} y_2$$

$$= \frac{-2\Delta x}{\frac{3}{4}(\Delta x)^2} y_0 + \frac{-\frac{3}{2}\Delta x}{-\frac{1}{2}(\Delta x)^2} y_1 + \frac{-\frac{1}{2}\Delta x}{\frac{3}{2}(\Delta x)^2} y_2 = \frac{-8}{3\Delta x} y_0 + \frac{3}{\Delta x} y_1 - \frac{1}{3\Delta x} y_2 = \frac{1}{3\Delta x}(-8y_0 + 9y_1 - y_2)$$

又由 $y_0 = \phi_A$，$y_1 = \phi_P$，$y_2 = \phi_E$。则上式化为

$$\frac{dy}{dx}\Big|_{x=x_0} = \frac{d\phi}{dx}\Big|_A = \frac{1}{3\Delta x}(-8\phi_A + 9\phi_P - \phi_E) = \frac{1}{3\Delta x}(9\phi_P - 8\phi_A - \phi_E)$$

于是有

$$\Gamma \frac{\partial \phi}{\partial x}\Big|_A = \frac{D_A}{3}(9\phi_P - 8\phi_A - \phi_E) \quad (7\text{-}106)$$

其中 $D_A = \dfrac{\Gamma}{\Delta x}$。

由一维稳态对流-扩散通式：

$$(\rho u \phi)_e - (\rho u \phi)_w = \left(\Gamma \frac{d\phi}{dx}\right)_e - \left(\Gamma \frac{d\phi}{dx}\right)_w \quad (7\text{-}107)$$

---

① 为方便读者理解求导过程，图 7-21 中的坐标原点未设置在（0,0）处。

得

$$F_e\phi_e - F_w\phi_w = D_e\left(\phi_E - \phi_P\right) - \left(\varGamma\frac{\mathrm{d}\phi}{\mathrm{d}x}\right)_w \tag{7-108}$$

又由 $\left(\varGamma\dfrac{\mathrm{d}\phi}{\mathrm{d}x}\right)_w = \varGamma\dfrac{\partial\phi}{\partial x}\big|_A$ ，得节点 1 的离散方程为

$$F_e\left(\frac{7}{8}\phi_P + \frac{3}{8}\phi_E - \frac{2}{8}\phi_A\right) - F_A\phi_A = D_e\left(\phi_E - \phi_P\right) - \frac{D_A}{3}\left(9\phi_P - 8\phi_A - \phi_E\right) \tag{7-109}$$

整理成节点形式为

$$\left(\frac{7}{8}F_e + D_e + 3D_A\right)\phi_P = \left(D_e + \frac{D_A}{3} - \frac{3}{8}F_e\right)\phi_E + \left(\frac{2}{8}F_e + \frac{8D_A}{3} + F_A\right)\phi_A \tag{7-110}$$

对于节点 5，控制容积东侧的 ϕ 值已知，即 $\phi_e = \phi_B$，通过东侧边界的扩散通量可由下式计算：

$$\varGamma\frac{\partial\phi}{\partial x}\big|_B = \frac{D_B}{3}\left(8\phi_B - 9\phi_P + \phi_W\right)$$

同理，已知

$$\frac{\mathrm{d}y}{\mathrm{d}x} = \frac{2x - x_2 - x_1}{(x_0 - x_1)(x_0 - x_2)}y_0 + \frac{2x - x_2 - x_0}{(x_1 - x_0)(x_1 - x_2)}y_1 + \frac{2x - x_1 - x_0}{(x_2 - x_0)(x_2 - x_1)}y_2 \tag{7-111}$$

如图 7-22 所示，P 点到 B 点的距离是 $\Delta x / 2$，W 点到 P 点的距离是 Δx。求 B 点的一阶导数，已知 B 点对应的 x 值是 $3\Delta x / 2$，即 $x = x_2 = 3\Delta x / 2$。

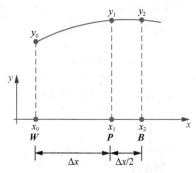

图 7-22　QUICK 格式右侧界面

于是有

$$\frac{\mathrm{d}y}{\mathrm{d}x}\big|_{\frac{3\Delta x}{2}} = \frac{\mathrm{d}y}{\mathrm{d}x}\big|_B = \frac{2x - x_2 - x_1}{(x_0 - x_1)(x_0 - x_2)}y_0 + \frac{2x - x_2 - x_0}{(x_1 - x_0)(x_1 - x_2)}y_1 + \frac{2x - x_1 - x_0}{(x_2 - x_0)(x_2 - x_1)}y_2 \tag{7-112}$$

$$= \frac{2\dfrac{3\Delta x}{2} - \dfrac{3\Delta x}{2} - \Delta x}{\left(0 - \Delta x\right)\left(0 - \dfrac{3\Delta x}{2}\right)}y_0 + \frac{2\dfrac{3\Delta x}{2} - \dfrac{3\Delta x}{2} - 0}{\left(\Delta x - 0\right)\left(\Delta x - \dfrac{3\Delta x}{2}\right)}y_1$$

$$+ \frac{2\dfrac{3\Delta x}{2} - \Delta x - 0}{\left(\dfrac{3\Delta x}{2} - 0\right)\left(\dfrac{3\Delta x}{2} - \Delta x\right)}y_2$$

$$= \frac{\frac{\Delta x}{2}}{\frac{3(\Delta x)^2}{2}} y_0 + \frac{\frac{3\Delta x}{2}}{-\frac{(\Delta x)^2}{2}} y_1 + \frac{\frac{2\Delta x}{3(\Delta x)^2}}{4} y_2$$

$$= \frac{1}{3\Delta x} y_0 - \frac{3}{\Delta x} y_1 + \frac{8}{3\Delta x} y_2$$

$$= \frac{1}{3\Delta x} (y_0 - 9y_1 + 8y_2)$$

又由 $y_0 = \phi_W$， $y_1 = \phi_P$， $y_2 = \phi_B$，则上式化为

$$\frac{dy}{dx} \Big|_{x=\frac{3\Delta x}{2}} = \frac{d\phi}{dx} \Big|_B = \frac{1}{3\Delta x} (8\phi_B - 9\phi_P + \phi_W)$$

于是有

$$\left(\Gamma \frac{d\phi}{dx} \right)_e = \Gamma \frac{\partial \phi}{\partial x} \Big|_B = \frac{D_B}{3} (8\phi_B - 9\phi_P + \phi_W) \tag{7-113}$$

其中 $D_B = \dfrac{\Gamma}{\Delta x}$。

由一维稳态对流-扩散通式：

$$(\rho u \phi)_e - (\rho u \phi)_w = \left(\Gamma \frac{d\phi}{dx} \right)_e - \left(\Gamma \frac{d\phi}{dx} \right)_w \tag{7-114}$$

得

$$F_e \phi_e - F_w \phi_w = \left(\Gamma \frac{d\phi}{dx} \right)_e - D_w (\phi_P - \phi_W) \tag{7-115}$$

得节点 5 的离散方程为

$$F_B \phi_B - F_w \left(\frac{6}{8} \phi_W + \frac{3}{8} \phi_P - \frac{1}{8} \phi_{WW} \right) = \frac{D_B}{3} (8\phi_B - 9\phi_P + \phi_W) - D_w (\phi_P - \phi_W) \tag{7-116}$$

整理成节点形式为

$$\left(-\frac{3}{8} F_w + 3D_B + D_w \right) \phi_P = -\frac{1}{8} F_w \phi_{WW} + \left(D_w + \frac{6}{8} F_w + \frac{D_B}{3} \right) \phi_W + \left(\frac{8D_B}{3} - F_B \right) \phi_B \tag{7-117}$$

对于节点 2，其离散方程原本可以采用内部节点通式计算的，<u>但由于在计算节点 1 的控制容积东侧界面对流项时采用了下式</u>：

$$\phi_e = -\frac{1}{8} (2\phi_A - \phi_P) + \frac{6}{8} \phi_P + \frac{3}{8} \phi_E = \frac{7}{8} \phi_P + \frac{3}{8} \phi_E - \frac{2}{8} \phi_A \tag{7-118}$$

因此<u>在计算节点 2 的控制容积西侧界面对流项时也必须采用公式</u> $\phi_e = \dfrac{7}{8} \phi_P + \dfrac{3}{8} \phi_E - \dfrac{2}{8} \phi_A$，以保证流动计算的守恒性。于是，节点 2 的离散方程可写成

$$F_e\left(\frac{6}{8}\phi_P + \frac{3}{8}\phi_E - \frac{1}{8}\phi_W\right) - F_w\left(\frac{7}{8}\phi_W + \frac{3}{8}\phi_P - \frac{2}{8}\phi_A\right)$$

$$= D_e\left(\phi_E - \phi_P\right) - D_w\left(\phi_P - \phi_W\right)$$

（7-119）

整理成节点形式为

$$\left(\frac{6}{8}F_e - \frac{3}{8}F_w + D_e + D_w\right)\phi_P$$

$$= \left(\frac{1}{8}F_e + \frac{7}{8}F_w + D_w\right)\phi_W + \left(D_e - \frac{3}{8}F_e\right)\phi_E - \frac{2}{8}F_w\phi_A$$

（7-120）

将节点 1～5 的离散方程写成统一的形式，有

$$a_P\phi_P = a_W\phi_W + a_E\phi_E + a_{WW}\phi_{WW} + b$$

（7-121）

其中

$$a_P = a_{WW} + a_W + a_E + \left(F_e - F_w\right) - S_P\Delta V$$

各节点的系数表达式如表 7-19 所示。

表 7-19　　　　　　　　　　　各节点的系数表达式

节点	a_{WW}	a_W	a_E	a_P	b
1	0	0	$D_e + \frac{1}{3}D_A - \frac{3}{8}F_e$	$\frac{7}{8}F_e + D_e + 3D_A$	$\left(\frac{8}{3}D_A + \frac{2}{8}F_e + F_A\right)\phi_A$
2	0	$D_w + \frac{7}{8}F_w + \frac{1}{8}F_e$	$D_e - \frac{3}{8}F_e$	$\left(\frac{6}{8}F_e - \frac{3}{8}F_w + D_e + D_w\right)$	$-\frac{2}{8}F_w\phi_A$
3	$-\frac{1}{8}F_w$	$D_w + \frac{6}{8}F_w + \frac{1}{8}F_e$	$D_e - \frac{3}{8}F_e$	$a_W + a_E + a_{WW}$	0
4	$-\frac{1}{8}F_w$	$D_w + \frac{6}{8}F_w + \frac{1}{8}F_e$	$D_e - \frac{3}{8}F_e$	$a_W + a_E + a_{WW}$	0
5	$-\frac{1}{8}F_w$	$D_w + \frac{1}{3}D_B + \frac{6}{8}F_w$	0	$-\frac{3}{8}F_w + 3D_B + D_w$	$\left(\frac{8D_B}{3} - F_B\right)\phi_B$

又因为 $F = F_e = F_w = 1.0\dfrac{\text{kg}}{\text{m}^3}\times 0.2\dfrac{\text{m}}{\text{s}} = 0.2\,\text{kg}/(\text{m}^2\cdot\text{s})$，$D = \dfrac{\Gamma}{\Delta x} = D_e = D_w = D_A = D_B =$

$0.1\dfrac{\text{kg}}{\text{m}\cdot\text{s}}\div 0.2\text{m} = 0.5\,\text{kg}/(\text{m}^2\cdot\text{s})$。代入数值后，得到系数值，如表 7-20 所示。

表 7-20　　　　　　　　　　　各系数值

节点	a_{WW}	a_W	a_E	a_P	b
1	0	0	0.592	2.175	1.583
2	0	0.7	0.425	1.075	−0.05
3	−0.025	0.675	0.425	1.075	0
4	−0.025	0.675	0.425	1.075	0
5	−0.025	0.817	0	1.925	0

代入离散方程，得：

$$\begin{bmatrix} 2.175 & -0.592 & 0 & 0 & 0 \\ -0.7 & 1.075 & -0.425 & 0 & 0 \\ 0.025 & -0.675 & 1.075 & -0.425 & 0 \\ 0 & 0.025 & -0.675 & 1.075 & -0.425 \\ 0 & 0 & 0.025 & -0.817 & 1.925 \end{bmatrix} \begin{bmatrix} \phi_1 \\ \phi_2 \\ \phi_3 \\ \phi_4 \\ \phi_5 \end{bmatrix} = \begin{bmatrix} 1.583 \\ -0.05 \\ 0 \\ 0 \\ 0 \end{bmatrix}$$

调用 MATLAB 代码（ex_7_4_1.m），使用高斯-赛德尔迭代，代码如下：

```
clc;clear all;
A=[2.175 -0.592 0 0 0;
    -0.7 1.075 -0.425 0 0;
   0.025 -0.675 1.075 -0.425 0;
   0 0.025 -0.675 1.075 -0.425;
   0 0 0.025 -0.817 1.925];
b=[1.583 -0.05 0 0 0]';
x0=[1 1 1 1 1 ]';
y=GaussSeidel(A,b,x0);
```

解得

$$\begin{bmatrix} \phi_1 \\ \phi_2 \\ \phi_3 \\ \phi_4 \\ \phi_5 \end{bmatrix} = \begin{bmatrix} 0.9648 \\ 0.8707 \\ 0.7310 \\ 0.5227 \\ 0.2123 \end{bmatrix}$$

使用 MATLAB 代码（ex_7_4_2.m）画出 QUICK 格式数值解和解析解的图形，代码如下：

```
x0=[0.1 0.3 0.5 0.7 0.9];
y0=[0.9648 0.8707 0.7310 0.5227 0.2123];
x=0:0.025:1;
yA=1;L=1;lamda=0.1;yB=0;rho=1;u=0.2;
y=yA+(yB-yA)*(exp((rho*u*x)./lamda)-1)./(exp((rho*u*L)/lamda)-1);
% plot(x,y,x0,y0)
plot(x,y)
hold on
plot(x0,y0,'s')
xlabel('x/m');ylabel('y');
title('解析解和数值解对比','FontSize',12, 'FontWeight', 'bold');
axis([0 1 0 1]);
legend('解析解','数值解')
set(gca,'Fontsize',10);
txt = {'U=0.2 m/s'};
text(0.2,0.5,txt);
```

如图 7-23 所示，表明使用 QUICK 格式求得的解非常接近精确解。

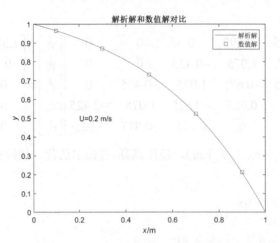

图 7-23 QUICK 格式解析解与数值解对比

表 7-21 所示表明 QUICK 格式比中心差分格式更精确。

表 7-21 QUICK 格式与中心差分格式误差对比

节点	间距	解析解	QUICK 格式	绝对误差	中心差分格式	绝对误差
1	0.1	0.9653	0.9648	0.0005	0.9696	0.0043
2	0.3	0.8713	0.8707	0.0006	0.8786	0.0076
3	0.5	0.7310	0.7310	0.0000	0.7421	0.0111
4	0.7	0.5210	0.5227	0.0017	0.5374	0.0164
5	0.9	0.2096	0.2123	0.0027	0.2303	0.0207
∑绝对误差总和[①]				0.0055		0.0601

7.2.9.2 QUICK 格式的特点、适用性及物理特性评价

（1）守恒性

QUICK 格式满足守恒性，因为它在计算控制容积界面上的 ϕ 值时采用了相同形式的二次插值表达式。

（2）有界性

QUICK 格式是有条件的稳定格式。例如，当 $u_w > 0$，$u_e > 0$ 时，$a_W = \left(D_w + \dfrac{6}{8}F_w + \dfrac{1}{8}F_e\right) > 0$，

$a_E = \left(D_e - \dfrac{3}{8}F_e\right)$。按有界性的必要条件，必须有 $a_E = \left(D_e - \dfrac{3}{8}F_e\right) \geqslant 0$，则

$$\text{Pe}_e = \frac{F_e}{D_e} \leqslant \frac{8}{3}$$

当 $\text{Pe} \geqslant \dfrac{8}{3}$，就有可能出现解不稳定的现象。

（3）输运性

QUICK 格式计算控制容积界面参数数值总是采用 2 个迎风节点和 1 个下风节点，因此满

---

① 绝对误差总和即各个误差的绝对值之和。

足输运性。

QUICK 格式比中心差分格式、一阶迎风格式和混合格式具有更高的精确性，同时计算稳定性也较好（虽然是有条件稳定的）。它保留了一阶迎风格式的加权特性，产生的假扩散很小。QUICK 格式在 RANS 模型（如标准 k-ε 模型）中应用广泛。但对于 LES 模型来说一般很少采用，因为此时 QUICK 差分的人工黏性变成了误差的主要来源之一。

7.2.9.3　改进的 QUICK 格式

为了解决 QUICK 格式的稳定性问题，很多学者提出了不同改进形式的 QUICK 算法。比较有名的有 1992 年由 Hayase 等人提出的改进 QUICK 格式，该格式在满足计算稳定性的同时有较快的收敛速度，其格式如下：

$$\begin{cases} \phi_w = \phi_W + \dfrac{1}{8}\left(3\phi_P - 2\phi_W - \phi_{WW}\right), F_w > 0 \\[2mm] \phi_e = \phi_P + \dfrac{1}{8}\left(3\phi_E - 2\phi_P - \phi_W\right), F_e > 0 \\[2mm] \phi_w = \phi_P + \dfrac{1}{8}\left(3\phi_W - 2\phi_P - \phi_E\right), F_w < 0 \\[2mm] \phi_e = \phi_E + \dfrac{1}{8}\left(3\phi_P - 2\phi_E - \phi_{EE}\right), F_e < 0 \end{cases}$$

离散方程格式为

$$a_P \phi_P = a_W \phi_W + a_E \phi_E + \bar{S} \tag{7-122}$$

在式（7-122）中

$$a_W = D_w + \alpha_w F_w$$
$$a_E = D_e - \left(1 - \alpha_e\right) F_e$$

$$\bar{S} = \frac{1}{8}\left(3\phi_P - 2\phi_W - \phi_{WW}\right)\alpha_w F_w + \frac{1}{8}\left(\phi_W + 2\phi_P - 3\phi_E\right)\alpha_e F_e$$
$$+ \frac{1}{8}\left(3\phi_W - 2\phi_P - \phi_E\right)\left(1 - \alpha_w\right)F_w + \frac{1}{8}\left(2\phi_E - 2\phi_{EE} - 3\phi_P\right)\left(1 - \alpha_e\right)F_e$$

$$a_P = a_W + a_E + \left(F_e - F_w\right)$$

在上式中

当 $F_w > 0$ 时，$\alpha_w = 1$；当 $F_e > 0$ 时，$\alpha_e = 1$；

当 $F_w < 0$ 时，$\alpha_w = 0$；当 $F_e < 0$ 时，$\alpha_e = 0$。

Hayase 格式的优点是离散方程系数总是正值，因此其满足守恒性、有界性和输运性，同时具有较高的计算精度。

前面讨论了一维、稳态、无源项对流-扩散方程应满足的守恒性、有界性和输运性。守恒性是离散方程能得到正确解的前提；方程系数的有界性和保持正值是求解方程组过程能够保持稳定的基本要求；而输运性则是离散方程反映对流流动的基本特性，它表征了场变量流动的方向性[28]。

通过上面的讨论可知，针对一维、稳态、无源项对流-扩散方程：

$$\frac{d}{dx}(\rho u\phi) = \frac{d}{dx}\left(\Gamma\frac{d\phi}{dx}\right) \tag{7-123}$$

其离散方程除中心差分格式和 QUICK 格式外，都可写成如下相同形式：

$$a_P\phi_P = a_W\phi_W + a_E\phi_E \tag{7-124}$$

在上式中

$$a_P = a_W + a_E + (F_e - F_w) \tag{7-125}$$

而系数 a_W 和 a_E 取决于所使用的离散格式，具体计算公式可参见表 7-16。

关于常见离散格式的性能对比如表 7-22 所示。

表 7-22　　　　　常见离散格式的性能对比[3]

离散格式	稳定性及稳定条件	精度与经济性
中心差分格式	条件稳定 Pe ≪ 2	在不发生振荡的参数范围内，可以获得较准确的结果
一阶迎风格式	绝对稳定	虽然可以获得物理上可接受的解，但当 Pe 较大时，假扩散较严重。为避免此问题，常需要加密计算网格
混合格式	绝对稳定	当 Pe ≪ 2 时，性能与中心差分格式相同；当 Pe > 2 时，性能与一阶迎风格式相同
指数格式	绝对稳定	主要适用于无源项的对流-扩散问题。对有非定常源项的情况，在 Pe 较高时有较大的误差
乘方格式	绝对稳定	$D_e \bullet \max\left[0,(1-0.1|\text{Pe}|)^5 + \max(-F_e,0)\right]$
QUICK 格式	条件稳定 Pe ≪ 8/3	可以减少假扩散误差，精度较高，应用较广泛。但主要用于六面体和四边形网格
改进的 QUICK 格式	绝对稳定	满足有界性、守恒性和输运性

中心差分格式不具有输运性，因此不适用于计算一般意义的对流-扩散问题。并且当网格 Pe 较大时，数值计算得不到正确解。一阶迎风格式、混合格式和乘方格式具有守恒性、有界性和输运性，计算过程稳定，因此适用于各种对流-扩散问题的数值计算，但计算精度只有一阶截断误差，并且当流体的流动方向与坐标方向（即网格线方向）不平行时会产生不同程度的假扩散现象。

QUICK 格式具有较高的计算精度，可使假扩散程度降低，但方程系数的有界性不能保证，计算过程是条件稳定的。

7.3　二维稳态对流-扩散问题的有限体积法

二维稳态对流-扩散问题的控制微分方程一般形式为[19, 28]

$$\frac{\partial}{\partial x}(\rho u\phi) + \frac{\partial}{\partial y}(\rho v\phi) = \frac{\partial}{\partial x}\left(\Gamma\frac{\partial\phi}{\partial x}\right) + \frac{\partial}{\partial y}\left(\Gamma\frac{\partial\phi}{\partial y}\right) + S \tag{7-126}$$

式中：u 为场变量 ϕ 在 x 轴方向的速度；v 为场变量 ϕ 在 y 轴方向的速度。和一维问题一样，

u 和 v 都是已知的。Γ 为场变量 ϕ 的扩散率，S 为源项。

采用图 7-24 所示的离散网格，对式（7-126）在控制容积内积分，有

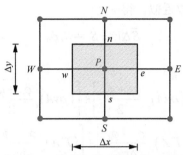

图 7-24　二维有限体积法网格示意图

$$\int_{\Delta V}\left[\frac{\partial}{\partial x}(\rho u\phi)+\frac{\partial}{\partial y}(\rho v\phi)\right]\mathrm{d}V=\int_{\Delta V}\left[\frac{\partial}{\partial x}\left(\Gamma\frac{\partial\phi}{\partial x}\right)+\frac{\partial}{\partial y}\left(\Gamma\frac{\partial\phi}{\partial y}\right)+S\right]\mathrm{d}V \quad（7\text{-}127）$$

整理得

$$\int_{\Delta V}\frac{\partial}{\partial x}(\rho u\phi)\mathrm{d}V+\int_{\Delta V}\frac{\partial}{\partial y}(\rho v\phi)\mathrm{d}V=\int_{\Delta V}\frac{\partial}{\partial x}\left(\Gamma\frac{\partial\phi}{\partial x}\right)\mathrm{d}V+\int_{\Delta V}\frac{\partial}{\partial y}\left(\Gamma\frac{\partial\phi}{\partial y}\right)\mathrm{d}V+\int_{\Delta V}S\mathrm{d}V \quad（7\text{-}128）$$

由图 7-24 所示可知，控制容积的边界面积（长度）$A_w=A_e=\Delta y$，$A_n=A_s=\Delta_x=\delta x$。由高斯定理，式（7-128）可改写成

$$\left[(\rho u\phi A)_e-(\rho u\phi A)_w\right]+\left[(\rho v\phi A)_n-(\rho v\phi A)_s\right]$$

$$=\left(\Gamma A\frac{\partial\phi}{\partial x}\right)_e-\left(\Gamma A\frac{\partial\phi}{\partial x}\right)_w+\left(\Gamma A\frac{\partial\phi}{\partial y}\right)_n-\left(\Gamma A\frac{\partial\phi}{\partial y}\right)_s+\overline{S}\Delta x\Delta y \quad（7\text{-}129）$$

同理，依旧借助中心差分格式近似，得

$$(\rho u\phi A)_e=(\rho uA)_e\frac{\phi_E+\phi_P}{2}$$

$$(\rho u\phi A)_w=(\rho uA)_w\frac{\phi_P+\phi_W}{2}$$

$$(\rho v\phi A)_n=(\rho vA)_n\frac{\phi_N+\phi_P}{2}$$

$$(\rho v\phi A)_s=(\rho vA)_s\frac{\phi_P+\phi_S}{2}$$

$$\left(\Gamma A\frac{\partial\phi}{\partial x}\right)_e=(\Gamma A)_e\frac{\phi_E-\phi_P}{\delta x_{PE}}$$

$$\left(\Gamma A\frac{\partial\phi}{\partial x}\right)_w=(\Gamma A)_w\frac{\phi_P-\phi_W}{\delta x_{WP}}$$

$$\left(\Gamma A\frac{\partial\phi}{\partial y}\right)_n=(\Gamma A)_n\frac{\phi_N-\phi_P}{\delta y_{PN}}$$

$$\left(\Gamma A\frac{\partial \phi}{\partial y}\right)_s = (\Gamma A)_s\frac{\phi_P - \phi_S}{\delta y_{SP}}$$

源项的处理依旧用一阶函数近似，得

$$\overline{S}\Delta V = S_u + S_P\phi_P$$

将其代入式（7-129）得

$$\left[(\rho uA)_e\frac{\phi_E + \phi_P}{2} - (\rho uA)_w\frac{\phi_P + \phi_W}{2}\right] + \left[(\rho vA)_n\frac{\phi_N + \phi_P}{2} - (\rho vA)_s\frac{\phi_P + \phi_S}{2}\right]$$
$$=\left[(\Gamma A)_e\frac{\phi_E - \phi_P}{\delta x_{PE}} - (\Gamma A)_w\frac{\phi_P - \phi_W}{\delta x_{WP}}\right] + \left[(\Gamma A)_n\frac{\phi_N - \phi_P}{\delta y_{PN}} - (\Gamma A)_s\frac{\phi_P - \phi_S}{\delta y_{SP}}\right] \tag{7-130}$$
$$+ S_u + S_P\phi_P$$

与推导一维稳态对流-扩散问题计算格式类似，令 $F = \rho uA$（或 $F = \rho vA$），$D = \dfrac{\Gamma A}{\delta x}$（或 $D = \dfrac{\Gamma A}{\delta y}$），则有

$$\begin{cases} F_e = (\rho uA)_e,\ F_w = (\rho uA)_w,\ F_n = (\rho vA)_n,\ F_s = (\rho vA)_s \\ D_e = \dfrac{(\Gamma A)_e}{\delta x_{PE}},\ D_w = \dfrac{(\Gamma A)_w}{\delta x_{WP}},\ D_n = \dfrac{(\Gamma A)_n}{\delta x_{PN}},\ D_s = \dfrac{(\Gamma A)_s}{\delta x_{SP}} \end{cases}$$

整理式（7-130），得到

$$\left[\frac{F_e}{2}(\phi_E + \phi_P) - \frac{F_w}{2}(\phi_P + \phi_W)\right] + \left[\frac{F_n}{2}(\phi_N + \phi_P) - \frac{F_s}{2}(\phi_P + \phi_S)\right] =$$
$$\left[D_e(\phi_E - \phi_P) - D_w(\phi_P - \phi_W)\right] + \left[D_n(\phi_N - \phi_P) - D_s(\phi_P - \phi_S)\right] + S_u + S_P\phi_P \tag{7-131}$$

按节点整理场变量，有

$$\left[\left(D_w - \frac{F_w}{2}\right) + \left(D_e + \frac{F_e}{2}\right) + \left(D_s - \frac{F_s}{2}\right) + \left(D_n + \frac{F_n}{2}\right) - S_P\right]\phi_P$$
$$= \left(D_w + \frac{F_w}{2}\right)\phi_W + \left(D_e - \frac{F_e}{2}\right)\phi_E + \left(D_s + \frac{F_s}{2}\right)\phi_S + \left(D_n - \frac{F_n}{2}\right)\phi_N + S_u \tag{7-132}$$

进一步整理，得

$$\left[\begin{array}{c}\left(D_w + \frac{F_w}{2}\right) + \left(D_e - \frac{F_e}{2}\right) + \left(D_s + \frac{F_s}{2}\right) + \left(D_n - \frac{F_n}{2}\right) + (F_e - F_w) \\ + (F_n - F_s) - S_P\end{array}\right]\phi_P$$
$$= \left(D_w + \frac{F_w}{2}\right)\phi_W + \left(D_e - \frac{F_e}{2}\right)\phi_E + \left(D_s + \frac{F_s}{2}\right)\phi_S + \left(D_n - \frac{F_n}{2}\right)\phi_N + S_u \tag{7-133}$$

即

$$a_P\phi_P = a_W\phi_W + a_E\phi_E + a_S\phi_S + a_N\phi_N + S_u \tag{7-134}$$

在式（7-134）中

$$
\begin{cases}
a_W = \left(D_w + \dfrac{F_w}{2} \right) \\[3mm]
a_E = \left(D_e - \dfrac{F_e}{2} \right) \\[3mm]
a_S = \left(D_s + \dfrac{F_s}{2} \right) \\[3mm]
a_N = \left(D_n - \dfrac{F_n}{2} \right) \\[3mm]
a_P = a_W + a_E + a_S + a_N + F_e - F_w + F_n - F_s - S_P
\end{cases}
$$

7.4　三维稳态对流-扩散问题的有限体积法

三维稳态对流-扩散问题的控制微分方程一般形式为[19, 28]：

$$
\frac{\partial}{\partial x}(\rho u \phi) + \frac{\partial}{\partial y}(\rho v \phi) + \frac{\partial}{\partial z}(\rho w \phi) = \frac{\partial}{\partial x}\left(\Gamma \frac{\partial \phi}{\partial x} \right) + \frac{\partial}{\partial y}\left(\Gamma \frac{\partial \phi}{\partial y} \right) + \frac{\partial}{\partial z}\left(\Gamma \frac{\partial \phi}{\partial z} \right) + S \quad （7\text{-}135）
$$

式中：u 为场变量 ϕ 在 x 轴方向的速度；v 为场变量 ϕ 在 y 轴方向的速度；w 为场变量 ϕ 在 z 轴方向的速度。和一维问题一样，u、v 和 w 都是已知的，Γ 为场变量 ϕ 的扩散率，S 为源项。按节点整理场变量，有

$$
\begin{aligned}
&\left[\begin{aligned} &\left(D_w + \frac{F_w}{2} \right) + \left(D_e - \frac{F_e}{2} \right) + \left(D_s + \frac{F_s}{2} \right) + \left(D_n - \frac{F_n}{2} \right) + \left(D_b + \frac{F_b}{2} \right) \\ &+ \left(D_t - \frac{F_t}{2} \right) + \left(F_e - F_w \right) + \left(F_n - F_s \right) + \left(F_t - F_b \right) - S_P \end{aligned} \right] \phi_P \\[3mm]
&= \left(D_w + \frac{F_w}{2} \right) \phi_W + \left(D_e - \frac{F_e}{2} \right) \phi_E + \left(D_s + \frac{F_s}{2} \right) \phi_S + \left(D_n - \frac{F_n}{2} \right) \phi_N \\[2mm]
&\quad + \left(D_b + \frac{F_b}{2} \right) \phi_B + \left(D_t - \frac{F_t}{2} \right) \phi_T + S_u
\end{aligned}
\qquad （7\text{-}136）
$$

即

$$
a_P \phi_P = a_W \phi_W + a_E \phi_E + a_S \phi_S + a_N \phi_N + a_B \phi_B + a_T \phi_T + S_u \qquad （7\text{-}137）
$$

其中

$$
a_P = a_W + a_E + a_S + a_N + a_B + a_T + F_e - F_w + F_n - F_s + F_t - F_b - S_P
$$

7.5　三维非稳态对流-扩散问题的有限体积法

本节在稳态对流-扩散问题的基础上添加非稳态项（$\dfrac{\partial (\rho \phi)}{\partial t}$），并研究非稳态对流-扩散问

题的有限体积法。描述非稳态对流-扩散控制方程的通用形式为[19, 28]：

$$\frac{\partial(\rho\phi)}{\partial t} + \mathrm{div}(\rho V\phi) = \mathrm{div}(\Gamma\,\mathbf{grad}\,\phi) + S \tag{7-138}$$

采用有限体积法对式（7-138）进行离散，对控制方程不仅需要在控制容积做积分，还要在一定时间段内对其做积分。针对非稳态项 $\frac{\partial(\rho\phi)}{\partial t}$，有

$$\int_{t}^{t+\Delta t}\int_{\Delta V}\frac{\partial(\rho\phi)}{\partial t}\mathrm{d}V\mathrm{d}t \approx \rho_P\left(\phi_P - \phi_P^0\right)\Delta V$$

式中，ρ_P 是用 P 点的密度来代替控制容积内的平均密度。ϕ_P 表示 $t+\Delta t$ 时刻的物理量，ϕ_P^0 表示 t 时刻的物理量。其余各项采用全隐式格式，将式（7-138）的等号左边第二项移至右边，并在时间间隔 Δt 内积分得

$$\int_{t}^{t+\Delta t}-\mathrm{div}(\rho V\phi)\mathrm{d}t + \int_{t}^{t+\Delta t}\mathrm{div}(\Gamma\,\mathbf{grad}\,\phi)\mathrm{d}t + \int_{t}^{t+\Delta t}S\mathrm{d}t = \\ \left[-\mathrm{div}(\rho V\phi) + \mathrm{div}(\Gamma\,\mathbf{grad}\,\phi) + S\right]\Delta t \tag{7-139}$$

将式（7-139）再在控制容积上积分，有

$$\int_{\Delta V}\left[-\mathrm{div}(\rho V\phi) + \mathrm{div}(\Gamma\,\mathbf{grad}\,\phi) + S\right]\Delta t\mathrm{d}V \tag{7-140}$$

于是，其通用形式为

$$\frac{\partial(\rho\phi)}{\partial t} + \mathrm{div}(\rho V\phi) = \mathrm{div}(\Gamma\,\mathbf{grad}\,\phi) + S \tag{7-141}$$

变为

$$\rho_P\left(\phi_P - \phi_P^0\right)\Delta V = \int_{\Delta V}\left[-\mathrm{div}(\rho V\phi) + \mathrm{div}(\Gamma\,\mathbf{grad}\,\phi) + S\right]\Delta t\mathrm{d}V \tag{7-142}$$

整理得

$$\rho_P\left(\phi_P - \phi_P^0\right)\frac{\Delta V}{\Delta t} = \int_{\Delta V}\left[-\mathrm{div}(\rho V\phi) + \mathrm{div}(\Gamma\,\mathbf{grad}\,\phi) + S\right]\mathrm{d}V \tag{7-143}$$

式（7-143）等号左端可写成

$$\rho_P\left(\phi_P - \phi_P^0\right)\frac{\Delta V}{\Delta t} = \rho_P\frac{\Delta V}{\Delta t}\phi_P - \rho_P\frac{\Delta V}{\Delta t}\phi_P^0 = a_P^0\phi_P - a_P^0\phi_P^0 \tag{7-144}$$

式中 $a_P^0 = \rho_P\frac{\Delta V}{\Delta t}$。

式（7-144）等号右端和稳态对流-扩散问题一样，可写成

$$\int_{\Delta V}\left[-\mathrm{div}(\rho V\phi) + \mathrm{div}(\Gamma\,\mathbf{grad}\,\phi) + S\right]\mathrm{d}V = -a_P'\phi_P + \sum a_{nb}\phi_{nb} + S_u \tag{7-145}$$

式（7-144）等号左边等于等号右边，有

$$a_P^0\phi_P - a_P^0\phi_P^0 = -a_P'\phi_P + \sum a_{nb}\phi_{nb} + S_u \tag{7-146}$$

整理得

$$a_P^0 \phi_P + a_P' \phi_P = \sum a_{nb} \phi_{nb} + a_P^0 \phi_P^0 + S_u \tag{7-147}$$

继续整理，得

$$\left(a_P^0 + a_P'\right) \phi_P = \sum a_{nb} \phi_{nb} + a_P^0 \phi_P^0 + S_u \tag{7-148}$$

令 $a_P = \left(a_P^0 + a_P'\right)$，有

$$a_P \phi_P = \sum a_{nb} \phi_{nb} + a_P^0 \phi_P^0 + S_u \tag{7-149}$$

即

$$a_P \phi_P = a_W \phi_W + a_E \phi_E + a_S \phi_S + a_N \phi_N + a_B \phi_B + a_T \phi_T + a_P^0 \phi_P^0 + S_u \tag{7-150}$$

其中

$$a_P = a_W + a_E + a_S + a_N + a_B + a_T + a_P^0 + F_e - F_w + F_n - F_s + F_t - F_b + S_P$$

$$a_P^0 = \rho_P \frac{\Delta V}{\Delta t}, \quad \overline{S} \Delta V = S_u + S_P \phi_P$$

式中其余系数 a_W、a_E、a_S、a_N、a_B、a_T 的形式取决于计算控制容积各界面处场变量值时采用的差分格式。

第8章 压力-速度耦合问题的有限体积法

本章首先介绍压力-速度耦合问题面临的困难，再介绍解决此问题的方法——交错网格技术，然后详细推导 SIMPLE 算法，并对由此衍生出的 SIMPLER、SIMPLEC、PISO 算法和 Couple 算法进行介绍。

8.1 问题引出

在前面的章节中，推导某个物理量 ϕ 的时候均假定速度场已知。但是事实上，更多时候，速度场恰恰是需要求解的未知量。求解速度场，首先要思考一下哪些方程中含有速度，由前文可知 N-S 方程中含有速度。N-S 方程为：

$$\begin{cases} \dfrac{\partial u}{\partial t} + u\dfrac{\partial u}{\partial x} + v\dfrac{\partial u}{\partial y} + w\dfrac{\partial u}{\partial z} = f_x - \dfrac{1}{\rho}\dfrac{\partial P}{\partial x} + \nu\left(\dfrac{\partial^2 u}{\partial x^2} + \dfrac{\partial^2 u}{\partial y^2} + \dfrac{\partial^2 u}{\partial z^2}\right) \\[3mm] \dfrac{\partial v}{\partial t} + u\dfrac{\partial v}{\partial x} + v\dfrac{\partial v}{\partial y} + w\dfrac{\partial v}{\partial z} = f_y - \dfrac{1}{\rho}\dfrac{\partial P}{\partial y} + \nu\left(\dfrac{\partial^2 v}{\partial x^2} + \dfrac{\partial^2 v}{\partial y^2} + \dfrac{\partial^2 v}{\partial z^2}\right) \\[3mm] \dfrac{\partial w}{\partial t} + u\dfrac{\partial w}{\partial x} + v\dfrac{\partial w}{\partial y} + w\dfrac{\partial w}{\partial z} = f_z - \dfrac{1}{\rho}\dfrac{\partial P}{\partial z} + \nu\left(\dfrac{\partial^2 w}{\partial x^2} + \dfrac{\partial^2 w}{\partial y^2} + \dfrac{\partial^2 w}{\partial z^2}\right) \end{cases} \tag{8-1}$$

理论上，如果压力已知，求解 N-S 方程就可以求出速度（3 个方程，3 个未知量）。但是，N-S 方程中藏有压力项，即 $\dfrac{\partial P}{\partial x}$、$\dfrac{\partial P}{\partial y}$ 和 $\dfrac{\partial P}{\partial z}$，一般情况下，流体的压力会随着速度的改变而改变，故压力是未知的。如果能够找到描述压力变化的方程，再联合 N-S 方程进行求解，原则上就可以求出速度。

工程热力学里讲到的压力方程如下所示：

$$PV = mR_g T \tag{8-2}$$

式中 P 是压力（压强），V 是体积，m 是质量，R_g 是气体常数，T 是温度。如果我们已知 V、m、R_g、T，通过式（8-2）就可以求出 P。注意：式（8-2）仅仅是理想气体的压力方程，并不适用于所有情况下的气体和液体。比如我们生活中最常见的水，就不能套用这一方程。所以更多情况下，压力依旧是未知的。

总之目前遇到的两个问题为：速度未知，压力未知。

针对第一个问题，解决办法是采用迭代法，我们从一个给定的速度场开始，通过不断迭代，逐步逼近速度的收敛值。迭代法是处理非线性问题经常运用的方法。

针对第二个问题，一些学者提出了求解原始变量 u、v、w、P 的压力修正法。压力修正法有多种实现方式，目前使用最广泛的压力修正法是 1972 年由 Patankar 及其老师 Spalding（见图 8-1）提出的 SIMPLE 算法（将在 8.5 节详细讲解），这也是本章的重点。

图 8-1　Patankar（左）及其老师 Spalding（右）

8.2　压力-速度耦合问题及求解困难

8.2.1　压力-速度耦合问题

针对二维稳态不可压缩流体，其 N-S 方程和连续性方程为。

$$\begin{cases} \dfrac{\partial(\rho uu)}{\partial x} + \dfrac{\partial(\rho uv)}{\partial y} = \dfrac{\partial}{\partial x}\left(\mu\dfrac{\partial u}{\partial x}\right) + \dfrac{\partial}{\partial y}\left(\mu\dfrac{\partial u}{\partial y}\right) - \dfrac{\partial P}{\partial x} + S_u \\[3mm] \dfrac{\partial(\rho uv)}{\partial x} + \dfrac{\partial(\rho vv)}{\partial y} = \dfrac{\partial}{\partial x}\left(\mu\dfrac{\partial v}{\partial x}\right) + \dfrac{\partial}{\partial y}\left(\mu\dfrac{\partial v}{\partial y}\right) - \dfrac{\partial P}{\partial y} + S_v \\[3mm] \dfrac{\partial(\rho u)}{\partial x} + \dfrac{\partial(\rho v)}{\partial y} = 0 \end{cases} \qquad (8\text{-}3)$$

可以看出，这 3 个公式是相互关联的，速度场既要满足 N-S 方程又要满足连续性方程，其中压力会直接影响 N-S 方程中的速度，进而间接影响连续性方程中的速度。压力和速度密切相关，它们是相互耦合、相互影响的，因此这被称为压力-速度耦合问题。由式（8-3）可知：虽然连续性方程表面上不含压力，但实际上暗含压力。

8.2.2　压力-速度耦合问题求解的困难

利用有限体积法求解压力-速度耦合问题时，会遇到两个困难。

困难 1：运动方程中压力梯度离散所遇到的困难。

以二维为例，当计算控制容积界面上的压力时，若将计算区域离散成均匀网格，同时 N-S 方程中的压力梯度在控制容积界面处的近似值采用中心差分格式，忽略高阶无穷小量，则有：

$$
\begin{cases}
\dfrac{\partial P}{\partial x}=\dfrac{P_e-P_w}{\delta x}=\dfrac{\left(\dfrac{P_E+P_P}{2}\right)-\left(\dfrac{P_P+P_W}{2}\right)}{\delta x}=\dfrac{P_E-P_W}{2\delta x} \\[6mm]
\dfrac{\partial P}{\partial y}=\dfrac{P_n-P_s}{\delta y}=\dfrac{\left(\dfrac{P_N+P_P}{2}\right)-\left(\dfrac{P_P+P_S}{2}\right)}{\delta y}=\dfrac{P_N-P_S}{2\delta y}
\end{cases}
\tag{8-4}
$$

从式（8-4）中可以看出，节点 P 的压力梯度离散形式与节点 P 处的压力无关，而与其两个相邻节点的压力差有关，这就可能造成不同压力场下所得压降相同。如图 8-2 所示，在棋盘形压力场和均匀压力场（需要指出：图中的数字不唯一，只要满足间隔节点压降为零即可）下，$\dfrac{\partial P}{\partial x}$ 和 $\dfrac{\partial P}{\partial y}$ 的计算值均处处为零。即一个高度非均匀的压力场（棋盘形压力场）与均匀压力场的作用一致[3]。

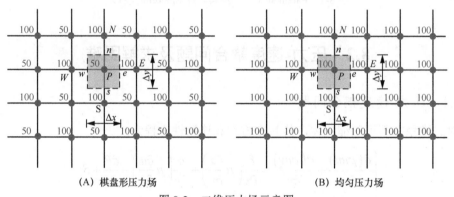

(A) 棋盘形压力场　　　　　　　　(B) 均匀压力场

图 8-2　二维压力场示意图

采用上述方法来求解流场，就会产生以下问题：在流场迭代求解过程的某一次迭代中，如果给压力场的当前值加上一个棋盘形压力场，因为其压力梯度为零，方程的离散形式无法把这一不合理的分量检测出来，它会一直被保留且被作为"正确"的压力场输出，从而导致流场计算错误[30]。因此，如何建立和使用 N-S 方程中的网格，使得 N-S 方程的离散形式能够检测出不合理的压力场，是 N-S 方程求解中需要首先解决的问题。

困难 2：连续性方程离散困难。

以二维为例，当计算控制容积界面上的速度时，若将计算区域离散成均匀网格，同时连续性方程中的速度梯度在控制容积界面处的近似值采用中心差分格式，忽略高阶无穷小量，则有：

$$
\frac{\partial u}{\partial x}+\frac{\partial v}{\partial y}=0
$$

$$
\int_w^e \frac{\partial u}{\partial x}\,\mathrm{d}x+\int_s^n \frac{\partial v}{\partial y}\,\mathrm{d}y
$$

$$
=(u_e-u_w)+(v_n-v_s)
$$

$$
=\left(\frac{U_P+U_E}{2}-\frac{U_W+U_P}{2}\right)+\left(\frac{U_P+U_N}{2}-\frac{U_S+U_P}{2}\right)=0
$$

可得

$$(U_E - U_W) + (U_N - U_S) = 0$$

这意味着离散化的连续性方程将包含两个相间节点的速度差,而不是相邻节点的速度差。和压力一样,当速度场作用在这样的棋盘形速度场上时,无法被检测出来。

解决上面两个困难的方法是使用交错网格(Staggered Grid)技术。

8.3 交错网格技术

交错网格最早是由美国科学家 Harlow 和 Welch 提出的,后来成为 Patankar 和 Spalding 的 SIMPLE 算法的基础。所谓交错网格,是将标量变量(如压力、温度、浓度等)的网格与矢量变量(如速度)的网格错开的网格配置。

- 将标量变量存储于以节点为中心的控制容积(称为主控制容积)中,对标量控制方程的离散在主控制容积中进行。
- 将矢量变量存储于主网格的界面上,对矢量分量控制方程的离散在其各自对应的控制容积中进行,同时节点上的值用插值计算。

图 8-3 所示为二维问题的交错网格示意图,其中主控制容积节点用来存储 p、ρ、T 等;速度 u 在主控制容积的界面 e 和界面 w 上定义与存储;速度 v 在主控制容积的界面 n 和界面 s 上定义与存储。因为主控制容积与 u 和 v 的控制容积有半个网格的错位,所以叫作交错网格。

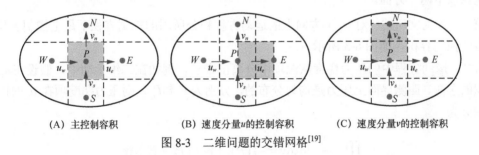

| (A) 主控制容积 | (B) 速度分量 u 的控制容积 | (C) 速度分量 v 的控制容积 |

图 8-3 二维问题的交错网格[19]

有了交错网格,关于 u 和 v 的离散方程就可以在它们各自的控制容积中积分得到。分别在 u 和 v 的控制容积内对相应的 N-S 方程做积分,以及对相应的压力梯度离散。对于 u_e 面,有

$$\frac{\partial P}{\partial x}\Big|_e = \frac{P_E - P_P}{\delta x}$$

对于 v_n 面,有

$$\frac{\partial P}{\partial y}\Big|_n = \frac{P_N - P_P}{\delta y}$$

由上式可知,压力梯度由相邻节点的压力差表示,而不是由相间节点的压力差表示,这样就规避了在一般网格上离散压力梯度时所遇到的困难。同理,交错网格也规避了连续性方程离散困难。此外,在主控制容积中,速度节点的位置正好是标量输运计算时所需要的位置,不需要插值就可以得到主控制容积界面上的速度。

但是，使用交错网格会增加计算工作量，所有存储于主节点上的物性值在求解 u 和 v 方程时，必须通过插值才能得出 u、v 位置上的数据；同时，由于 u、v、P 及一般变量不在同一网格上，在求解各自的离散方程时，往往需要做一些插值计算；再者，由于采用了 3 套网格（属于二维问题），编程时需格外小心。

接下来我们就借助交错网格来离散运动方程。

8.4　交错网格上运动方程的离散

以二维稳态流场为例，写出其守恒形式运动方程：

$$\begin{cases} \dfrac{\partial(\rho uu)}{\partial x} + \dfrac{\partial(\rho uv)}{\partial y} = \dfrac{\partial}{\partial x}\left(\mu\dfrac{\partial u}{\partial x}\right) + \dfrac{\partial}{\partial y}\left(\mu\dfrac{\partial u}{\partial y}\right) - \dfrac{\partial P}{\partial x} + S_u \\[3mm] \dfrac{\partial(\rho uv)}{\partial x} + \dfrac{\partial(\rho vv)}{\partial y} = \dfrac{\partial}{\partial x}\left(\mu\dfrac{\partial v}{\partial x}\right) + \dfrac{\partial}{\partial y}\left(\mu\dfrac{\partial v}{\partial y}\right) - \dfrac{\partial P}{\partial y} + S_v \\[3mm] \dfrac{\partial(\rho u)}{\partial x} + \dfrac{\partial(\rho v)}{\partial y} = 0 \end{cases} \tag{8-5}$$

在交错网格中，对于一般变量的离散过程及结果与前文所讲的相同，但对运动方程而言，需要注意以下两个方面。

第一，如前文所述，对 u、v 方向上的运动方程积分所用的控制容积不是主控制容积，而是各自的控制容积，如图 8-3 所示。

第二，运动方程中的压力梯度从源项中分离出来了，例如在二维运动中，假设在 u_e 的控制容积的东侧、西侧界面上压力是均匀分布的，分别为 P_E 和 P_P。则压力梯度项在 u_e 的控制容积上积分为

$$\int_s^n\int_P^E\left(-\dfrac{\partial P}{\partial x}\right)\mathrm{d}x\mathrm{d}y = -\int_s^n\left(P\big|_P^E\right)\mathrm{d}y = \left(P_P - P_E\right)\Delta y$$

于是，结合式（7-134），可得关于 u_e 的离散方程：

$$a_e u_e = \sum a_{nb} u_{nb} + S_u + \left(P_P - P_E\right)A_e \tag{8-6}$$

在上式中，u_{nb} 为 u_e 的控制容积相邻节点的流速；a_{nb} 的计算公式取决于所采用的离散格式，详见第 7 章；S_u 为源项不包含压力在内的常数部分，若为非稳态流动，S_u 还与流场的初始条件有关；A_e 为 x 轴方向压力差的作用面积，对于二维流动，$A_e = \Delta y \times 1$。

类似地，可得 v_n 的离散方程：

$$a_n v_n = \sum a_{nb} v_{nb} + S_v + \left(P_P - P_N\right)A_n \tag{8-7}$$

另外，对于三维流动而言，还有 w_t 的离散方程：

$$a_t w_t = \sum a_{nb} w_{nb} + S_w + \left(P_P - P_T\right)A_t \tag{8-8}$$

8.5　SIMPLE 算法

由 8.1 节可知，要求解下式：

$$\begin{cases} a_e u_e = \sum a_{nb} u_{nb} + S_u + \left(P_P - P_E\right) A_e \\ a_n v_n = \sum a_{nb} v_{nb} + S_v + \left(P_P - P_N\right) A_n \\ a_t w_t = \sum a_{nb} w_{nb} + S_w + \left(P_P - P_T\right) A_t \end{cases} \qquad (8\text{-}9)$$

我们会遇到 2 个问题：速度未知，压力未知。

如果式（8-9）中的真实压力 P 已知，就可以通过迭代法求出真实速度（u、v、w）了。而现实情况是真实压力 P 往往未知，这该怎么办呢？我们可以先假定一个压力 P^*，然后迭代求解出速度（u^*、v^*、w^*），但是贸然的假定值可能会导致新的问题，即求出来的速度（u^*、v^*、w^*）往往不能满足连续性方程。这就像是用谎言来验证谎言，得到的大概也是谎言。

既然第一次假定的压力 P^* 和真实压力 P 有差距，CFD 学者们不断修改这个假定的压力 P^*，使其逐渐逼近真实压力 P，这样求出来的 u^*、v^*、w^* 就会逐渐逼近真实的速度（u、v、w），也就能近似满足连续性方程了。即我们不断修正压力 P^* 和速度（u^*、v^*、w^*），以使其逼近真实值。接下来的问题就是如何修正压力和速度，也即如何得到压力和速度的修正方程。

8.5.1　压力和速度的修正

首先假定一个压力 P^*，利用它求解动量方程，得到初始速度 u^*、v^*、w^*，即

$$\begin{cases} a_e u_e^* = \sum a_{nb} u_{nb}^* + S_u + \left(P_P^* - P_E^*\right) A_e \\ a_n v_n^* = \sum a_{nb} v_{nb}^* + S_v + \left(P_P^* - P_N^*\right) A_n \\ a_t w_t^* = \sum a_{nb} w_{nb}^* + S_w + \left(P_P^* - P_T^*\right) A_t \end{cases} \qquad (8\text{-}10)$$

注意上述方程等号右边的速度 u_{nb}^*、v_{nb}^* 和 w_{nb}^* 也是初始就假定了的，等号左边的速度 u_e^*、v_n^* 和 w_t^* 才是计算得到的初始速度。一般情况下，由首次假定的压力 P^* 求出的初次速度 u_e^*、v_n^* 和 w_t^* 不满足连续性方程，因此需要对压力 P^* 和速度 u_e^*、v_n^*、w_t^* 进行修正，使速度逐渐逼近连续性方程的真实速度。

假设压力修正量为 P'，速度修正量分别为 u'、v' 和 w'，则修正后的压力和速度计算公式可写为

$$\begin{cases} P = P^* + P' \\ u = u^* + u' \\ v = v^* + v' \\ w = w^* + w' \end{cases} \qquad (8\text{-}11)$$

只要求出正确的 P'、u'、v' 和 w'，代入式（8-11），就可以得到正确的压力和速度。所以下面的任务转化成如何求出正确的 P'、u'、v' 和 w'。要想求出它们，必须找到它们对应

的函数表达式。

将式（8-11）代入式（8-9）得

$$
\begin{cases}
a_e\left(u_e^* + u_e'\right) = \sum a_{nb}\left(u_{nb}^* + u_{nb}'\right) + S_u + \left[\left(P_P^* + P_P'\right) - \left(P_E^* + P_E'\right)\right]A_e \\
a_n\left(v_n^* + v_n'\right) = \sum a_{nb}\left(v_{nb}^* + v_{nb}'\right) + S_v + \left[\left(P_P^* + P_P'\right) - \left(P_N^* + P_N'\right)\right]A_n \\
a_t\left(w_t^* + w_t'\right) = \sum a_{nb}\left(w_{nb}^* + w_{nb}'\right) + S_w + \left[\left(P_P^* + P_P'\right) - \left(P_T^* + P_T'\right)\right]A_t
\end{cases}
\tag{8-12}
$$

再用式（8-12）减去式（8-10），并假定源项不变，得到压力修正值 P' 和速度修正值 u'、v' 和 w' 之间的关系式为

$$
\begin{cases}
a_e u_e' = \sum a_{nb} u_{nb}' + \left(P_P' - P_E'\right)A_e \\
a_n v_n' = \sum a_{nb} v_{nb}' + \left(P_P' - P_N'\right)A_n \\
a_t w_t' = \sum a_{nb} w_{nb}' + \left(P_P' - P_T'\right)A_t
\end{cases}
\tag{8-13}
$$

还可化为

$$
\begin{cases}
u_e' = \dfrac{\sum a_{nb} u_{nb}'}{a_e} + \dfrac{\left(P_P' - P_E'\right)A_e}{a_e} \\[2mm]
v_n' = \dfrac{\sum a_{nb} v_{nb}'}{a_n} + \dfrac{\left(P_P' - P_N'\right)A_n}{a_n} \\[2mm]
w_t' = \dfrac{\sum a_{nb} w_{nb}'}{a_t} + \dfrac{\left(P_P' - P_T'\right)A_t}{a_t}
\end{cases}
\tag{8-14}
$$

从式（8-14）可以看出，任意节点上的速度修正由两部分组成：一部分是与该速度在同一方向上的相邻两个节点间压力修正值之差，这是速度修正的直接影响；另一部分是由相邻速度修正所引起的，可视为四周压力的修正值对所研究位置上速度的间接影响。在上述两种影响因素中，压力修正的直接影响是主要的，四周相邻节点速度修正的影响是次要的。为了简化计算，只保留压力修正中的直接影响。即

$$
\begin{cases}
u_e' = \dfrac{\cancel{\sum a_{nb} u_{nb}'}^{\,0}}{a_e} + \dfrac{\left(P_P' - P_E'\right)A_e}{a_e} \\[2mm]
v_n' = \dfrac{\cancel{\sum a_{nb} v_{nb}'}^{\,0}}{a_n} + \dfrac{\left(P_P' - P_N'\right)A_n}{a_n} \\[2mm]
w_t' = \dfrac{\cancel{\sum a_{nb} w_{nb}'}^{\,0}}{a_t} + \dfrac{\left(P_P' - P_T'\right)A_t}{a_t}
\end{cases}
\tag{8-15}
$$

上式变为

$$
\begin{cases}
u_e' = \dfrac{\left(P_P' - P_E'\right)A_e}{a_e} \\[3mm]
v_n' = \dfrac{\left(P_P' - P_N'\right)A_n}{a_n} \\[3mm]
w_t' = \dfrac{\left(P_P' - P_T'\right)A_t}{a_t}
\end{cases}
\tag{8-16}
$$

$\sum a_{nb} u'_{nb}$ 代表压力修正对速度的间接或隐式的影响，但 SIMPLE 算法并未考虑这一影响，正由于此，这里所采用的仅仅是部分、不完全的隐式方案，这也是 SIMPLE 算法名称中 semi-implicit（半隐）的由来。

这种处理方法是 SIMPLE 算法的一个重要特征，略去这一项后，具体的影响将在后文讨论。有的同学会有疑问，略去等号右侧第一项（如 $\dfrac{\sum a_{nb} u'_{nb}}{a_e}$），等号两边还相等吗？

式（8-14）是靠迭代法求解的，在略去每个式子第一项的同时，改变每个式子第二项（如 $\dfrac{\left(P'_P - P'_E\right) A_e}{a_e}$）的数值，依旧可以保证等号两边相等。迭代的核心就是不断更新数值，直至满足精度要求。等号右边的项（如 $\dfrac{\left(P'_P - P'_E\right) A_e}{a_e}$）并不是固定不变的。迭代是逐步逼近，而不是完全相等。

令 $d_e = \dfrac{A_e}{a_e}$，$d_n = \dfrac{A_n}{a_n}$，$d_t = \dfrac{A_t}{a_t}$，式（8-16）化为

$$\begin{cases} u'_e = d_e \left(P'_P - P'_E\right) \\ v'_n = d_n \left(P'_P - P'_N\right) \\ w'_t = d_t \left(P'_P - P'_T\right) \end{cases} \tag{8-17}$$

8.5.1.1 速度修正方程

由前文已知，速率修正方程为

$$\begin{cases} u = u^* + u' \\ v = v^* + v' \\ w = w^* + w' \end{cases} \tag{8-18}$$

将式（8-17）代入式（8-18），则速度修正方程可写为

$$\begin{cases} u_e = u_e^* + d_e \left(P'_P - P'_E\right) \\ v_n = v_n^* + d_n \left(P'_P - P'_N\right) \\ w_t = w_t^* + d_t \left(P'_P - P'_T\right) \end{cases} \tag{8-19}$$

二维问题的交错网格如图 8-4 所示。

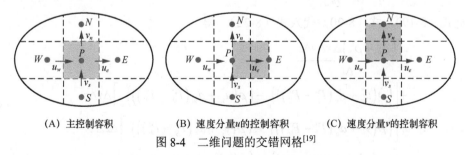

(A) 主控制容积　　　　(B) 速度分量u的控制容积　　　　(C) 速度分量v的控制容积

图 8-4　二维问题的交错网格[19]

u_w、v_s、w_b 的表达式如式（8-20）所示。

$$\begin{cases} u_w = u_w^* + d_w \left(P_W' - P_P' \right) \\ v_s = v_s^* + d_s \left(P_V' - P_P' \right) \\ w_b = w_b^* + d_b \left(P_B' - P_P' \right) \end{cases} \tag{8-20}$$

式（8-20）表明，一旦知道压力修正值 P'，就可以求出速度修正值 u'、v' 和 w'。可见，关键还是要求出压力修正值 P'。

8.5.1.2　压力修正方程

怎么求出压力修正值 P'？我们试着重现一下大师们的思考过程。

要建立压力修正值 P' 的方程，必须找到与压力有关的方程。8.1 节强调过，<u>连续性方程中虽然看起来没有压力，但实际上暗含压力</u>。压力修正值 P' 应满足的条件是：根据 P' 所改进的速度场满足连续性方程。

基于此，CFD 学者们把连续性方程转化为压力修正方程。下面以三维情况为例进行推导。

连续性方程为

$$\frac{\partial \rho}{\partial t} + \frac{\partial (\rho u)}{\partial x} + \frac{\partial (\rho v)}{\partial y} + \frac{\partial (\rho w)}{\partial z} = 0 \tag{8-21}$$

对式（8-21）在图 8-5 所示阴影部分的主控制容积内进行积分（为方便起见，仅画出了二维示意图）。为了对非稳态项 $\dfrac{\partial \rho}{\partial t}$ 进行积分，假设密度 ρ_P 代表整个控制容积上的值。此外，位于一控制容积面上的速度分量（如 u_e）支配着整个面上的质量流量。根据全隐式格式，速度与密度的新值（即在 $t + \Delta t$ 时刻的那些值）被认为在整个时间步内都有效；旧的密度 ρ_P^0（即在 t 时刻的密度）只在处理非稳态项 $\dfrac{\partial \rho}{\partial t}$ 时才出现。

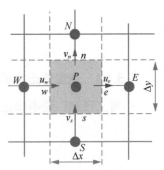

图 8-5　对连续性方程进行积分的主控制容积

于是，在时间间隔 Δt 内，对式（8-21）在主控制容积中积分，且以 $\dfrac{\rho_P - \rho_P^0}{\Delta t}$ 代替 $\dfrac{\partial \rho}{\partial t}$，采用全隐式格式，得到

$$\frac{\left(\rho_P - \rho_P^0 \right) \Delta x \Delta y \Delta z}{\Delta t} + \left[(\rho u)_e - (\rho u)_w \right] \Delta y \Delta z + \left[(\rho v)_n - (\rho v)_s \right] \Delta z \Delta x$$
$$+ \left[(\rho w)_t - (\rho w)_b \right] \Delta x \Delta y = 0 \tag{8-22}$$

接下来把式（8-19）、式（8-20）代入式（8-22），得

$$\frac{\left(\rho_P - \rho_P^0 \right) \Delta x \Delta y \Delta z}{\Delta t}$$
$$+ \left[\left(\rho \left(u_e^* + d_e \left(P_P' - P_E' \right) \right) \right)_e - \left(\rho \left(u_w^* + d_w \left(P_W' - P_P' \right) \right) \right)_w \right] \Delta y \Delta z$$
$$+ \left[\left(\rho \left(v_n^* + d_n \left(P_P' - P_N' \right) \right) \right)_n - \left(\rho \left(v_s^* + d_s \left(P_S' - P_P' \right) \right) \right)_s \right] \Delta z \Delta x \tag{8-23}$$
$$+ \left[\left(\rho \left(w_t^* + d_t \left(P_P' - P_T' \right) \right) \right)_t - \left(\rho \left(w_b^* + d_b \left(P_B' - P_P' \right) \right) \right)_b \right] \Delta x \Delta y = 0$$

整理得

$$
\begin{aligned}
&\left(\begin{matrix} \rho_e d_e \Delta y\Delta z + \rho_w d_w \Delta y\Delta z + \rho_n d_n \Delta z\Delta x + \rho_s d_s \Delta z\Delta x + \rho_t d_t \Delta x\Delta y \\ + \rho_b d_b \Delta x\Delta y \end{matrix}\right) P_P' \\
&= \rho_e d_e \Delta y\Delta z P_E' + \rho_w d_w \Delta y\Delta z P_W' + \rho_n d_n \Delta z\Delta x P_N' + \rho_s d_s \Delta z\Delta x P_S' \\
&\quad + \rho_t d_t \Delta x\Delta y P_T' + \rho_b d_b \Delta x\Delta y P_B' + \left[\left(\rho\left(u_w^*\right)\right)_w - \left(\rho\left(u_e^*\right)\right)_e\right]\Delta y\Delta z \\
&\quad + \left[\left(\rho\left(v_s^*\right)\right)_s - \left(\rho\left(v_n^*\right)\right)_n\right]\Delta z\Delta x + \left[\left(\rho\left(w_b^*\right)\right)_b - \left(\rho\left(w_t^*\right)\right)_t\right]\Delta x\Delta y \\
&\quad + \frac{\left(\rho_P^0 - \rho_P\right)\Delta x\Delta y\Delta z}{\Delta t}
\end{aligned} \tag{8-24}
$$

令

$$
\begin{cases}
a_E = \rho_e d_e \Delta y\Delta z \\
a_W = \rho_w d_w \Delta y\Delta z \\
a_S = \rho_s d_s \Delta z\Delta x \\
a_N = \rho_n d_n \Delta z\Delta x \\
a_T = \rho_t d_t \Delta x\Delta y \\
a_B = \rho_b d_b \Delta x\Delta y
\end{cases}
$$

记

$$
\begin{aligned}
S &= \frac{\left(\rho_P^0 - \rho_P\right)\Delta x\Delta y\Delta z}{\Delta t} + \left[\left(\rho\left(u_w^*\right)\right)_w - \left(\rho\left(u_e^*\right)\right)_e\right]\Delta y\Delta z \\
&\quad + \left[\left(\rho\left(v_s^*\right)\right)_s - \left(\rho\left(v_n^*\right)\right)_n\right]\Delta z\Delta x + \left[\left(\rho\left(w_b^*\right)\right)_b - \left(\rho\left(w_t^*\right)\right)_t\right]\Delta x\Delta y
\end{aligned} \tag{8-25}
$$

则式（8-24）可整理成

$$
\begin{aligned}
&\left(a_E + a_W + a_S + a_N + a_T + a_B\right) P_P' \\
&= a_E P_E' + a_W P_W' + a_S P_S' + a_N P_N' + a_T P_T' + a_B P_B' + S
\end{aligned} \tag{8-26}
$$

令 $a_P = \left(a_E + a_W + a_S + a_N + a_T + a_B\right)$，得

$$
a_P P_P' = a_E P_E' + a_W P_W' + a_S P_S' + a_N P_N' + a_T P_T' + a_B P_B' + S \tag{8-27}
$$

式（8-27）即为确定压力修正值的代数方程，可用迭代法求解。关于这一方程，需要做以下两点说明。

- 通常只计算在主网格点处的密度值 ρ，界面上的密度（如 ρ_e）可以采用任意一种内插公式由主网格点处的值内插获得，但不管采用何种内插公式，都必须满足 ρ_e 在其界面所属的两个控制容积内连续。

- 仔细观察压力修正方程中的 S，它实际上是带星号的速度值的离散化连续性方程左侧的负值。如果 S 等于零，则说明该速度场已满足连续性条件，即迭代已收敛。因此 S 可以作为速度场迭代是否收敛的判断依据。

至此，我们已经推导出速度修正方程式（8-19）、式（8-20）和压力修正方程式（8-27），下面完整地说明 SIMPLE 算法。

8.5.2　SIMPLE 算法基本思路

8.5.2.1　SIMPLE 算法计算步骤

SIMPLE 算法实质上还是迭代法。使用该方法时，在每一时间步长的运算中，先给出速度场的初始值和压力场的初始值，然后据此求出假定的速度场，再求解根据连续性方程导出的压力修正方程，接着对假定的压力场和速度场进行修正。如此不断迭代，直到速度场和压力场满足收敛要求。其基本计算步骤如下[3, 11]。

（1）假定一个初始速度分布，记为 u^*、v^*、w^*。

（2）假定一个初始压力场 p^*。

（3）求解如下运动方程：

$$\begin{cases} a_e u_e^* = \sum a_{nb} u_{nb}^* + S_u + \left(P_P^* - P_E^*\right) A_e \\ a_n v_n^* = \sum a_{nb} v_{nb}^* + S_v + \left(P_P^* - P_N^*\right) A_n \\ a_t w_t^* = \sum a_{nb} w_{nb}^* + S_w + \left(P_P^* - P_T^*\right) A_t \end{cases}$$

得到新的速度场 u^*、v^*、w^*。

（4）求解压力修正值方程式（8-27），得 P'，然后由式（8-11）得 P 如下：

$$\begin{cases} P = P^* + P' \\ u = u^* + u' \\ v = v^* + v' \\ w = w^* + w' \end{cases}$$

（5）利用速度修正方程式（8-19）、式（8-20），得 u、v 和 w。

（6）利用改进后的速度求解那些通过源项、物性等与速度场耦合的其他物理量 ϕ，如温度场、浓度场、湍流动能 k、湍流耗散率 ε 等；如果 ϕ 不影响流场，则应在速度场收敛以后再进行求解。

（7）把 P 作为一个新的估计压力 P^*，返回第（3）步继续迭代计算，重复整个过程直至求得收敛解。

将上面的操作写成执行步骤的形式，如图 8-6 所示。后文会对其举例说明。

8.5.2.2　SIMPLE 算法算例

【例题 8-1】[3,11,38] 在图 8-7 所示的情形中，已知 $P_W = 60$，$P_S = 40$，$u_e = 20$，$v_n = 7$。又给定 $u_w = 0.7(P_W - P_P)$，$v_s = 0.6(P_S - P_P)$。以上各个量的单位都是协调的，试采用 SIMPLE 算法确定 P_P、u_w 和 v_s 的值。

解：假设 $P_P = 20$，则由 $u_w = 0.7(P_W - P_P)$ 和 $v_s = 0.6(P_S - P_P)$ 得 u_w^* 和 v_s^* 的值为

$$u_w^* = 0.7(P_W - P_P) = 0.7(60 - 20) = 28$$

$$v_s^* = 0.6(P_S - P_P) = 0.6(40 - 20) = 12$$

流体在界面上要满足连续性方程，即"得到的 = 失去的"（流入箭头代表得到，流出箭头代表失去），因为各个方向的面积相等（$\Delta x = \Delta y$），所以有

$$u_w + v_s = u_e + v_n = 27$$

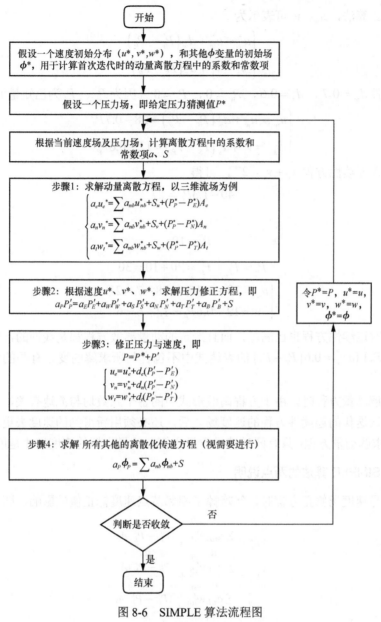

图 8-6 SIMPLE 算法流程图

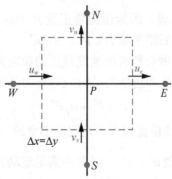

图 8-7 二维计算节点图

按 SIMPLE 算法，u_w、v_s 可表示为

$$\begin{cases} u_w = u_w^* + d_w\left(P_W^{'} - P_P^{'}\right) \\ v_s = v_s^* + d_s\left(P_S^{'} - P_P^{'}\right) \end{cases}$$

按已知条件 $d_w = 0.7$，$d_s = 0.6$，$P_W^{'} = 0$，$P_S^{'} = 0$（因为 P_W、P_S 为已知量），得

$$\begin{cases} u_w = u_w^* + d_w\left(P_W^{'} - P_P^{'}\right) = 28 - 0.7P_P^{'} \\ v_s = v_s^* + d_s\left(P_S^{'} - P_P^{'}\right) = 12 - 0.6P_P^{'} \end{cases}$$

将上式代入连续性方程 $u_w + v_s = 27$，可得

$$40 - 1.3P_P^{'} = 27$$

解得

$$P_P^{'} = 10$$
$$P_P = P_P^* + P_P^{'} = 20 + 10 = 30$$
$$\begin{cases} u_w = 28 - 0.7P_P^{'} = 28 - 7 = 21 \\ v_s = 12 - 0.6P_P^{'} = 12 - 6 = 6 \end{cases}$$

讨论：此时连续性方程也已满足，而且给定的动量离散方程都是线性的，即本例给出的 $u_w^* = 0.7\left(P_W - P_P\right)$ 和 $v_s^* = 0.6\left(P_S - P_P\right)$ 的表达式中不包含与所求解的变量有关的量，因而上述值即为所求。

在实际求解动量方程时，由于方程离散形式中的各个系数均与流速有关，是非线性的，因而在获得本次迭代的连续性方程的速度场之后，还必须用新得到的速度去更新动量方程的系数，并重新求解动量方程；只有同时满足质量守恒和动量守恒的速度场才是所求的速度场。

8.5.2.3　SIMPLE 算法的两点说明

（1）在推导速度场修正方程时，忽略掉了相邻节点速度修正值的影响，即

$$\begin{cases} u_e^{'} = \dfrac{\sum a_{nb}u_{nb}^{'}}{a_e}^{\nearrow 0} + \dfrac{(P_P^{'} - P_E^{'})A_e}{a_e} \\ v_n^{'} = \dfrac{\sum a_{nb}v_{nb}^{'}}{a_n}^{\nearrow 0} + \dfrac{(P_P^{'} - P_N^{'})A_n}{a_n} \\ w_t^{'} = \dfrac{\sum a_{nb}w_{nb}^{'}}{a_t}^{\nearrow 0} + \dfrac{(P_P^{'} - P_T^{'})A_t}{a_t} \end{cases} \tag{8-28}$$

这一做法并不影响最后的计算结果。因为压力修正量 P' 和速度修正量 u'、v'、w' 在迭代最后达到收敛时都归于零了，即最后结果是 $P = P^*$、$u = u^*$、$v = v^*$、$w = w^*$。但这样做，加重了修正压力 P' 的影响。因为这样做会把引起速度修正的原因完全归于其相邻节点压力的修正值，势必夸大压力修正。因此，在改进压力值时应对压力修正 P' 做亚松弛，即

$$P = P^* + \alpha_P P'$$

一般取亚松弛因子 $\alpha_P = 0.8$（最佳松弛因子不是固定不变的）。与此同时，在速度修正式中略去 $\dfrac{\sum a_{nb}u_{nb}^{'}}{a}$，所求得的速度修正值 u'、v'、w' 并不满足运动方程，这有可能导致迭代过程的发散，对速度也应做亚松弛。关于速度的亚松弛常常直接在代数方程求解过程中考虑。在求

解离散方程时，速度的亚松弛因子一般取 0.5。

（2）SIMPLE 算法适用于密度 ρ 变化不大的情形。在推导压力修正 P' 方程的过程中，认为密度 ρ 是已知的，并且没有考虑压力对密度的影响。一般来说，密度 ρ 可以根据状态方程计算出来[30]。

8.6　SIMPLER 算法

在 SIMPLE 算法中，为了确定动量离散方程的系数，一开始就假定了一个速度分布，同时又单独假定了一个压力分布，两者一般是不协调的，从而会影响迭代计算的收敛速度。实际上，不必在初始时刻单独假定一个压力场，因为与假定的速度场相协调的压力场是可以通过动量方程求出的。另外，在 SIMPLE 算法中对压力修正值 P' 采用了欠松弛处理，而最佳欠松弛因子是很难确定的，因此，速度场的改进与压力场的改进不能同步进行，最终会影响收敛速度。于是，Patankar 提出：P' 只用来修正速度，而压力场的修正另谋他法。1980 年，Patankar 在 SIMPLE 算法的基础上提出了一种改进算法，称为 SIMPLER（SIMPLE Revised）算法。其基本思路：利用假设的或前次迭代得到的速度场直接求出一个中间压力场，用来代替假设的压力场，而压力修正方程得到的压力改进值 P' 用来修正速度，压力则由速度根据连续性方程推导出的压力方程计算[28]。

前文所述速度表达式为

$$\begin{cases} a_e u_e = \sum a_{nb} u_{nb} + S_u + \left(P_P - P_E\right) A_e \\ a_n v_n = \sum a_{nb} v_{nb} + S_v + \left(P_P - P_N\right) A_n \\ a_t w_t = \sum a_{nb} w_{nb} + S_w + \left(P_P - P_T\right) A_t \end{cases} \tag{8-29}$$

针对式（8-29）中的第一个式子，将离散后的 x 轴方向的运动方程 $a_e u_e = \sum a_{nb} u_{nb} + S_u + A_e\left(P_P - P_E\right)$ 改写为

$$u_e = \frac{\sum a_{nb} u_{nb} + S_u}{a_e} + d_e\left(P_P - P_E\right) \tag{8-30}$$

定义 x 轴方向的伪速度（也称假拟速度，即 Pseudo Velocity）为

$$\hat{u}_e = \frac{\sum a_{nb} u_{nb} + S_u}{a_e}$$

同理，定义 y 轴、z 轴方向的伪速度为

$$\hat{v}_n = \frac{\sum a_{nb} v_{nb} + S_v}{a_n}$$

$$\hat{w}_t = \frac{\sum a_{nb} w_{nb} + S_w}{a_t}$$

可见，伪速度仅由相邻节点的速度组成，不含压力，则 x 轴方向的速度表达式变为

$$u_e = \hat{u}_e + d_e\left(P_P - P_E\right)$$

同理，可写出

$$v_n = \hat{v}_n + d_n\left(P_P - P_N\right)$$

$$w_t = \hat{w}_t + d_t\left(P_P - P_T\right)$$

可以看出，这 3 个式子与式（8-19）类似，只是用 $\hat{u}_e$、$\hat{v}_n$ 和 $\hat{w}_t$ 代替了 u^*、v^*和 w^*，用压力 P 代替了压力修正 P'。将其代入如下连续性方程的积分方程：

$$\frac{\left(\rho_P - \rho_P^0\right)\Delta x\Delta y\Delta z}{\Delta t} + \left[(\rho u)_e - (\rho u)_w\right]\Delta y\Delta z + \left[(\rho v)_n - (\rho v)_s\right]\Delta z\Delta x \\ + \left[(\rho w)_t - (\rho w)_b\right]\Delta x\Delta y = 0 \tag{8-31}$$

便可得到压力方程：

$$a_P P_P = a_E P_E + a_W P_W + a_S P_S + a_N P_N + a_T P_T + a_B P_B + S \tag{8-32}$$

其中

$$S = \frac{\left(\rho_P^0 - \rho_P\right)\Delta x\Delta y\Delta z}{\Delta t} + \left[\left(\rho(\hat{u})\right)_w - \left(\rho(\hat{u})\right)_e\right]\Delta y\Delta z \\ + \left[\left(\rho(\hat{v})\right)_s - \left(\rho(\hat{v})\right)_n\right]\Delta z\Delta x + \left[\left(\rho(\hat{w})\right)_b - \left(\rho(\hat{w})\right)_t\right]\Delta x\Delta y$$

$$a_E = \rho_e d_e \Delta y\Delta z, \quad a_W = \rho_w d_w \Delta y\Delta z, \quad a_S = \rho_s d_s \Delta z\Delta x,$$

$$a_N = \rho_n d_n \Delta z\Delta x, \quad a_T = \rho_t d_t \Delta x\Delta y, \quad a_B = \rho_b d_b \Delta x\Delta y$$

上式中的 a_P、a_E、a_W、a_S、a_N、a_T、a_B 与压力修正 P' 方程中的系数相同，唯有源项 S 不同。在压力方程式（8-32）中，源项 S 由伪速度 $\hat{u}_e$、$\hat{v}_n$ 和 $\hat{w}_t$ 算得；而在压力修正方程

$$a_P P_P' = a_E P_E' + a_W P_W' + a_S P_S' + a_N P_N' + a_T P_T' + a_B P_B' + S \tag{8-33}$$

中，源项 S 由 u^*、v^*和 w^*算得。尽管压力方程与压力修正方程几乎是相同的，但是二者之间存在一个主要的差异——在推导压力方程时，没有作任何的近似假设。于是，如果用一个正确的速度场来计算伪速度，由压力方程将立即得出正确的压力[30]。

SIMPLER 算法主要由两部分组成：一是求解压力方程的修正压力；二是求解压力修正方程的修正速度。具体算法流程如图 8-8 所示。

在 SIMPLER 算法中，初始的压力场与速度场是协调的，且由 SIMPLER 算法算出的压力场不必做欠松弛处理，迭代计算时比较容易得到收敛解。但 SIMPLER 算法的每一次迭代要比 SIMPLE 算法多解一个关于压力的方程组，在一次迭代内的计算量较大。然而，由于 SIMPLER 算法只需较少的迭代次数就可以达到收敛，其计算效率总体优于 SIMPLE 算法[30]。

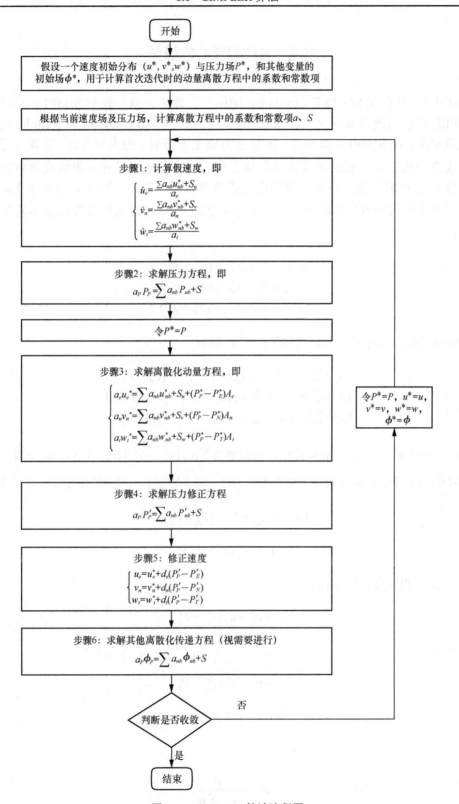

图 8-8   SIMPLER 算法流程图

8.7　SIMPLEC 算法

SIMPLEC 是英文 SIMPLE Consistent 的缩写，意为协调一致的 SIMPLE 算法，它也是 SIMPLE 算法的改进算法之一。SIMPLEC 算法是由 Van Doormal 和 Raithby 提出的。我们已经知道，在 SIMPLE 算法中，推导压力修正方程时，为求解方便，忽略了 $\sum a_{nb} u'_{nb}$，从而把速度的修正完全归结为压差的直接作用。这一做法虽然并不影响收敛解的值，但加重了修正值 P' 的影响，使整个速度场迭代收敛速度下降。实际上，当略去 $\sum a_{nb} u'_{nb}$ 时，我们犯了"不协调一致"的错误。为了能略去 $\sum a_{nb} u'_{nb}$，同时又能使方程基本协调，在如下方程：

$$\begin{cases} a_e u'_e = \sum a_{nb} u'_{nb} + \left(P'_P - P'_E \right) A_e \\ a_n v'_n = \sum a_{nb} v'_{nb} + \left(P'_P - P'_N \right) A_n \\ a_t w'_t = \sum a_{nb} w'_{nb} + \left(P'_P - P'_T \right) A_t \end{cases} \tag{8-34}$$

等号两端分别减去 $\sum a_{nb} u'_e$、$\sum a_{nb} v'_n$ 和 $\sum a_{nb} w'_t$，得到

$$\begin{cases} \left(a_e - \sum a_{nb} \right) u'_e = \sum a_{nb} \left(u'_{nb} - u'_e \right) + \left(P'_P - P'_E \right) A_e \\ \left(a_n - \sum a_{nb} \right) v'_n = \sum a_{nb} \left(v'_{nb} - v'_n \right) + \left(P'_P - P'_N \right) A_n \\ \left(a_t - \sum a_{nb} \right) w'_t = \sum a_{nb} \left(w'_{nb} - w'_t \right) + \left(P'_P - P'_T \right) A_t \end{cases} \tag{8-35}$$

在上式中，由于 u'_e、u'_{nb} 具有相同量级，因此略去 $\sum a_{nb} \left(u'_{nb} - u'_e \right)$ 比略去 $\sum a_{nb} u'_{nb}$ 产生的影响小得多。因此，SIMPLEC 算法采用了略去 $\sum a_{nb} \left(u'_{nb} - u'_e \right)$ 的方案，得到的速度修正值 u'_e 变为

$$\left(a_e - \sum a_{nb} \right) u'_e = \left(P'_P - P'_E \right) A_e$$

$$u'_e = d_e \left(P'_P - P'_E \right)$$

由 $u = u^* + u'$，得速度修正方程为

$$u_e = u_e^* + d_e \left(P'_P - P'_E \right)$$

同理，可得

$$v_n = v_n^* + d_n \left(P'_P - P'_N \right)$$

$$w_t = w_t^* + d_t \left(P'_P - P'_T \right)$$

其中

$$d_e = \frac{A_e}{a_e - \sum a_{nb}}$$

$$d_n = \frac{A_n}{a_n - \sum a_{nb}}$$

$$d_t = \frac{A_t}{a_t - \sum a_{nb}}$$

以上速度修正方程与 SIMPLE 算法中的在形式上一致，但系数的计算公式不同。

SIMPLEC 算法与 SIMPLE 算法步骤相同，只是初始略去的对象不同，速度修正方程中系数的计算公式不同。该算法得到的压力修正值 P' 一般比较合适。因此，SIMPLEC 算法中可不采用亚松弛处理[30]。

8.8　PISO 算法

本节主要结合龙天渝等老师的观点进行讲解[30]。1986 年 Issa 提出了 PISO（Pressure Implicit with Splitting of Operators）算法，即压力的隐式算子分割算法。它最早用于非稳态可压缩流体的无迭代计算，后来在稳态流动中也有较多应用。

PISO 算法与 SIMPLE、SIMPLER、SIMPLEC 算法的不同之处在于，SIMPLE、SIMPLER、SIMPLEC 算法是一步预测，一步修正；PISO 算法是一步预测，两步修正。PSIO 算法的预测步与 SIMPLE 算法的相同，第一步修正也与 SIMPLE 算法的相同，均是采用压力修正方程；在完成第一步修正后，再求第二步的修正，以便更好地同时满足运动方程和连续性方程，并加快单个迭代步的收敛速度[30]。即 PISO 算法由于使用了"预测—修正—再修正"的步骤，从而可加快单个迭代步的收敛速度。现将 3 个步骤介绍如下[3] [30]。

（1）预测步

PISO 算法预测：利用猜测的压力场 P^*，求解运动方程的离散方程：

$$\begin{cases} a_e u_e^* = \sum a_{nb} u_{nb}^* + S_u + \left(P_P^* - P_E^* \right) A_e \\ a_n v_n^* = \sum a_{nb} v_{nb}^* + S_v + \left(P_P^* - P_N^* \right) A_n \\ a_t w_t^* = \sum a_{nb} w_{nb}^* + S_w + \left(P_P^* - P_T^* \right) A_t \end{cases} \tag{8-36}$$

得到流速 u^*、v^* 和 w^*。

（2）第一修正步

根据流速 u^*、v^*、w^*，与 SIMPLE 算法相同，求解压力修正方程：

$$a_P P_P' = a_E P_E' + a_W P_W' + a_S P_S' + a_N P_N' + a_T P_T' + a_B P_B' + S \tag{8-37}$$

得到压力修正值 P'。用下式：

$$\begin{cases} u_e^{**} = u_e^* + d_e \left(P_P' - P_E' \right) \\ v_n^{**} = v_n^* + d_n \left(P_P' - P_N' \right) \\ w_t^{**} = w_t^* + d_t \left(P_P' - P_T' \right) \end{cases} \tag{8-38}$$

修正速度，得到第一次修正后的速度 u^{**}、v^{**}、w^{**} 及压力 $P^{**} = P^* + P'$。

（3）第二修正步

第二修正步的速度修正方程为

$$\begin{cases} u_e^{***} = u_e^{**} + \dfrac{\sum a_{nb} \left(u_{nb}^{**} - u_{nb}^* \right)}{a_e} + d_e \left(P_P'' - P_E'' \right) \\[3mm] v_n^{***} = v_n^{**} + \dfrac{\sum a_{nb} \left(v_{nb}^{**} - v_{nb}^* \right)}{a_n} + d_n \left(P_P'' - P_N'' \right) \\[3mm] w_t^{***} = w_t^{**} + \dfrac{\sum a_{nb} \left(w_{nb}^{**} - w_{nb}^* \right)}{a_t} + d_t \left(P_P'' - P_T'' \right) \end{cases} \tag{8-39}$$

将上式代入连续性方程的积分方程：

$$\frac{\left(\rho_P - \rho_P^0 \right) \Delta x \Delta y \Delta z}{\Delta t} + \left[(\rho u)_e - (\rho u)_w \right] \Delta y \Delta z + \left[(\rho v)_n - (\rho v)_s \right] \Delta z \Delta x$$
$$+ \left[(\rho w)_t - (\rho w)_b \right] \Delta x \Delta y = 0 \tag{8-40}$$

便可得第二次的压力修正方程：

$$a_P P_P'' = a_E P_E'' + a_W P_W'' + a_S P_S'' + a_N P_N'' + a_T P_T'' + a_B P_B'' + S \tag{8-41}$$

求解式（8-41）得第二次压力修正值 P''，然后将 P'' 代入式（8-39）得第二次修正后的速度 u^{***}、v^{***}、w^{***} 和压力 $P^{***} = P^{**} + P''$。

PISO 算法的流程图如图 8-9 所示。

PISO 算法经过两次压力修正，需单独对二次压力修正方程的源项设立存储空间；同时，在每一次迭代中，PISO 算法涉及较多的计算，相对复杂。尽管如此，也正是通过两次压力修正，迭代过程更易收敛，计算速度更快。特别是对于非稳态问题，PISO 算法有明显的优势。相对地，在稳态问题中，用 SIMPLER 算法与 SIMPLEC 更合适[30]。

在 PISO 算法中要求解两次压力修正方程，因此需要额外的存储资源来计算第二次压力修正方程的源项。同样地，也需要采用欠松弛处理来确保计算过程稳定。尽管使用该方法意味着计算量将会大大增加，但该方法有效、快速。例如，对层流、突扩台阶问题，Issa（1986年）报告所需要的计算时间仅为标准 SIMPLE 算法的二分之一[32]。

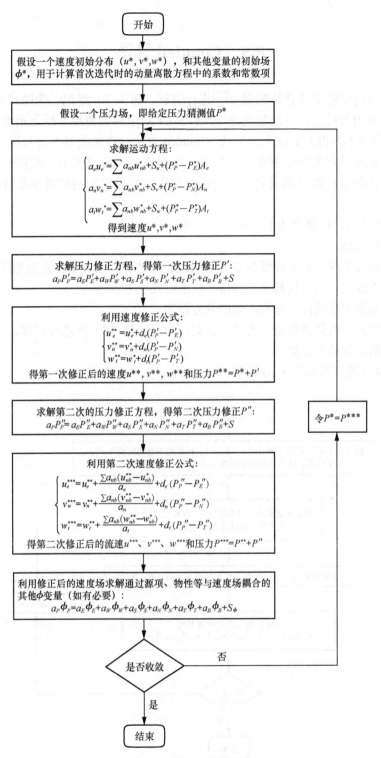

图 8-9　PISO 算法流程图

8.9　Coupled 算法

本节主要借助张建文等老师的观点[32]进行讲解。进入 21 世纪，全隐式合（Coupled）算法得到了极大的发展。该方法最先在 ANSYS-CFX 中得到使用，后逐渐推广到其他商业软件中。与半隐式 SIMPLE 算法不同的是，Coupled 算法是直接把 N-S 方程组（u、v、w、P）的全隐式离散化形式作为一个系统进行求解，不再需要"假设压力—求解—修正压力"的过程。其主要优势是：对复杂问题收敛稳定计算资源的需求和网格数量是呈线性增长的，收敛更快速。

Coupled 算法的计算思路如下。

（1）估计初始场。

（2）生成系数矩阵：对非线性 N-S 方程组进行离散化并生成求解系数矩阵。

（3）求解方程组：利用代数多重网格方法求解线性方程组。

（4）求解其他变量的控制方程，如能量方程等。

（5）判断时间步内是否收敛，若没有收敛，则返回第（2）步进行求解。

（6）若收敛，则结束计算。

Coupled 算法流程图如图 8-10 所示。

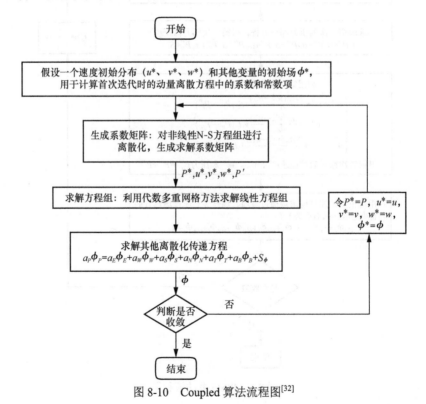

图 8-10　Coupled 算法流程图[32]

参 考 资 料

[1]《计算流体力学基础及其应用》一书，作者：［美］约翰·D.安德森。

[2] 知乎专栏"N-S 方程篇2：物质导数"，作者：燕飞残月天。

[3]《计算流体动力学分析——CFD 软件原理与应用》一书，作者：王福军。

[4]《千年难题：七个悬赏 1000000 美元的数学问题》一书，作者：［美］德夫林。

[5]《流体力学》一书，作者：孙祥海。

[6]《材料力学（机械类）》一书，作者：程嘉佩、陈绍元、黄庆根等。

[7]《流体力学》一书，作者：丁祖荣。

[8]《流体力学（第 3 版）》一书，作者：龙天渝、蔡增基。

[9]《工程热力学（第 5 版）》一书，作者：沈维道、童钧耕。

[10]《我所理解的流体力学（第 2 版）》一书，作者：王洪伟。

[11]《数值传热学（第 2 版）》一书，作者：陶文铨。

[12]《微积分的力量》一书，作者：［美］史蒂夫·斯托加茨。

[13]《化工数值计算与 MATLAB》一书，作者：隋志军、杨榛、魏永明。

[14]"基于本征正交分解与人工智能的快速温度分布预测和控制策略研究"一文，作者：
芮庆。

[15]《计算热物理引论》一书，作者：吴清松。

[16]《天才的拓荒者　冯·诺伊曼传》一书，作者：［美］诺曼·麦克雷。

[17]《让火箭起飞的女孩》一书，作者：［美］娜塔莉亚·霍尔特。

[18]《精通 CFD 动网格工程仿真与案例实战》一书，作者：隋洪涛、李鹏飞、马世虎等。

[19]《传热与流体流动的数值计算》一书，作者：田瑞峰、刘平安。

[20]"Modal Analysis of Fluid Flows：An Overview"一文，作者：TAIRA K、BRUNTON
S L、DAWSON S T M。

[21]《ANSYS ICEM CFD 从入门到精通》一书，作者：丁源、王清。

[22]《Fluent 19•0 流体仿真从入门到精通》一书，作者：刘斌。

[23]"冯康——一位杰出的数学家的故事（连载一）"一文，作者：汤涛、姚楠，杨蕾。

[24]《传热学》一书，作者：陶文铨。

[25]《传热学》一书，作者：苏亚欣。

[26] 博客专栏"CFL 约束条件"，作者：CODER802。

[27]《高等数学（第七版）》一书，作者：同济大学数学系。

[28]《有限体积法基础》一书，作者：李人宪。

[29] 知乎专栏"亥姆霍兹定理的推导过程中微分算子为什么能随便拿到积分外面或者里
面？"，作者：郑易之。

[30]《计算流体力学》一书，作者：龙天渝、苏亚欣、向文英等。

［31］*An Introduction to Computational Fluid Dynamics* 一书，作者：H. Versteeg 和 W. Malalasekra。

［32］《流体流动与传热过程的数值模拟基础与应用》一书，作者：张建文、杨振亚、张政。

［33］《建筑环境计算流体力学及其应用》一书，作者：刘京。

［34］《MATLAB R2015b 数值计算方法》一书，作者：张德丰。

［35］《数值分析及其 MATLAB 实验》一书，作者：姜健飞、吴笑千、胡良剑。

［36］《实用计算流体力学基础》一书，作者：吴德铭。

［37］《热流体数值计算方法与应用》一书，作者：袁建平、何王。

［38］"基于 SIMPLE 算法求解 Navier-Stokes 方程"一文，作者：王光兰、杨克俭。